国家出版基金资助项目·“十二五”国家重点图书

航天科学与工程专著系列

国家出版基金项目
NATIONAL PUBLICATION FOUNDATION

INTELLIGENT GUIDANCE
—Intelligent Adaptive Guidance Laws for Homing Missile

智能制导
——寻的导弹智能自适应导引律

李士勇 章钱 著

U0223481

哈爾濱工業大學出版社
HARBIN INSTITUTE OF TECHNOLOGY PRESS

内容提要

本书是系统研究智能制导——寻的导弹智能自适应导引律的学术专著，反映了作者近年来取得的最新研究成果。所设计的智能制导律具有实时性好、适应能力强、脱靶量小、易于实现等优点，可以满足拦截高速大机动目标的需要。全书共7章，主要内容包括：绪论；导弹导引系统运动学模型；传统导引律分析；解析描述自适应模糊制导律设计；神经网络优化的自适应模糊导引律；模糊变结构制导律；神经网络滑模制导律。

本书可供从事导弹智能制导与控制、智能自动化等相关领域科研人员及工程技术人员使用，也可供高等院校教师及研究生学习参考。

图书在版编目(CIP)数据

智能制导：寻的导弹智能自适应导引律/李士勇，章钱著.
—哈尔滨：哈尔滨工业大学出版社，2011.12
国家出版基金资助项目·“十二五”国家重点图书
(航天科学与工程专著系列)
ISBN 978-7-5603-3245-1

Ⅰ.①智…　Ⅱ.①李…②章…　Ⅲ.①导弹制导
Ⅳ.①TJ765.3

中国版本图书馆CIP数据核字(2011)第038391号

责任编辑　田新华
封面设计　高永利
出版发行　哈尔滨工业大学出版社
社　　址　哈尔滨市南岗区复华四道街10号　邮编150006
传　　真　0451-86414749
网　　址　http://hitpress.hit.edu.cn
印　　刷　哈尔滨市石桥印务有限公司
开　　本　787mm×1092mm　1/16　印张10.5　字数250千字
版　　次　2011年12月第1版　2011年12月第1次印刷
书　　号　ISBN 978-7-5603-3245-1
定　　价　48.00元

(如因印装质量问题影响阅读，我社负责调换)

前　　言

导弹在现代化战争中发挥着越来越大的作用，而提高导弹的制导精度是有效拦截目标、提高命中率的关键。据报道，导弹命中精度提高1倍相当于战斗部提高8倍的杀伤效果。可见，提高导弹制导精度至关重要。它不仅可以增强攻击效率，还可以减轻导弹的重量，提高导弹的机动性和突防能力。随着科学技术的高度发展，使得拦截目标的速度和机动性能力不断提高，导弹导引系统已成为一个具有非线性、时变性和模型不确定性的复杂系统，传统的末制导律已不能满足拦截高速、大机动目标的要求。因此，研究新型的导弹精确制导律受到世界上许多国家的高度重视。

本书首先建立了导弹运动的数学模型，分析了导引律仿真系统，对传统导引律进行了简要的介绍，并从理论上对盲区所引起的脱靶量进行分析。为了满足导弹拦截高速、大机动目标精确制导的需要，我们将模糊控制理论、神经网络控制理论和变结构控制理论同制导理论相结合，研究设计了几种智能末制导律。通过大量的仿真对比结果表明，这些智能制导律具有适应目标机动能力强、拦截精度高、易于实时实现的优点。

应该指出，将模糊控制理论应用于制导国内外已有一些研究。但几乎毫无例外地采用在线模糊推理形式/自组织模糊制导，或采用查询表式的模糊制导。这两种形式的模糊制导律都存着一些问题：前者一是在线推理时间较长，难于满足实时性的要求，二是基于模糊规则推理的制导律对目标大机动的适应能力有限，三是受模糊规则数目限制，导致制导精度不高；后者虽然推理实时性较好，同样存在适应能力和制导精度有限的缺点。

针对已有的基于模糊规则的模糊制导律推理时间长、制导规则不能自适应调整、制导精度不够理想的缺点，我们设计了一种控制规则在全论域范围内可调整的、解析描述的自适应模糊制导律。将比例制导律指令及其微分作为模糊控制器的输入量，将制导律设计问题转化为反馈控制问题，控制目标是使视线角速率为零。该模糊制导律的模糊控制规则及模糊推理用一解析式表达，易于计算与调整，适于实时在线控制。该导引律能够根据目标加速度和目标速度的变化自适应地改变模糊控制规则，因此具有较强的鲁棒性。对拦截高速大机动目标的大量仿真结果表明，所提出的导引律在脱靶量、拦截时间等指标方面明显优于传统的比例导引律。

模糊逻辑推理系统自身缺少学习能力，而神经网络却具有自学习的能力。于是通过神经网络和模糊制导律相结合，我们设计了两种基于神经网络的自适应模糊导引律。一种是基于 RBF 神经网络调整的自适应模糊导引律，通过对 RBF 神经网络自调整因子增量式公式的推导，得到了 RBF 神经网络调整的自调整因子递推公式；另一种导引律是基于模糊 RBF 神经网络辨识的自适应模糊导引律，即用模糊 RBF 神经网络去辨识自调整因子。这两种制导律的自调整因子都能够实时在线获得，能够根据目标的加速度及速度的变化而自适应地调整,因此鲁棒性强。仿真结果表明,这两种导引律拦截精度高,拦截时间短,并且对拦截大机动目标有很强的自适应性,是一种具有实用价值的高精度末制导律。

由于变结构控制设计比较简单,便于理解和应用,且具有很强的鲁棒性,因此采用变结构控制是解决导弹制导问题较好的途径。近些年在该方面的研究较多,设计出了很多制导律,但几乎都是基于线性系统。我们在非线性系统变结构控制理论的基础上,设计出一种新型变结构制导律,并针对变结构控制存在抖振的缺陷,应用模糊控制来削弱其抖振。

变结构导引律的最大缺点是需要对目标机动性大小进行估计,从而调整变结构项的强度。若变结构项强度过大,一方面会造成视线角速率抖动,影响弹上机构的正常工作,另一方面也使脱靶量增加;若变结构项强度过小,不能有效拦截目标。CMAC 神经网络与 RBF 神经网络及一般的神经网络相比,具有更好的非线性逼近能力、快速学习能力,适合于复杂动态环境下的非线性实时控制。因此,我们将变结构控制与神经网络相结合,设计了三种神经网络滑模制导律:一是基于 CMAC 神经网络与变结构复合控制的制导律。首先通过变结构制导律的输出指令来训练 CMAC 神经网络,逐步减小变结构制导律的输出并同时增加 CMAC 神经网络的指令输出,达到一定精度后,制导指令完全由 CMAC 神经网络输出。二是自适应 RBF 神经网络滑模制导律。控制策略是设计特定的滑模面,然后将滑模面作为 RBF 神经网络的输入变量,输出量即为导弹加速度。采用自适应算法实时在线调整 RBF 神经网络的连接权值,从而使得系统最终到达滑模面,完成制导。三是基于 RBF 神经网络调节的变结构制导律,采用 RBF 神经网络调节变结构制导律的增益,以减小变结构制导律的抖动,提高制导精度。

本书内容是对作者所研究设计的上述 7 种形式的新型智能自适应制导律的系统介绍。全书共 7 章,第 1 章绪论;第 2 章导弹导引系统运动学模型;第 3 章传统导引律分析;第 4 章解析描述自适应模糊制导律设计;第 5 章神经网络优化的自适应模糊导引律;第 6 章模糊变结构制导律;第 7 章神经网络滑模制导律。书中给出了大量的仿真结果,并将 7 种导引律的性能对比情况在附录中给出。

参与本书编写和提供素材的还有李研、袁丽英、李巍、单宝灯、龙建睿、杨丹、李浩、魏丽霞、腾飞。书中绝大部分内容都是作者的研究成果,也有少量内容参考了一些文献,尤其是有关导弹导引系统运动学模型、传统导引律部分的经典内容引用了钱杏芳等的著作《导弹飞行力学》,在此谨向被引文献的作者致以诚挚的谢意!

由于书中内容涉及知识面较广,存在不足之处在所难免,恳请读者批评指正。

作　者

2011 年 12 月

目　　录

第 1 章　绪论 …………………………………………………………………… (1)

1.1　精确制导律的研究背景及其意义 ………………………………………… (1)

1.2　精确制导技术发展概况 ………………………………………………… (2)

1.2.1　精确制导技术与制导武器 ……………………………………………… (2)

1.2.2　精确制导技术在现代战争中的地位及其发展趋势 ……………………… (4)

1.3　国内外末制导律研究现状及分析 ………………………………………… (4)

1.3.1　经典导引律 …………………………………………………………… (5)

1.3.2　现代制导律 …………………………………………………………… (7)

1.3.3　智能制导律 …………………………………………………………… (8)

1.4　本书的主要内容及结构 ………………………………………………… (10)

第 2 章　导弹导引系统运动学模型 ………………………………………… (12)

2.1　导弹的动力学基本方程 ………………………………………………… (12)

2.2　常用坐标系和坐标系间的转换 ………………………………………… (13)

2.2.1　导弹导引系统坐标系的定义 …………………………………………… (14)

2.2.2　坐标系之间的转换关系 ………………………………………………… (16)

2.3　导弹运动方程组 ………………………………………………………… (21)

2.3.1　导弹质心运动的动力学方程 …………………………………………… (21)

2.3.2　导弹质心运动的运动学方程 …………………………………………… (22)

2.3.3　质量变化方程 …………………………………………………………… (23)

2.3.4　导弹运动学描述 ………………………………………………………… (23)

2.3.5　目标运动学描述 ………………………………………………………… (25)

2.3.6　拦截几何和导弹目标相对运动 ………………………………………… (25)

2.4　导引系统仿真框图 ……………………………………………………… (26)

2.5　本章小结 ………………………………………………………………… (27)

第 3 章　传统导引律分析 …………………………………………………… (28)

3.1　导引飞行概述 …………………………………………………………… (28)

3.1.1　导引方法分类 …………………………………………………………… (28)

3.1.2　自动瞄准的相对运动方程 ……………………………………………… (29)

3.2　追踪法 …………………………………………………………………… (31)

3.2.1　弹道方程 ………………………………………………………………… (31)

3.2.2 直接命中目标的条件 …… (33)
3.2.3 导弹命中目标所需的飞行时间 …… (33)
3.2.4 导弹的法向过载 …… (34)
3.2.5 允许攻击区 …… (35)
3.3 平行接近法 …… (38)
3.3.1 直线弹道的条件 …… (39)
3.3.2 导弹的法向过载 …… (40)
3.3.3 平行接近法的图解法弹道 …… (41)
3.4 比例导引法 …… (41)
3.4.1 比例导引法的相对运动方程组 …… (42)
3.4.2 弹道特性 …… (42)
3.4.3 比例系数 K 的选择 …… (46)
3.4.4 比例导引法的优缺点 …… (47)
3.4.5 其他形式的比例导引规律 …… (47)
3.5 三种速度导引方法的关系 …… (50)
3.6 脱靶量分析 …… (51)
3.7 本章小结 …… (51)
第 4 章 解析描述自适应模糊制导律设计 …… (52)
4.1 模糊控制 …… (52)
4.1.1 模糊控制的基本原理 …… (52)
4.1.2 模糊控制器的基本设计方法 …… (53)
4.1.3 解析描述控制规则可调整的模糊控制器 …… (60)
4.2 导弹-目标三维运动描述 …… (63)
4.3 解析描述模糊末制导律 …… (65)
4.3.1 解析描述模糊末制导律原理 …… (65)
4.3.2 模糊制导律设计 …… (66)
4.3.3 模糊制导律参数的确定 …… (67)
4.3.4 仿真结果及分析 …… (68)
4.4 本章小结 …… (75)
第 5 章 神经网络优化的自适应模糊导引律 …… (76)
5.1 神经网络 …… (76)
5.1.1 神经网络技术的发展与现状 …… (76)
5.1.2 RBF 神经网络简介 …… (79)
5.1.3 RBF 神经网络学习算法 …… (80)
5.1.4 RBF 神经网络的优点及问题 …… (84)
5.1.5 RBF 神经网络在控制中的应用 …… (84)
5.2 基于 RBF 网络调整的自适应模糊导引律 …… (86)

5.2.1 RBF 网络的学习算法 …………………………………………………… (86)
5.2.2 RBF 网络调整 α 的公式推导 ……………………………………… (87)
5.3 基于模糊 RBF 神经网络辨识的自适应模糊导引律 ………………… (88)
5.3.1 模糊 RBF 神经网络结构 ……………………………………………… (89)
5.3.2 基于模糊 RBF 神经网络的辨识算法 ………………………………… (90)
5.4 仿真结果及分析 ……………………………………………………………… (91)
5.4.1 RBF 神经网络调整的模糊导引律 …………………………………… (91)
5.4.2 模糊 RBF 神经网络辨识的模糊导引律 ……………………………… (93)
5.4.3 三种导引律的对比分析 ……………………………………………… (95)
5.5 本章小结 ……………………………………………………………………… (96)
第 6 章 模糊变结构制导律 …………………………………………………… (97)
6.1 变结构控制的基本原理 ……………………………………………………… (97)
6.1.1 变结构系统的定义 …………………………………………………… (97)
6.1.2 变结构系统的一般性质 ……………………………………………… (98)
6.1.3 切换面和滑动模态不变性条件 ……………………………………… (99)
6.1.4 可达模态可达条件和可达空间 ……………………………………… (101)
6.1.5 滑动模态的抖振 ……………………………………………………… (103)
6.1.6 切换函数的设计方法 ………………………………………………… (107)
6.1.7 控制律的设计 ………………………………………………………… (109)
6.2 变结构制导律的研究现状 …………………………………………………… (110)
6.2.1 滑模制导律 …………………………………………………………… (110)
6.2.2 切换偏置比例导引律 ………………………………………………… (110)
6.2.3 SWAR 制导律 ………………………………………………………… (111)
6.2.4 具有终端约束的变结构制导律 ……………………………………… (112)
6.2.5 最优滑模制导律 ……………………………………………………… (113)
6.2.6 全局滑模变结构控制 ………………………………………………… (113)
6.2.7 变结构制导律的发展方向 …………………………………………… (114)
6.3 模糊变结构制导律的设计 …………………………………………………… (114)
6.3.1 变结构控制在非线性系统中的应用 ………………………………… (115)
6.3.2 目标-导弹相对运动模型 ……………………………………………… (116)
6.3.3 制导律的设计 ………………………………………………………… (117)
6.3.4 模糊变结构制导律 …………………………………………………… (119)
6.4 仿真结果及分析 ……………………………………………………………… (119)
6.5 本章小结 ……………………………………………………………………… (120)
第 7 章 神经网络滑模制导律 ………………………………………………… (121)
7.1 CMAC 神经网络简介 ………………………………………………………… (121)
7.1.1 引言 …………………………………………………………………… (121)

7.1.2 CMAC 神经网络的优越性 …………………………………………… (122)
7.1.3 CMAC 神经网络的结构 ……………………………………………… (123)
7.1.4 CMAC 学习算法 ……………………………………………………… (124)
7.1.5 CMAC 神经控制 ……………………………………………………… (124)
7.1.6 需要解决的问题 ……………………………………………………… (128)
7.2 神经网络滑模变结构控制 …………………………………………………… (129)
7.2.1 引言 ………………………………………………………………… (129)
7.2.2 常规神经网络和滑模变结构控制的结合 …………………………… (129)
7.2.3 自适应神经网络滑模变结构控制 …………………………………… (133)
7.2.4 基于模糊神经网络的滑模变结构控制 ……………………………… (134)
7.2.5 基于滑模变结构系统理论的神经网络自适应学习 ………………… (134)
7.2.6 关于神经网络滑模变结构控制的其他问题 ………………………… (135)
7.3 CMAC 与滑模变结构复合控制的新型制导律 ……………………………… (135)
7.3.1 滑模变结构制导律 ………………………………………………… (136)
7.3.2 CMAC 与 VSG 复合控制制导律 ……………………………………… (136)
7.4 自适应 RBF 神经网络滑模制导律 ………………………………………… (138)
7.4.1 导弹-目标运动方程 ………………………………………………… (138)
7.4.2 ARBFSM 制导律设计 ………………………………………………… (139)
7.4.3 稳定性分析 ………………………………………………………… (140)
7.5 基于自适应 RBF 网络切换增益调节的变结构制导律 ……………………… (141)
7.6 仿真对比及分析 …………………………………………………………… (143)
7.6.1 CMAC-VSG 制导律 ………………………………………………… (143)
7.6.2 ARBFSM 制导律 ……………………………………………………… (144)
7.6.3 基于自适应 RBFNN 切换增益调节的变结构制导律 ……………… (146)
7.7 本章小结 …………………………………………………………………… (147)
附录 7 种智能导引律的性能对比 ………………………………………………… (148)
参考文献 ……………………………………………………………………………… (150)

第 1 章　绪　　论

1.1　精确制导律的研究背景及其意义

导弹导引系统的功能是引导并控制导弹以最高精度接近目标，使导弹引信与战斗部有良好的配合，并以最大的命中概率击中目标。在导弹的制导系统研究中，导引规律的研究占有重要地位，它不仅关系到导弹的动力学特性，同时直接影响到导弹导引系统的设计和作战空域的指定[1]。据有关资料报道，导弹命中精度提高 1 倍相当于战斗部提高 8 倍的杀伤效果。可见，提高导弹导引精度是非常重要的，它不仅可以增强攻击效率，还可以减轻导弹的重量，提高导弹的机动性和突防能力。因此，导弹导引律的研究就显得特别重要[2]。

导引律是指根据导弹和目标运动信息，控制导弹按一定的飞行弹道去截击目标。因此，导引律要解决的问题是导弹拦截目标的飞行弹道问题。导弹导引规律的研究从二次世界大战以来一直是各国政府和军队关注的热门课题。自寻的导弹一般通过弹载设备完成对目标信息的搜索、跟踪，并通过形成导引信号，控制导弹机动飞行。导引的目的是使导弹飞向目标，并最后命中目标。同时要求导弹的弹道性能较好（如弹道平直），对导弹的机动过载要求不大[3]。

随着技术的进步，战争的高科技成分逐渐占有较大比重，导弹打击的目标也越来越复杂。近十几年来，世界多次局部战争，特别是海湾战争、伊拉克战争的结局证明，精确制导武器是重要的攻防手段。保证导弹准确命中目标的因素是多方面的，而导引控制律犹如一个人的大脑，对武器的拦截和命中目标起着举足轻重的作用。

在目前导弹制导技术中，最常用的导引律是比例导引律和现代导引律，但这些都是在假定目标机动是常数基础上得到的。随着目标的运动变得越来越复杂，制导环境越来越复杂，传统的导引律已经不能满足高精度的要求，并且人们对导弹的导引律精度和应用范围的要求也越来越高。

导弹导引问题，即使不考虑导引头动力学和弹体动力学，导弹与目标的相对运动的动力学和运动学模型也是一个十分复杂的非线性模型。未来的导弹导引系统实质上是一个同时具有非线性、时变性和模型不确定性的系统，采用基于经典控制理论和基于现代控制理论的线性化设计方法显然难以解决导弹控制和制导的实际问题。因此，要寻找新的更为有效的非线性设计理论和方法。智能控制理论的诞生，给导引律的发展和探索提供了新的方向。

智能控制是控制理论发展的高级阶段,它是建立在众多新兴学科基础上的。模糊控制的形成和发展,以及与人工智能专家系统思想的相互渗透,对智能控制理论的形成起到了十分重要的推动作用。

1965年,美国著名自动控制专家Zadeh创立了模糊集合论,为解决复杂系统的控制问题提供了强有力的数学工具;20世纪70年代中期,以模糊集合论为基础,从模仿人的控制决策思想出发,智能控制在规则控制上取得了重要进展。1975年,Mamdani和Assilian创立了模糊控制器的基本框架,并把成果应用到工业生产控制中。从理论角度来说,模糊系统和模糊控制在20世纪80年代至90年代发展迅速,对一些基本问题都给出了理论证明,例如,L. X. Wang(王立新)和J. M. Mendel(1992)证明了一类模糊系统是万能逼近器,为模糊控制的工程应用提供了理论依据。

本书主要研究不基于系统精确模型的智能导引律及其应用,旨在增强导弹制导对干扰的鲁棒性,并提高制导精度。

1.2　精确制导技术发展概况

自从二次世界大战第一枚导弹出现以来,导弹技术得到飞速发展。作为现代战争克敌制胜的尖端武器,世界各国都在积极开展导弹的研制和生产。据有关报道,目前世界上已有30多个国家拥有导弹武器,还有许多中小国家正在积极地研制和发展导弹武器。因此,导弹防御问题引起世界各国的普遍关注,对导弹防御系统的研究已成为各国军事战略研究的重点。2001年,美国把发展导弹防御系统提上了议事日程,并且已进行实质性的部署阶段,形成了高、中、低空和远、中、近程的导弹防御系统。近来,俄罗斯在战术导弹防御方面,也研制了中高空反战术弹道导弹和反飞机的S-300W防空系统。我国周边国家与地区也相应开展了主要以反战术弹道导弹为目的的导弹防御计划研究[4]。随着导弹技术的进一步扩散,我国已经处于多种弹道导弹的射程以内。我国目前的防空防导形势严峻,与技术先进国家相比有一定的差距。在防空导弹系统的配置中,尚未形成远中近程、高中低空的防御体系,加强反导弹和反飞机防御系统研究,是我国今后防御系统迫在眉睫的任务。

1.2.1　精确制导技术与制导武器

精确制导武器的定义是:采用精确制导技术,直接命中概率在50%以上的武器。主要包括精确制导导弹、制导炮弹、制导地雷等。直接命中指制导武器的圆概率误差(也叫圆公算偏差,用符号CEP表示,即英文Circular Error Probable的缩写)小于该武器弹头的杀伤半径。

导弹防御系统的关键技术是精确制导技术。精确制导这一术语产生于20世纪70年代中期。1972年,美国在越南战争中使用了26 000多枚激光和电视制导炸弹,炸毁了约80%的被攻击目标,同无制导的普通炸弹相比战斗效能提高了近百倍。1973年10月第四次中东战争中，埃及使用苏制雷达制导的"SA26"地空导弹和有线制导的"AT23"反坦克导弹，以色列使用美制电视制导的"小牛"空地导弹和有线制导的"陶"式反坦克导弹，也均在战争中取得了不菲的战绩。随着科学技术的发展和精确制导技术的进一步成熟，精确制导技术越来越广泛地被采用。

精确制导武器已成为高技术信息化战争中物理杀伤的主要手段，并在战争中发挥关键作用[1]。在1991年的海湾战争中，以美国为首的多国部队用9%的精确制导武器击毁了80%的目标，显示了精确制导武器的威力；在1998年的"沙漠之狐"战争中使用的精确制导武器已上升到70%；在1999年以美国为首的北约对南联盟科索沃的战争中主要使用的是精确制导武器，其用量已占到全部使用武器的98%。精确制导武器在高技术局部战争中的作用更加突出。

精确制导技术[5]研究的主要内容包括精确导引技术和精确控制技术。研究的重点是确保精确制导武器在复杂战场环境中精确命中目标乃至目标易损部位的寻的末制导技术。随着高新技术的发展，精确制导武器的制导技术有多种类型。按照不同控制导引方式可概括为自主、寻的、遥控和复合等四种制导。

1. 自主制导

自主制导是引导指令由弹上制导系统按照预先拟定的飞行方案控制导弹飞向目标，制导系统与目标、指挥站不发生任何联系的制导。属于自主制导的有：惯性制导、方案制导、地形匹配制导和星光制导等。自主制导由于和目标及指挥站不发生联系，因而隐蔽性好、抗干扰能力强，导弹的射程远、制导精度高。但飞行弹道不能改变的特征，使之只能用于攻击固定目标或预定区域的弹道导弹、巡航导弹。

2. 寻的制导

寻的制导或称自寻的制导、自动导引制导、自动瞄准制导，是利用目标辐射或反射的能量制导导弹去攻击目标。由弹上导引头感受目标辐射或反射的能量，测量导弹-目标相对运动参数，形成相应的引导指令控制导弹飞行，使导弹飞向目标的制导系统，称为寻的制导系统。包括：

(1) 主动寻的制导。照射目标的能源在导弹上，对目标辐射能量，同时由导引头接收目标反射回来的能量的寻的制导方式。它具有"发射后不用管"的优点，能从任何角度攻击目标，命中精度较高，缺点是易受干扰。

(2) 半主动寻的制导。照射目标的能源不在导弹上，弹上只有接收装置，能量发射装置设在导弹以外的制导站、载机或其他载体。这种制导方式可减少弹上设备，增大作战飞行距离，但不能自主寻的，而且制导站易受敌人攻击。因此，主要用于攻击空中目标。

(3) 被动寻的制导。目标本身就是辐射能源，不需要能源发射装置，由弹上导引头直接感受目标的辐射能量，导引头以目标的特定物理特性作为跟踪的信息源。该种制导方式的作用距离与目标的辐射的能量强度有关，典型的制导系统是红外寻的制导系统。

3. 遥控制导

由导弹以外的制导站向导弹发出导引信息的制导系统,称为遥控制导系统。根据导引指令在导引系统中形成的部位不同,又可分为波束制导和遥控指令制导。这种制导系统的制导精度高,作用距离比寻的制导系统大得多,弹上设备简单。但其制导精度随导弹和制导站的距离增大而降低,且易受外界干扰。

4. 复合制导

复合制导是一种高制导精度的制导体制,已成为导弹制导技术发展的重要趋势。所谓复合制导是指在导弹飞向目标的过程中,采用两种或多种制导方式,相互衔接、协调配合共同完成制导的一种新型的制导方式。在同一武器系统的不同飞行段,不同的地理和气候条件下,采用不同的制导方式,扬其所长,避其所短,组成复合式精确制导系统,以实现更准确的制导。常用的复合制导技术有:自主制导 + 寻的制导;自主制导 + 指令制导;自主制导 + 指令制导 + 寻的制导;指令制导 + 寻的制导。以上这些复合制导技术在地对空、空对地、地对地战术导弹中均被采用。除上述分类方法外,制导技术还可根据所用物理量的特性进行分类,如无线电制导、红外制导、激光制导、雷达制导、电视制导等[1]。

1.2.2 精确制导技术在现代战争中的地位及其发展趋势

精确制导技术以无可争辩的事实,确立了它在现代高技术战争中的地位。在越南战场,美国为了炸毁河内附近的清化桥,曾出动600架次飞机,投弹数千吨,付出了18架飞机的重大代价,但仍未能炸毁该桥。后来,美国把刚刚研制成功的激光制导炸弹投入实战,F-4战斗机仅出动12次,就炸毁了此桥,飞机却无一架损伤。在1973年的第四次中东战争期间,埃及和以色列之间展开了一场第二次世界大战以来最大的坦克战。开战后前3天,以军在西奈半岛损失坦克约300辆,其中77%是被精确制导反坦克导弹击毁的。海湾战争被称做高技术武器的试验场,多种精确制导武器纷纷登场。如“战斧”巡航导弹、“爱国者”防空导弹、“斯拉姆”空对地导弹、“哈姆”反辐射导弹、“海尔法”反坦克导弹,以及“小牛”、“渔叉”、“响尾蛇”、“麻雀”等各种机载精确制导导弹和激光制导炸弹上场亮相。据统计,多国部队在海湾战争中使用的精确制导武器多达20余种。目前,精确制导武器系统注重向超远程、隐形、智能化方向发展[3]。

1.3 国内外末制导律研究现状及分析

导弹的攻防能力在现代战争中的作用越来越突出,而导弹的制导能力特别是末制导律的作用尤为重要。对导引律的研究可以追溯到20世纪30年代[6]。1932年法国学者布格尔就开始研究纯追踪法,并在目标做匀速运动的情况下得到了解析解。20世纪40年代,美国在海军和空军开始了导弹的预研。经过了一些年的研究,Locke在1955年系统地总结了前人研究制导律的成果,但他主要讨论了平面内导弹拦截目标的情况。1956年,

Adler[7] 又提出三维制导律。从那以后，许多学者提出了很多制导律的研究方法。制导律大致可以分为以下几类：经典导引律，基于现代控制理论的现代制导律，以及正处于发展阶段的非线性制导律和智能制导律。

1.3.1　经典导引律

导弹的经典制导律有多种，有追踪法、三点法、前置角法、平行接近法和比例导引法等[1]。它们以质点运动学研究为特征，不考虑导弹和目标的运动学特性。导引规律的选取随着目标飞行特性和制导系统的组成不同而不同。1943 年，美国科学家 Spatch 等人提出了比例导引法并在系数为 2 的情况下得出了解析解。此后有很多人探索不同比例导引系数下求解解析解的可能途径。

1. 追踪法

追踪法是指导弹在向目标飞行的过程中，导弹运动的速度向量每时每刻都指向目标。这种导引规律的最大优点在于制导系统结构较为简单，但缺点是当导弹迎击目标或攻击近距离高速飞行目标时，弹道弯曲的程度很严重，因此导弹飞行时所需的法向加速度大。这对导弹的空气动力、结构强度、制导系统等各方面提出了较高的要求。另外，应用这一导引规律攻击目标时，对导弹飞行速度和目标加速度之间的比值有较严格的要求；否则，在命中点附近造成弹道的过分弯曲。近年来将追踪法与其他方法融合可以克服它本身的缺点。如 Becan[8] 将模糊控制引入追踪法中以克服弹道弯曲的缺点。

2. 三点法

三点法是指导弹在向目标飞行的过程中，导弹、目标和制导站始终在一条直线上。这种导引规律的缺点是弹道弯曲比较严重，需要的法向加速度比较大。特别是当地对空导弹用三点法迎头攻击低空高速飞行的目标时，这一缺点更为严重。但在技术上实现比较容易，抗电子干扰的能力较好。

3. 前置角法

前置角法是指在导引站导引导弹向目标飞行的过程中，使导弹位于目标视线前方的某一位置上，也就是使导弹和导引站的连线与目标和导引站的连线之间有一定的夹角。这一角度按照一定规律变化可以保证弹道比较平直。但它的抗干扰能力差一些，实现起来也相对复杂。

4. 平行接近法

平行接近法是指导弹在接近目标的过程中，目标视线在空间始终保持平行。就是说，导弹接近目标的过程中，目标视线的转动角速率应为零。这种导引规律使导弹飞行过程中的法向需用加速度为零，所以平行接近法的弹道“平直”是它的突出优点。但需要精确地测量导弹和目标的位置及速度等信息，实现起来相当复杂而且十分困难，故目前在导弹上实际使用比较少见。

直接法、追踪法、平行接近法等对制导系统提出严格的要求，它们要求制导系统在每个瞬间都要准确地测量目标、导弹速度以及前置角，因此算法很难实现，使得制导系统复杂化；而比例导引律具有需要信息量小，结构简单，易于实现的优点。在经典导引律中，比例导引是很有效的，因此对它的研究也最充分。

5. 比例导引法

比例导引法是指导弹在接近目标的过程中，使导弹速度向量的转动角速率正比于目标视线的转动角速率。这种导引规律下飞行弹道比较平直，而且制导系统技术上容易实现。传统的比例导引分为纯比例导引（PPN）、真比例导引（TPN）和广义比例导引（GPN）。

在纯比例导引中，拦截指令加速度方向垂直于拦截者的速度方向。Guelman 定性地研究了 PPN 的有关性质[9]，并推导出了拦截非机动目标的闭环形式解。Hu 推导出导弹纵向平面和侧向平面具有终端约束角要求的比例导引律，使得导弹能够以垂直的形式击中固定目标，为了增强制导律的鲁棒性，利用自适应律来调节制导参数[10]。

在真比例导引中，拦截者的指令加速度方向垂直于导弹与目标的视线方向。Li 和 Jing[11] 应用微分几何方程研究了纯比例导引和真比例导引能够捕获到目标的条件。Guelman[12] 推导了 TPN 的闭环形式解，在指令加速度中得到了形式固定的闭环解。Yuan 和 Chern[13] 经过推导得到指令加速度变比例系数的闭环解析解。

广义比例导引是指导弹指令加速度作用与视线的法线成某一固定角的方向。Yang 和 Yeh 首先获得了 GPN 的闭环形式解，而 Yuan 和 Hsu 则给出了 GPN 的精确闭环形式解[14]。

上述研究的是二维空间导引律，在三维空间导引方面，Alder[7] 首先研究了三维空间的比例导引律。Roddy[15] 设计了倾斜转弯控制（BTT）视线角命令导引律，此导引律属于三点法和前置法导引。一般的理想比例导引（GIPN）是一种状态反馈控制器，主要是利用线性化方法来研究。Tyan 和 Shen[16] 改善了 GIPN，设计出自适应理想比例导引律（AIPN），使得导航比能够自适应地改变，而且 AIPN 实现也较简单。OH 和 HA[17] 研究了三维纯比例导引的捕获目标能力的标准。Zhao、Zhang 和 Yu[18] 基于 Lyapunov 稳定性理论提出了一种扩展比例导引（EPNG），可以满足脱靶量及终端约束角的要求，针对反舰导弹的三维仿真研究表明了该制导律的有效性。Song 采取了视线角指令导引（CLOS）与红外末制导复合的方法来跟踪目标[19]。

比例导引律概念明确且易于实现，对元部件精度要求不高；缺点是仅适于攻击小机动目标，前向攻击能力差，对制导增益选择比较敏感，当对付高性能的大机动目标时，尤其是在目标采用各种干扰措施的情况下，比例导引律不再适用。

针对经典导引律存在的缺点，随着控制理论进一步发展，人们又研究了许多现代制导律。目前研究较多的有最优制导律、微分对策制导律和自适应制导律等。现代制导律要求获得目标较充分的运动状态信息。

1.3.2 现代制导律

现代战争的发展使得导弹要攻击的目标越来越复杂,传统的比例导引律不再适用,人们需要寻找新的制导律设计方法。随着计算机技术和现代控制理论的发展,人们开始将现代控制理论应用于拦截器的导引规律设计。建立在现代控制理论和微分对策理论基础上的导引规律,通常称为现代制导律。现代制导律包括线性最优制导律、自适应制导律、微分对策制导律等。

1. 线性最优制导律

线性最优制导律[3,6]是利用最优控制理论把制导看做带有终端约束的控制器设计。最早的离散最优制导策略是由 Tung 和 Templeman 给出的;Stallard 利用线性化模型和终端约束提出最优制导律。Asher 和 Matuyeusk 在假设目标加速度为外界干扰时,获得最优线性制导律。Stockum 和 We 等人研究了近距离格斗的最优制导律。Guelman 和 Shinar 在假设加速度命令垂直于导弹速度向量和目标运动信息已知的条件下,通过椭圆积分和求解非线性代数方程,获得平面内拦截机动目标的最优制导律。Rusnak 和 Meir 研究了高阶加速度制导律。Nesline、Menon 和 Imado 等人分别研究了中距离导弹的最优导引问题。Kumar 等人研究了中距离导弹的三维次最优导引问题。Ford 等人研究了带有约束的三维制导律,将制导律设计转化为应用动态规划解法解决连续系统最优终止控制决策问题。最优制导律结构多变且制导信号多,对目标加速度的估计误差、剩余飞行时间估计误差灵敏度高,对测量元件也提出很高的要求。当剩余飞行时间估计误差较大时,精度急剧下降。Hexner、Shima[20] 利用数学方法推导随机最优问题,提出了一种带有终端约束的随机最优控制制导律(SOCGL),仿真结果表明除非目标机动特别大,否则 SOCGL 的拦截性能优于古典的最优制导律。Hexner、Shima 和 Weiss[21] 推导出了一种带有加速度值受约束的 LQG 制导律,该制导律依赖于状态估计的概率密度函数,与古典的最优制导律(OGL)相比,有效导航比的最大值能够在制导过程中获得,而 OGL 却只能在拦截时间的末端才能获得。

2. 自适应制导律

为了消除系统模型及外界环境条件的不确定因素,发展了自适应制导律。这种制导律,使每发导弹的实际制导作用随实际参数和外界条件变化而变化,因而可以大大提高制导精度。

Liang 和 Ma[22] 提出了一种非线性自适应制导控制律,当目标的机动角度为未知分段常值时,该制导律可以保证拦截目标,实现较容易,控制光滑。

Chwa[23] 提出了基于目标不确定性和控制回路动态特性自适应制导律,类似地,Kim 也应用自适应控制理论设计了使视线角按照给定路线飞行的制导律和自动驾驶仪控制方案。自适应制导系统的制导作用,是基于一定的数学模型和一定的性能指标综合出来的,和最优导引律不同的是,自适应制导所依据的系统数学模型允许存在不确定性,需要在系统运行中去提取模型的有关信息。

3. 微分对策制导律

最优导引律都是在假设目标的运动已知的情况下得到的，而实际导弹攻击敌机这类问题是研究双方最优策略问题，即符合微分对策理论，因此产生了微分对策导引律。微分对策导引律是以微分对策理论为基础的最优导引律。Hsueh、Huang 和 Fu[24] 在微分对策理论的基础上提出零滑动制导律(ZSGL)，相对速度选为代价函数。在能够获得理想的目标信息的情况下，这种制导律能够有效对付机动目标和不机动目标。值得指出的是，若导弹和目标均为变速运动，微分对策导引律求解中遇到了两点边值问题，难以得到解析解[25]。

现代制导律的优点是它能考虑导弹和目标的动力学问题，并可以考虑起点和终点约束条件以及其他约束条件，根据给出的性能指标寻求最优导引规律。然而它也有不足。首先，经典导引律和现代制导律都是根据导弹标称模型设计的，而实际模型往往存在不确定性和未建模动态，随着高性能导弹的出现，导弹模型中的非匹配和不确定性的特点越来越突出。其次，由于通道间耦合和气动力非线性的缘故，导弹是一个高度非线性时变系统，在参数未知或摄动时，导弹控制系统通常会性能变坏或出现不稳定。此外，随着航天技术的发展，导弹要拦截的目标也在不断变化，高速大机动性能的目标也对导弹的战术指标提出新的要求。对于以上要求，基于古典导引律和现代制导律设计的导弹控制系统已经很难满足性能指标的要求。

1.3.3　智能制导律

智能控制理论是 20 世纪 70 年代发展起来的，其中的模糊控制、神经网络控制等形式的智能控制理论是对传统控制理论的发展，基本出发点是利用仿人的智能推理算法实现对复杂的、不确定性系统有效地控制。智能控制理论研究领域非常广泛，目前应用到制导领域的有模糊控制、神经网络控制、变结构理论等。下面分别进行介绍。

1. 模糊制导律

模糊逻辑控制器具有不依赖精确对象模型、能够对高度非线性对象进行控制的能力和良好的鲁棒性能，许多模糊控制理论已经应用到导弹制导和导弹控制过程中，基于模糊逻辑的智能制导律受到广泛关注。以模糊逻辑控制为基础的制导律大致分为基于模糊规则的制导律、自组织模糊制导律和与其他智能理论融合的模糊制导律等几种类型。

Mishra[26] 等人最先将模糊控制应用到导弹末制导律设计中，完成以模糊逻辑为基础的制导律性能计算和分析。Gonsalves 设计了空-空导弹模糊制导律，将传统的比例导引律转化为具有模糊逻辑形式的导引律。Shieh[27] 设计了以模糊逻辑为基础的末制导规则，并应用 Lyapunov 理论验证了制导系统的稳定性。Lin[28] 针对波束扫描技术提出基于导弹目标视线的模糊导引律，此导引律是对特定类型目标的拦截，对拦截不同目标的灵活性不高。Lin 和 Chen[29] 提出一种模糊拦截轨道的制导律，该制导律基于模糊推理系统能够自适应地改变轨道,以最大限度地减小能量,为制导末端提供较多的剩余能量,以提高制导性能。V. Rajasekhar[30] 设计了能代替传统比例导引律的模糊控制器,同时考虑了控制死区和加速度命令执行器饱和限制,设计的模糊控制器能够很好地完成导引比例系数的调节。

为了得到更加灵活的制导律,Lin[31] 提出一种新颖的设计导弹制导控制参数的方法。通过使用T-S模糊模型和增益优化的手段,综合得到一个完整的飞行条件集合下的制导控制参数。其中,应用遗传算法进行优化问题求解,解决了由于末制导闭环稳定性的要求和硬件的限制所产生的多约束问题。该方法提供一种系统的、在空气动力参数的大范围变化条件下的、具有鲁棒性的解决问题的方案。此后,Lin 又完成了新型的自组织模糊逻辑控制器的设计方法,并应用到视线角指令(CLOS)的设计中。此模糊制导律的每个规则根据采用的模糊权值进行修正,规则库的学习算法更加合理。随后,Lu 提出拦截机动目标模糊自调整末制导律设计方法。在此文献中,一方面提出改变制导知识库的大小和推理过程的综合模糊算法;另一方面,设计的制导规则能够在线进行修正以适应实时情况变化。

上述以模糊逻辑为基础的制导律设计方法都是在模糊推理规则基础上设计,依赖于大量的人类知识和经验。要获得满意的模糊制导规则需进行反复试验,这需要花费大量的时间。而几种具有自组织功能的模糊逻辑控制器设计方法,在每次运行中只能进行一个或者多个规则的修正,控制作用需要较长的收敛时间。

在模糊控制系统中有一类系统近年来受到广泛关注,那就是T-S模糊模型系统的控制问题。通常情况下,受控过程用线性或者非线性的动态模型来表征,而对一些实际问题,被控对象也可以用规则的形式来描述,而T-S模型是模糊系统中一种重要的表达形式。通常情况下,许多非线性系统是非常复杂的,难以获得精确的数学模型,然而,这些系统却可以表示成局部的数学模型,或者表示为一系列数学模型的集合。

1985年,Takagi 和 Sugeno 首先提出用T-S模糊模型来表示复杂的非线性系统的模糊理论。随后又研究针对T-S模型的模糊控制系统设计方法。这些方法概念简单、直观,分析系统稳定性时,可以直接应用线性反馈控制方法来分析。基于T-S模型的分析方法可以概括如下。首先,非线性被控对象用多个T-S模型表示;然后针对每个局部模型进行线性反馈设计,整个空间的控制应用平行分布补偿原理进行控制器设计,总的输出是各个单独的线性控制器的综合。文献[32]利用T-S模糊控制器产生导弹的速度、头角以及飞行路径角所需的控制量,仿真结果表明作用效果好,导弹能够有效拦截目标。

2. 神经网络末制导律

Geng 和 Lin 等[33-34] 先后给出了神经网络末制导律,它们都构建了一个专门在线神经网络结构,用来分析闭环制导律,修正比例制导指令。这里神经网络起到了导弹空间结构的逆控制器的作用,它不仅能很好地控制弹道的跟踪性能,而且能扩大防御范围。但是神经网络的实时训练问题是个复杂的问题,神经网络制导通常在现实中不可靠,如果网络没有训练好,通常对新输入的数据十分敏感[28]。

Gu、Zhao 和 Zhang[35] 提出了基于 RBF 神经网络的3维纯比例制导律(PNGLRBF),传统的比例导引律的导航比系数固定,因此会造成较大脱靶量。针对这个问题,文中提出利用 RBF 神经网络在线实时调整导航比系数,产生最优的加速度指令。仿真结果表明,提出的制导律能够明显地减小脱靶量。

文献[36]使用线性二次型(Linear Quadratic Gaussian,LQG)最优制导律计算得到弹道数据,然后选择合适的参数作为径向基函数(Radial Basis Function,RBF)神经网络的输入输出变量进行训练。训练好的神经网络即构成一个制导律,它可产生近似的最优弹道。这种方法的优点是,训练好的神经网络在执行工作时只需存储其权值和阈值。

3. 变结构制导律

对于实际的导弹系统来说,导弹飞行中空气动力学变化,以及目标信息测量和估计的误差,使得系统参数存在不确定性。此外,导弹系统不可避免地受到扰动的影响。这就要求制导律对不确定性应具有鲁棒性。

近些年来,对相对距离、相对速度和目标加速度测量或估计误差具有鲁棒性的导引律的研究受到了人们的关注。人们对非线性系统变结构控制理论已进行了较深入的研究,在理论上具有无可争辩的优势,特别是对参数摄动和外部扰动的鲁棒性,使得变结构控制理论在许多制导问题中得到了应用,设计出许多变结构制导律[37-40]。Babuk 研究基于变结构控制的切换偏差比例导引,用自适应偏差项补偿目标加速度和其他未建模动力学特性,并用 Lyapunov 函数法设计控制律。李君龙等基于非线性运动学模型提出了变结构制导律,唯一的假设是目标最大加速度已知[45]。Zhou 提出基于线性运动学模型的自适应变结构制导律[39]。Moon 研究了包括导弹刚体动力学和飞行控制系统时间滞后的变结构制导律,证明反馈控制器的性能对模型中一定的参数变化具有鲁棒性。

但是,在变结构导引律中存在开关函数项,控制量要不断进行切换。而在实际系统中,控制量的切换不可能瞬时完成,总是存在一定的时间滞后,这会造成执行器的抖动。这种抖动实际上是导弹弹体的抖动,如果抖动的幅度过大,将不利于弹上部件正常工作。如果弹体细长,抖动还容易诱发其高频未建模动力学特性,不利于弹体的控制,影响制导精度。因此,需要对变结构制导律做进一步研究,但变结构思想已成为许多自适应制导律设计的理论基础。

1.4 本书的主要内容及结构

本书共分7章,主要内容安排如下:

第1章 首先概要介绍了精确制导律的研究背景和意义,其次介绍了精确制导律的发展概况,最后简要介绍了国内外精确末制导律的研究现状。

第2章 介绍了几个常用坐标及它们之间的转换关系,分析了整个导弹运动数学模型,并基于此模型建立导引律仿真模型。

第3章　简单介绍了几种自动瞄准的传统速度导引律,着重讲解了目前常用的比例导引律,对其参数选择以及优缺点等进行了理论分析,并对传统导引律对付机动目标的脱靶量进行了讨论。

第4章　针对基于模糊规则的模糊制导律推理时间长、规则不容易确定的问题,将解析描述的模糊控制应用到制导律设计中。将制导问题转化为误差反馈控制问题,根据目标的加速度大小调整解析描述模糊规则中参数值大小,控制的目标是保证导弹-目标之间视线角速率最终收敛到零。

第5章　为了提高参数适应范围,结合RBF神经网络和模糊控制,设计了两种自适应模糊导引律。一种是基于RBF神经网络调整的自适应模糊导引律,通过对RBF神经网络增量式α公式的推导,得到了RBF神经网络调整的α递推公式,并利用α调整解析描述模糊导引规则;另外一种导引律是基于模糊RBF神经网络辨识的自适应模糊导引律,这种导引规律直接用模糊RBF神经网络去辨识α。仿真结果对比表明,这两种模糊导引律都能有效地对付大机动目标,能获得更小的脱靶量和较平直的弹道,并且有很强的自适应性。

第6章　研究了变结构控制理论,分析了它的基本原理以及国内外的研究现状,并在非线性变结构控制理论基础上设计了一种新型变结构制导律。针对变结构控制会引起系统抖振的问题,应用模糊控制理论来削弱抖振。仿真结果表明了该制导律的有效性。

第7章　针对变结构控制存在的抖振问题,利用神经网络来削弱变结构的抖振,设计了三种神经网络滑模变结构制导律。第一种是CMAC神经网络与变结构复合控制的制导律,开始阶段利用变结构制导律产生的指令训练CMAC神经网络,经过一定时间后,制导指令完全由CMAC神经网络产生,因此能够消除变结构存在的抖振;第二种是自适应RBF神经网络滑模制导律,通过设计合适的滑模面作为RBF神经网络的输入,利用自适应算法在线实时修改RBF神经网络的连接权值,控制的目标是使导弹拦截系统进入滑模面,完成制导;第三种是基于RBF神经网络切换增益调节的滑模制导律,利用RBF神经网络来修正变结构制导律中变结构项的增益,根据滑模面来调整增益,以减小抖振,提高制导精度。

从内容结构上看,第1～3章是全书的基础,第4章、第5章同第6章、第7章的内容保持相对独立,属于并行的结构。第4章和第5章是基于模糊控制理论、神经网络优化方法设计三种智能自适应制导律;第6章和第7章是将变结构控制理论与模糊逻辑、神经网络相融合,设计了四种智能自适应制导律。

第2章　导弹导引系统运动学模型

导弹运动方程是描述导弹运动规律的数学模型，也是分析、计算或模拟导弹运动的基础。导弹在飞行期间，发动机不断喷出燃气流，导弹的质量不断发生变化，是一个可变质量系；且导弹是可控飞行，将它作为一个被控对象。因此，完整描述导弹在空间运动和制导系统中各元件工作过程的数学模型是相当复杂的。不同研究阶段、不同设计要求，所需要建立的导弹运动数学模型也不相同。例如在导弹方案设计或初步设计阶段，通常可把导弹视为一个质点，选用质点弹道计算的数学模型；而在设计定型阶段，则需建立更完整的数学模型。建立导弹运动方程组以经典力学为基础，涉及变质量力学、空气动力学、推进和控制理论等方面。

本章首先分别介绍了导引系统建模常用的坐标系及其之间的转换关系、拦截几何、导弹运动学模型、导弹目标相对运动学和目标运动学模型[42]。在此基础上建立了导弹导引系统仿真模型，为检验导引律的效果提供仿真测试平台。

2.1　导弹的动力学基本方程

由经典力学可知，任何一个自由刚体在空间的任意运动，都可以把它视为刚体质心的平移运动和绕质心转动的合成运动，即决定刚体质心瞬时位置的三个自由度和决定刚体瞬时姿态的三个自由度。对于刚体，可以应用牛顿第二定律来研究质心的移动，利用动量矩定理来研究刚体绕质心的转动。

设 m 表示刚体的质量，$\boldsymbol{V}$ 表示刚体的速度向量，$\boldsymbol{H}$ 表示刚体相对于质心（O 点）的动量矩向量，则描述刚体质心移动和绕质心转动运动的动力学基本方程的向量表达式为

$$m\frac{\mathrm{d}\boldsymbol{V}}{\mathrm{d}t}=\boldsymbol{F} \tag{2.1}$$

$$\frac{\mathrm{d}\boldsymbol{H}}{\mathrm{d}t}=\boldsymbol{M} \tag{2.2}$$

式中　$\boldsymbol{F}$——作用于刚体上外力的主向量；

$\boldsymbol{M}$——外力对刚体质心的主矩。

应当指出，上述定律的使用是有条件的：第一，运动着的物体是常质量的刚体；第二，运动是在惯性坐标系内考查的。

然而，高速飞行的导弹一般是薄翼的细长体的弹性结构，因此有可能产生气动力和结构弹性的相互作用，造成弹体外形的弹性或塑性变形；操纵机构（如空气动力舵面）的不时偏转也相应改变导弹的外形。同时，运动着的导弹也不是常质量的，对于装有火箭发动

机的导弹,工作着的火箭发动机不断地以高速喷出燃料燃烧后的产物,使导弹的质量不断发生变化;对于装有空气喷气发动机的导弹来说,一方面使用空气作为氧化剂,空气源源不断地进入发动机内部;另一方面燃烧后的燃气与空气的混合气体又连续地往外喷出。由此可见,每一瞬间,工作着的反作用式发动机内部的组成不断地发生变化,即装有反作用式发动机的导弹是一个变组成系统。由于导弹的质量、外形都随时间变化,因此,研究导弹的运动不能直接应用经典动力学理论,而采用变质量力学来研究,这比刚体运动要繁杂得多。

研究导弹的运动规律时,为使问题易于解决,可以把导弹质量与喷射出的燃气质量结合在一起考虑,转换成为一个常质量系,即采用所谓"固化原理",指在任意研究瞬时,把变质量系的导弹视为虚拟刚体,把该瞬时在导弹所包围的"容积"内的质点"固化"在虚拟的刚体上作为它的组成。同时,把影响导弹运动的一些次要因素,如弹体结构变形对运动的影响等略去。这时,在这个虚拟的刚体上作用有如下诸力:对该物体的外力(如气动力、重力等)、反作用力(推力)、哥式惯性力(液体发动机内流动的液体由于导弹的转动而产生的一种惯性力等)、变分力(由火箭发动机内流体的非定态运动引起的)等。其中后两种力较小,也常被略去。

采用上述的"固化原理",可把所研究瞬时的变质量系的导弹的动力学基本方程写为常质量刚体的形式,这时,要把反作用力作为外力来看待,把所研究瞬时的质量 $m(t)$ 取代原来的常质量 m。研究导弹绕质心运动也可以用同样方式来处理。因而,导弹动力学基本方程的向量表达式可写为

$$m(t)\frac{\mathrm{d}\boldsymbol{V}}{\mathrm{d}t}=\boldsymbol{F}+\boldsymbol{P} \tag{2.3}$$

$$\frac{\mathrm{d}\boldsymbol{H}}{\mathrm{d}t}=\boldsymbol{M}+\boldsymbol{M}_P \tag{2.4}$$

式中　$\boldsymbol{P}$—— 导弹发动机推力;

$\boldsymbol{M}$—— 作用在导弹上的外力对质心主矩;

$\boldsymbol{M}_P$—— 发动机推力产生的力矩(通常推力线通过质心,则 $\boldsymbol{M}_P=0$)。

实践表明:采用上述简化方法,能达到需要的精确度。

2.2　常用坐标系和坐标系间的转换

坐标系是为描述导弹位置和运动规律而选取的参考基准。导弹是在某个空间力系的约束下飞行的,为建立描述导弹在空间运动的标量方程,可将式(2.3)、(2.4)中各向量投影到相应的坐标系中获得。为此,常常需要定义一些坐标系(如第 1 章中的弹体坐标系和速度坐标系),并建立各坐标系间相互关系的转换矩阵。坐标系的选取可以根据习惯和研究问题的方便而定。但是,由于选取的坐标系不同,则所建立的导弹运动方程组的形式和繁简程度也就不同,这就会直接影响求解该方程组的难易程度和运动参数变化的直观

程度，所以选取合适的坐标系是十分重要的。选取坐标系的原则应该是：既能正确地描述导弹的运动，又要使描述导弹运动的方程形式简单清晰。

在导弹飞行力学中，常采用的坐标系是右手直角坐标系或极坐标系、球面坐标系等。右手直角坐标系由原点和从原点延伸的3个相互垂直、按右手规则排列顺序的坐标轴构成。建立右手直角坐标系需要确定原点位置和3个坐标轴的方向。导弹飞行力学中常用的右手直角坐标系有：以来流为基准的速度坐标系、以弹体几何轴为基准的弹体坐标系，地面坐标系和弹道坐标系[1,41-44]。

2.2.1 导弹导引系统坐标系的定义

1. 地面坐标系 $Axyz$

地面坐标系 $Axyz$ 是与地球表面固连的坐标系，如图2.1所示。坐标系原点 A 通常选取在导弹的发射点上或末制导初始时刻导弹的质心上。Ax 轴指向可以是任意的，对于地面目标而言，Ax 轴通常是弹道面（航迹面）与水平面的交线，指向目标为正；Ay 轴沿铅垂线向上；Az 轴与其他两轴垂直并构成右手坐标系。地面坐标系相对地球是静止的，它随地球自转而旋转，研究近程导弹运动时，往往把地球视为静止不动，即地面坐标系可视为惯性坐标系。而且，对于近程导弹来说，可把射程内地球表面看做平面，重力场则为平行力场，与 Ay 轴平行且沿 Ay 轴负向。

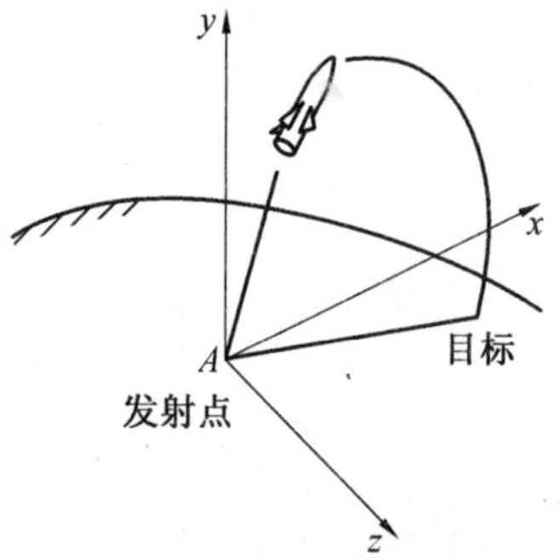

图2.1 地面坐标系

地面坐标系作为惯性参考系，主要用来确定导弹质心在空间的坐标位置（即确定导弹飞行轨迹）和导弹在空间的姿态等的参考基准。

2. 速度坐标系 $Ox_3y_3z_3$

如图2.2所示，坐标系的原点 O 取在导弹的质心上；Ox_3 轴与导弹质心的速度向量 $\boldsymbol{V}$ 方向重合；Oy_3 轴位于弹体纵向对称面内，与 Ox_3 轴垂直，指向上为正；Oz_3 轴垂直于 Ox_3y_3 平面，其方向按右手定则确定。此坐标系与导弹速度向量固连，是一个动坐标系。

3. 弹体坐标系 $Ox_1y_1z_1$

如图2.2所示，坐标原点 O 取在导弹的质心；Ox_1 轴与弹体几何纵轴重合，指向头部方向为正；Oy_1 轴位于弹体纵向对称平面内，与 Ox_1 轴垂直，向上为正；Oz_1 轴垂直于 Ox_1y_1 平面，其方向按右手定则确定。弹体坐标系（又称体坐标系）与弹体固连，也是动坐标系。

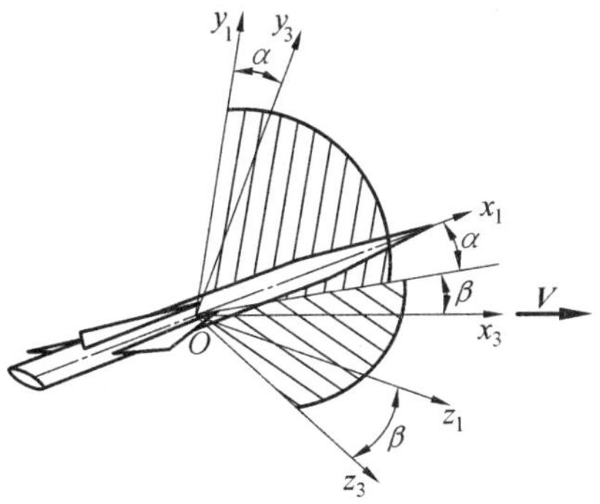

图 2.2　速度坐标系与弹体坐标系间的关系

由速度坐标系和弹体坐标系的定义可知，这两个坐标系之间的相对方位可由两个角度确定，见图 2.2 的 α 与 β，它们分别定义如下：

攻角（又称迎角、冲角）α：导弹质心的速度向量 **V**（即 Ox_3 轴）在弹体纵向对称面 Ox_1y_1 上的投影与 Ox_1 轴之间的夹角。若 Ox_1 轴位于 **V** 的投影线的上方（即产生正升力）时，攻角 α 为正；反之为负。

侧滑角 β：速度向量 **V** 与对称面之间的夹角。沿飞行方向观察，若来流从右侧流向弹体（即产生负侧向力），则所对应的侧滑角 β 为正；反之为负。

4. 弹道坐标系 $Ox_2y_2z_2$

如图 2.3 所示，弹道坐标系的坐标原点 O 取在导弹的瞬时质心上；Ox_2 轴与导弹质心的速度向量 **V** 方向重合；Oy_2 轴位于包含速度向量 **V** 的铅垂平面内，与 Ox_2 轴垂直，指向上为正；Oz_2 轴垂直于 Ox_2y_2 平面，其方向按右手定则确定。

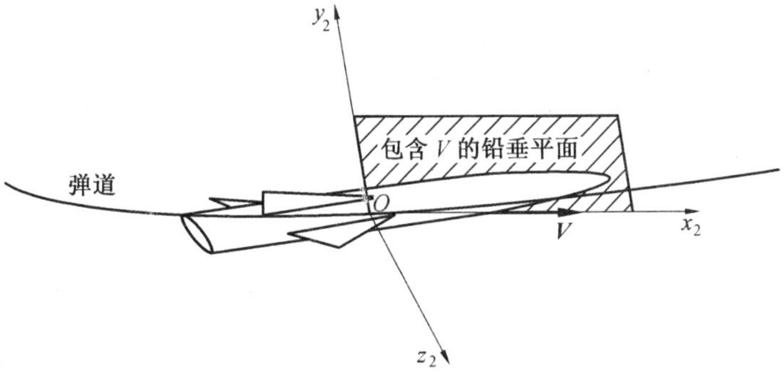

图 2.3　弹道坐标系

弹道坐标系与导弹速度向量 **V** 固连，它是动坐标系。弹道坐标系和速度坐标系的不同在于：Oy_2 轴位于包含速度向量的铅垂面内，而 Oy_3 轴在导弹的纵向对称面内。若导弹在运动中，导弹的纵向对称面不在铅垂面内时，这两个坐标系就不重合。

弹道坐标系用来建立导弹质心运动的动力学标量方程并研究弹道特性比较简单清晰。

2.2.2　坐标系之间的转换关系

在导弹飞行的任一瞬间,上述各坐标系在空间有各自的指向,它们相互之间也存在一定的关系。导弹飞行时,作用在导弹上的力和力矩及其相应的运动参数习惯上是在不同坐标系中定义的。例如,空气动力定义在速度坐标系中,推力和空气动力矩用弹体坐标系来定义,而重力和射程则用地面坐标系来定义,等等。在建立导弹运动标量方程时,则必须将由不同坐标系定义的诸参量投影到同一坐标系上。例如,在弹道坐标系上描述导弹质心运动的动力学标量方程时,就要把导弹相对于地面的加速度和作用于导弹上的所有外力都投影到弹道坐标系上。因此,就必须把参量由所定义的坐标系转换到统一的新坐标系上,这就必须进行坐标系间的转换。

1. 地面坐标系与弹体坐标系之间的转换关系

如图2.4所示,为研究方便起见,将地面坐标系 $Axyz$ 平移至其原点与导弹瞬时质心重合,这并不改变地面坐标系与弹体坐标系在空间的姿态及其相应的关系。弹体(即弹体坐标系 $Ox_1y_1z_1$)相对地面坐标系的姿态,通常用3个角度(称欧拉角)来确定,分别定义如下。

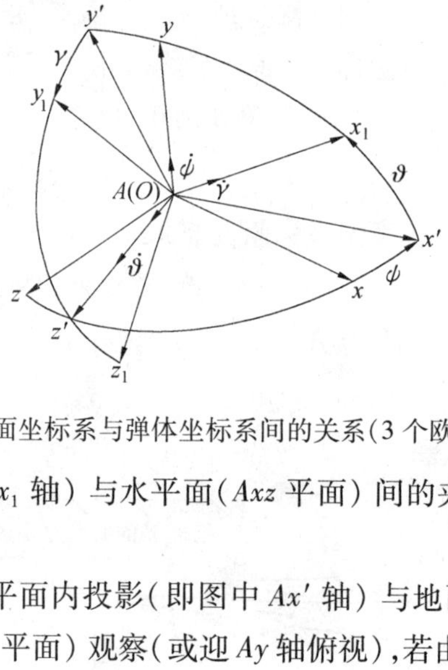

图2.4　地面坐标系与弹体坐标系间的关系(3个欧拉角)

俯仰角 ϑ:导弹的纵轴(Ox_1 轴)与水平面(Axz 平面)间的夹角。导弹纵轴指向水平面上方,ϑ 角为正;反之为负。

偏航角 ψ:导弹纵轴在水平面内投影(即图中 Ax' 轴)与地面坐标系 Ax 轴之间的夹角。迎 ψ 角平面(即图中 $Ax'z$ 平面)观察(或迎 Ay 轴俯视),若由 Ax 轴转到 Ax' 轴是逆时针旋转,则 ψ 角为正;反之为负。

倾斜(滚动)角 γ:弹体坐标系的 Oy_1 轴与包含导弹纵轴的铅垂平面之间的夹角。由弹体尾部顺纵轴前视,若 Oy_1 轴位于铅垂面 $Ax'y'$ 的右侧(即弹体向右倾斜),则 γ 为正;反之为负。

以上定义的3个角参数,又称弹体的姿态角。为推导地面坐标系与弹体坐标系之间的关系及其转换矩阵,按上述连续旋转的方法,首先将弹体坐标系与地面坐标系的原点及各对应坐标轴分别重合,以地面坐标系为基准,然后按照上述3个角参数的定义,分别绕相应轴三次旋转,依次转过 ψ 角,ϑ 角和 γ 角,如图 2.4 所示,就得到弹体坐标系 $Ox_1y_1z_1$ 的姿态。而且,每旋转一次,就相应获得一个转换矩阵,地面坐标系与弹体坐标系间的转换矩阵即是这三个初等转换矩阵的乘积。具体步骤如下:

第一次是以角速度 $\dot{\psi}$ 绕地面坐标系的 Ay 轴旋转 ψ,Ax 轴、Az 轴分别转到 Ax'、Az' 轴上,形成坐标系 $Ax'yz'$,如图 2.5(a) 所示。基准坐标系 $Axyz$ 与经第一次旋转后形成的过渡坐标系 $Ax'yz'$ 之间关系以矩阵形式表示为

$$\begin{bmatrix} x' \\ y \\ z' \end{bmatrix} = \boldsymbol{L}(\psi) \begin{bmatrix} x \\ y \\ z \end{bmatrix} \tag{2.5}$$

式中

$$\boldsymbol{L}(\psi) = \begin{bmatrix} \cos\psi & 0 & -\sin\psi \\ 0 & 1 & 0 \\ \sin\psi & 0 & \cos\psi \end{bmatrix} \tag{2.6}$$

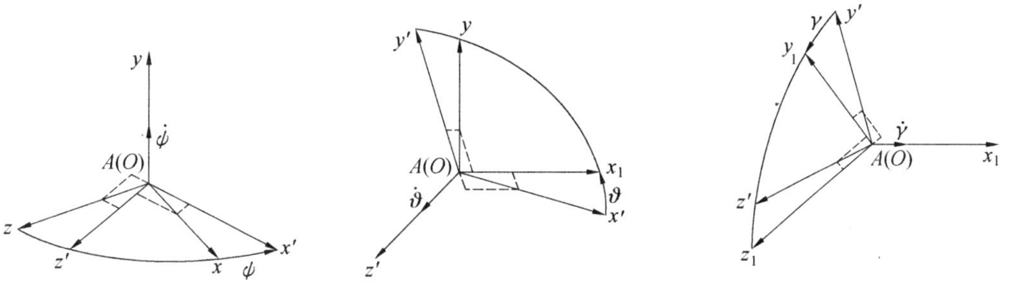

(a)第一次旋转　(b) 第二次旋转　(c)第三次旋转

图 2.5　三次连续旋转确定地面坐标系与弹体坐标系之间的关系

第二次是以角速度 $\dot{\vartheta}$ 绕过渡坐标系的 Az' 轴旋转 ϑ,Ax 轴、Ay 轴分别转到 Ax_1 轴、Ay' 轴上,形成新的过渡坐标系 $Ax_1y'z'$,如图 2.5(b) 所示。坐标系 Ax_1yz' 与 $Ax_1y'z'$ 之间关系以矩阵形式表示为

$$\begin{bmatrix} x_1 \\ y' \\ z' \end{bmatrix} = \boldsymbol{L}(\vartheta) \begin{bmatrix} x' \\ y \\ z' \end{bmatrix} \tag{2.7}$$

式中

$$\boldsymbol{L}(\vartheta) = \begin{bmatrix} \cos\vartheta & \sin\vartheta & 0 \\ -\sin\vartheta & \cos\vartheta & 0 \\ 0 & 0 & 1 \end{bmatrix} \tag{2.8}$$

第三次是以角速度 $\dot{\gamma}$ 绕 Ax_1 轴旋转 γ 角,Ay' 轴、Az' 轴分别转到 Ay_1 轴、Az_1 轴上,最终获得弹体坐标系 $O(A)x_1y_1z_1$ 的姿态,如图 2.5(c) 所示。坐标系 $Ax_1y'z'$ 与 $Ax_1y_1z_1$ 之间的关系以矩阵形式表示为

$$\begin{bmatrix} x_1 \\ y_1 \\ z_1 \end{bmatrix} = \boldsymbol{L}(\gamma)\begin{bmatrix} x_1 \\ y' \\ z' \end{bmatrix} \tag{2.9}$$

式中

$$\boldsymbol{L}(\gamma) = \begin{bmatrix} 1 & 0 & 0 \\ 0 & \cos\gamma & \sin\gamma \\ 0 & -\sin\gamma & \cos\gamma \end{bmatrix} \tag{2.10}$$

将式(2.5)代入式(2.7)中,再将其结果代入式(2.9),可得

$$\begin{bmatrix} x_1 \\ y_1 \\ z_1 \end{bmatrix} = \boldsymbol{L}(\gamma)\boldsymbol{L}(\vartheta)\boldsymbol{L}(\psi)\begin{bmatrix} x \\ y \\ z \end{bmatrix} \tag{2.11}$$

令

$$\boldsymbol{L}(\gamma,\vartheta,\psi) = \boldsymbol{L}(\gamma)\boldsymbol{L}(\vartheta)\boldsymbol{L}(\psi) \tag{2.12}$$

则

$$\begin{bmatrix} x_1 \\ y_1 \\ z_1 \end{bmatrix} = \boldsymbol{L}(\gamma,\vartheta,\psi)\begin{bmatrix} x \\ y \\ z \end{bmatrix} \tag{2.13}$$

式中

$$\boldsymbol{L}(\gamma,\vartheta,\psi) = \begin{bmatrix} 1 & 0 & 0 \\ 0 & \cos\gamma & \sin\gamma \\ 0 & -\sin\gamma & \cos\gamma \end{bmatrix}\begin{bmatrix} \cos\vartheta & \sin\vartheta & 0 \\ -\sin\vartheta & \cos\vartheta & 0 \\ 0 & 0 & 1 \end{bmatrix}\begin{bmatrix} \cos\psi & 0 & -\sin\psi \\ 0 & 1 & 0 \\ \sin\psi & 0 & \cos\psi \end{bmatrix} =$$

$$\begin{bmatrix} \cos\vartheta\cos\psi & \sin\vartheta & -\sin\psi\cos\vartheta \\ -\sin\vartheta\cos\psi\cos\gamma + \sin\psi\sin\gamma & \cos\vartheta\cos\gamma & \sin\vartheta\sin\psi\cos\gamma + \cos\psi\sin\gamma \\ \sin\vartheta\cos\psi\sin\gamma + \sin\psi\cos\gamma & -\cos\vartheta\sin\gamma & -\sin\vartheta\sin\psi\sin\gamma + \cos\psi\cos\gamma \end{bmatrix} \tag{2.14}$$

2. 地面坐标系到弹道坐标系的变换矩阵

为研究方便,同样将地面坐标系平移至其原点与弹道坐标系原点重合。如图2.6所示,由于地面坐标系 $Axyz$ 的 Az 轴和弹道坐标系 $Ox_2y_2z_2$ 的 Oz_2 轴均在水平面内,因此地面坐标系到弹道坐标系之间的关系通常由两个角度来确定,定义如下。

弹道倾角 θ:导弹速度向量 $\boldsymbol{V}$(Ox_2 轴)与水平面之间的夹角。若速度向量 $\boldsymbol{V}$ 指向水平面上方,则 θ 为正;反之为负。

弹道偏角 ψ_V:导弹速度向量 $\boldsymbol{V}$ 在水平面内的投影与地面坐标系的 Ax 轴之间的夹角。迎 Ay 轴俯视,若 Ax 轴逆时针转动在投影线上,则 ψ_V 为正;反之为负。

显然,地面坐标系与弹道坐标系之间的关系及其转换矩阵可以通过两次旋转求得。

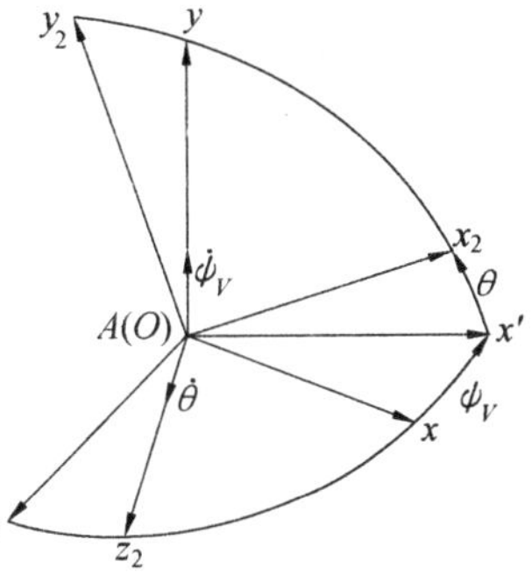

图 2.6　地面坐标系与弹道坐标系间的关系

具体步骤如下：

首先，以角速度 $\dot{\psi}_V$ 绕地面坐标系的 Ay 轴旋转 ψ_V 角，Ax 轴、Az 轴分别转到 Ax' 轴、Oz_2 轴上，形成过渡坐标系 $Ax'yz_2$（见图 2.7(a)）。基准坐标系 $Axyz$ 与经第一次旋转后形成的过渡坐标系 $Ax'yz_2$ 之间的关系以矩阵形式表示为

$$\begin{bmatrix} x' \\ y \\ z_2 \end{bmatrix} = \boldsymbol{L}(\psi_V)\begin{bmatrix} x \\ y \\ z \end{bmatrix} \tag{2.15}$$

式中

$$\boldsymbol{L}(\psi_V) = \begin{bmatrix} \cos\psi_V & 0 & -\sin\psi_V \\ 0 & 1 & 0 \\ \sin\psi_V & 0 & \cos\psi_V \end{bmatrix} \tag{2.16}$$

其次，以角速度 $\dot{\theta}$ 绕 Az_2 轴旋转 θ 角，Ax' 轴、Ay 轴分别转到 Ax_2 轴、Ay_2 轴上，最终获得弹道坐标系 $O(A)x_2y_2z_2$ 的姿态（见图 2.7(b)）。坐标系 $Ax'yz_2$ 与 $Ax_2y_2z_2$ 之间关系以矩阵形式表示为

$$\begin{bmatrix} x_2 \\ y_2 \\ z_2 \end{bmatrix} = \boldsymbol{L}(\theta)\begin{bmatrix} x' \\ y \\ z_2 \end{bmatrix} \tag{2.17}$$

式中

$$\boldsymbol{L}(\theta) = \begin{bmatrix} \cos\theta & \sin\theta & 0 \\ -\sin\theta & \cos\theta & 0 \\ 0 & 0 & 1 \end{bmatrix} \tag{2.18}$$

则地面坐标系到弹道坐标系的变换矩阵为

$$\boldsymbol{L}(\theta,\psi_V) = \boldsymbol{L}(\theta)\boldsymbol{L}(\psi_V) = \begin{bmatrix} \cos\theta\cos\psi_V & \sin\theta & -\cos\theta\sin\psi_V \\ -\sin\theta\cos\psi_V & \cos\theta & \sin\theta\sin\psi_V \\ \sin\psi_V & 0 & \cos\psi_V \end{bmatrix} \tag{2.19}$$

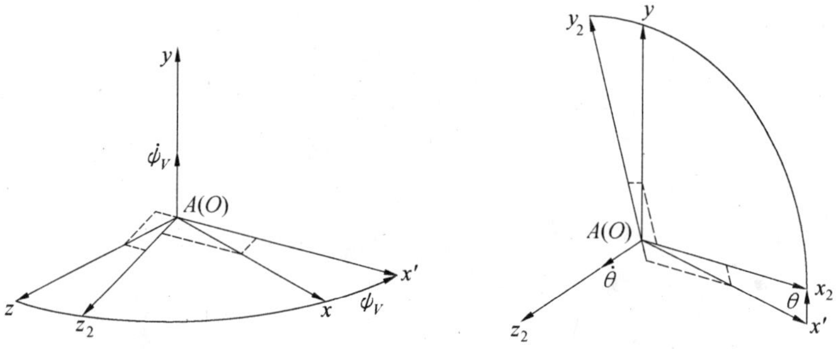

(a)第一次旋转　(b)第二次旋转

图 2.7　二次连续旋转确定地面坐标系与弹道坐标系之间的关系

3. 速度坐标系到弹体坐标系的变换矩阵

由速度坐标系和弹体坐标系的定义可知,Oy_3 轴和 Oy_1 轴都在导弹纵向对称面内,这两个坐标系的相对方位通常由攻角 α 和侧滑角 β 来决定,如图 2.8 所示。因此,速度坐标系与弹体坐标系之间的关系及其转换矩阵可以通过两次旋转求得。以速度坐标系为基准,第一次旋转以角速度 $\dot{\beta}$ 绕 Oy_3 旋转 β 角;第二次旋转以角速度 $\dot{\alpha}$ 绕 Oz_1 旋转 α 角,最终获得弹体坐标系的姿态。

将速度坐标系 $Ox_3y_3z_3$ 与弹体坐标系 $Ox_1y_1z_1$ 之间的关系写成矩阵的形式后,即可得到速度坐标系到弹体坐标系之间的变换矩阵为

$$\boldsymbol{L}(\alpha,\beta)=\begin{bmatrix}\cos\alpha\cos\beta & \sin\alpha & -\sin\beta\cos\alpha\\ -\sin\alpha\cos\beta & \cos\alpha & \sin\alpha\sin\beta\\ \sin\beta & 0 & \cos\beta\end{bmatrix}\tag{2.20}$$

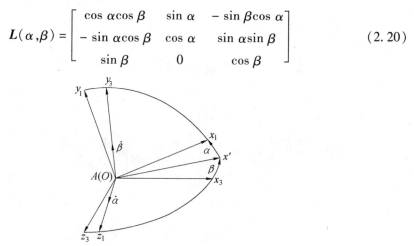

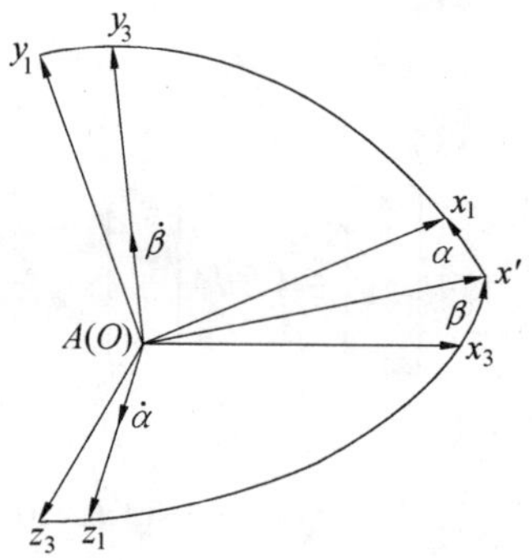

图 2.8　速度坐标系与弹体坐标系间的关系

4. 弹道坐标系到速度坐标系的变换矩阵

由弹道坐标系和速度坐标系的定义可知,Ox_2 轴和 Ox_3 轴都与导弹质心的速度向量 $\boldsymbol{V}$ 重合,因此,这两个坐标系的关系一般用一个角度即可确定(见图 2.9),该角度定义如下:

速度倾斜角 γ_V:位于导弹纵向对称平面的 Oy_3 轴与包含速度向量 $\boldsymbol{V}$ 的铅垂面 Ox_2y_2 之间的夹角。从弹尾部向前看,如果纵向对称平面向右倾斜,则为正;反之为负。

弹道坐标系到速度坐标系的变换矩阵为

$$
\boldsymbol{L}(\gamma_V)=\begin{bmatrix}1 & 0 & 0\\ 0 & \cos\gamma_V & \sin\gamma_V\\ 0 & -\sin\gamma_V & \cos\gamma_V\end{bmatrix} \tag{2.21}
$$

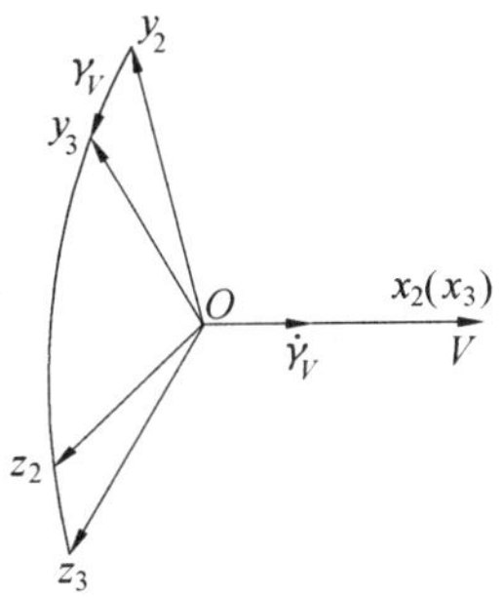

图 2.9　弹道坐标系与速度坐标系间的关系

2.3　导弹运动方程组

导弹运动方程组是描述导弹的力、力矩与导弹运动参数之间关系的方程组，它由动力学方程、运动学方程、质量变化方程等组成。

2.3.1　导弹质心运动的动力学方程

工程实践表明，对研究导弹质心运动来说，把向量方程(2.3)写成在弹道坐标系上的标量形式，方程最为简单，又便于分析导弹运动特性。把地面坐标系视为惯性坐标系，能保证所需要的计算准确度。弹道坐标系是动坐标系，它相对地面坐标系既有位移运动，又有转动运动，位移速度为 $\boldsymbol{V}$，转动角速度用 $\boldsymbol{\Omega}$ 表示。

建立在动坐标系中的动力学方程，引用向量的绝对导数和相对导数之间的关系：在惯性坐标系中某一向量对时间的导数与同一向量在动坐标系中对时间的导数之差，等于此向量本身与动坐标系的转动角速度的向量乘积，即

$$
\frac{\mathrm{d}\boldsymbol{V}}{\mathrm{d}t}=\frac{\delta\boldsymbol{V}}{\delta t}+\boldsymbol{\Omega}\times\boldsymbol{V} \tag{2.22}
$$

式中　$\frac{\mathrm{d}\boldsymbol{V}}{\mathrm{d}t}$——在惯性坐标系中向量 $\boldsymbol{V}$ 的绝对导数；

$\frac{\delta\boldsymbol{V}}{\delta t}$——在动坐标系中向量 $\boldsymbol{V}$ 的相对导数。

于是，式(2.3)可改写为

$$
m\frac{\mathrm{d}\boldsymbol{V}}{\mathrm{d}t}=m\left(\frac{\delta\boldsymbol{V}}{\delta t}+\boldsymbol{\Omega}\times\boldsymbol{V}\right)=\boldsymbol{F}+\boldsymbol{P} \tag{2.23}
$$

将其转换到弹道坐标系中，得

$$\left.\begin{aligned}
m\frac{\mathrm{d}\boldsymbol{V}}{\mathrm{d}t} &= F_{x_2} + P_{x_2}\\
m\boldsymbol{V}\frac{\mathrm{d}\theta}{\mathrm{d}t} &= F_{y_2} + P_{y_2}\\
-m\boldsymbol{V}\cos\theta\frac{\mathrm{d}\psi_V}{\mathrm{d}t} &= F_{z_2} + P_{z_2}
\end{aligned}\right\} \tag{2.24}$$

式中　F_{x_2}、F_{y_2}、F_{z_2}——除推力外导弹所有外力分别在 $Ox_2y_2z_2$ 各轴上分量的代数和；

P_{x_2}、P_{y_2}、P_{z_2}——推力 $\boldsymbol{P}$ 分别在 $Ox_2y_2z_2$ 各轴上的分量。

将总空气动力 $\boldsymbol{R}$、重力 $\boldsymbol{G}$ 和推力 $\boldsymbol{P}$ 在弹道坐标系上投影，可得

$$\begin{bmatrix}R_{x_2}\\R_{y_2}\\R_{z_2}\end{bmatrix}=\begin{bmatrix}-X\\Y\cos\gamma_V - Z\sin\gamma_V\\Y\sin\gamma_V + Z\cos\gamma_V\end{bmatrix},\quad \begin{bmatrix}G_{x_2}\\G_{y_2}\\G_{z_2}\end{bmatrix}=\begin{bmatrix}-mg\sin\theta\\-mg\cos\theta\\0\end{bmatrix}$$

$$\begin{bmatrix}P_{x_2}\\P_{y_2}\\P_{z_2}\end{bmatrix}=\begin{bmatrix}\boldsymbol{P}\cos\alpha\cos\beta\\\boldsymbol{P}(\sin\alpha\cos\gamma_V+\cos\alpha\sin\beta\sin\gamma_V)\\\boldsymbol{P}(\sin\alpha\sin\gamma_V-\cos\alpha\sin\beta\cos\gamma_V)\end{bmatrix} \tag{2.25}$$

将上式代入(2.24)中，即得到导弹质心运动的动力学方程的标量形式为

$$\left.\begin{aligned}
m\frac{\mathrm{d}\boldsymbol{V}}{\mathrm{d}t} &= \boldsymbol{P}\cos\alpha\cos\beta - X - mg\sin\theta\\
m\boldsymbol{V}\frac{\mathrm{d}\theta}{\mathrm{d}t} &= \boldsymbol{P}(\sin\alpha\cos\gamma_V+\cos\alpha\sin\beta\sin\gamma_V) + Y\cos\gamma_V - Z\sin\gamma_V - mg\cos\theta\\
-m\boldsymbol{V}\cos\theta\frac{\mathrm{d}\psi_V}{\mathrm{d}t} &= \boldsymbol{P}(\sin\alpha\sin\gamma_V-\cos\alpha\sin\beta\cos\gamma_V) + Y\sin\gamma_V + Z\cos\gamma_V
\end{aligned}\right\} \tag{2.26}$$

2.3.2　导弹质心运动的运动学方程

为了要确定导弹质心相对于地面坐标系的运动轨迹(弹道)，需要建立导弹质心相对于地面坐标系变化的运动学方程。计算空气动力、推力时，需要知道导弹在任一瞬时所处的高度，通过弹道计算确定相应瞬时导弹所处的位置。因此，需要建立导弹质心相对于地面坐标系 $Axyz$ 的位置方程

$$\begin{bmatrix}\dfrac{\mathrm{d}x}{\mathrm{d}t}\\[2mm]\dfrac{\mathrm{d}y}{\mathrm{d}t}\\[2mm]\dfrac{\mathrm{d}z}{\mathrm{d}t}\end{bmatrix}=\begin{bmatrix}V_x\\V_y\\V_z\end{bmatrix} \tag{2.27}$$

根据弹道坐标系的定义可知，导弹质心的速度向量与弹道坐标系的 Ox_2 轴重合，即

$$\begin{bmatrix} V_{x_2} \\ V_{y_2} \\ V_{z_2} \end{bmatrix} = \begin{bmatrix} V \\ 0 \\ 0 \end{bmatrix} \tag{2.28}$$

利用地面坐标系与弹道坐标系的转换关系可得

$$\begin{bmatrix} V_x \\ V_y \\ V_z \end{bmatrix} = L^{\mathrm{T}}(\theta, \psi_V) \begin{bmatrix} V_{x_2} \\ V_{y_2} \\ V_{z_2} \end{bmatrix} \tag{2.29}$$

将式(2.28)、(2.19)代入(2.29)中，并将其结果代入(2.27)，即得到导弹质心运动的运动学方程

$$\left.\begin{aligned} \frac{\mathrm{d}x}{\mathrm{d}t} &= V\cos\theta\cos\psi_V \\ \frac{\mathrm{d}y}{\mathrm{d}t} &= V\sin\theta \\ \frac{\mathrm{d}z}{\mathrm{d}t} &= -V\cos\theta\sin\psi_V \end{aligned}\right\} \tag{2.30}$$

2.3.3　质量变化方程

导弹在飞行过程中，由于发动机不断消耗燃料，导弹的质量不断减小。所以，在建立导弹运动方程组中，还需要补充描述导弹质量变化的方程，即

$$\frac{\mathrm{d}m}{\mathrm{d}t} = -m_c \tag{2.31}$$

式中　m_c——导弹单位时间内质量消耗量，它应该是单位时间内燃料组元质量消耗量和其他物质质量消耗量之和。

方程(2.31)可独立于导弹运动方程组中其他方程之外单独求解，即

$$m(t) = m_0 - \int_0^t m_c(t)\,\mathrm{d}t \tag{2.32}$$

式中　m_0——导弹的初始质量。

2.3.4　导弹运动学描述

导弹运动方程是表征导弹运动规律的数学模型，也是分析、计算和模拟导弹运动的基础。为了在导引规律推导中能真实地描述导弹运动指令的作用，将导弹的运动学方程引入到要研究的问题中。导弹是飞行控制和弹体系统的组合，其运动学模型表示从法向加速度指令(送给自动驾驶仪)开始到导弹获得横向加速度为止的系统响应和延迟特性。

上一节给出的是导弹目标的铅垂平面二维拦截几何，这一节给出导弹在铅垂平面的运动学方程组。

弹体是一个可变质量系，依靠动力装置和导引控制系统在力和力矩作用下产生空间

运动和导弹的各种控制面运动，完整描述导弹在空间运动和导引系统中各元件工作过程的数学模型是相当复杂的。因此首先假设：

（1）弹体的纵轴与横轴都位于对称平面上，坐标的原点在导弹的质心上，质量恒定，转动惯量恒定；

（2）弹体是刚体；

（3）地面坐标系视为惯性坐标系。

将导弹的一般运动分解为纵向运动方程和侧向运动方程[42]，或简化为在铅垂面的运动方程组和水平面的运动方程组。导弹的运动可以分解为质心的运动和绕其质心的转动组成。为简化导引律设计，我们进一步假设：

（1）导弹的纵向平面与 Axy 平面重合；

（2）导弹绕弹体轴的转动是无惯性的；

（3）导弹的控制系统理想地工作，即无误差，无时间延迟；

（4）略去飞行中随机干扰对导弹法向力的影响。

基于以上假设，描述导弹铅垂平面内的运动方程组为

$$\left.\begin{aligned} m\frac{\mathrm{d}\boldsymbol{V}}{\mathrm{d}t} &= \boldsymbol{P}\cos\alpha - \boldsymbol{X} - mg\sin\theta \\ m\boldsymbol{V}\frac{\mathrm{d}\theta}{\mathrm{d}t} &= \boldsymbol{P}\sin\alpha + \boldsymbol{Y} - mg\cos\theta \\ \frac{\mathrm{d}x}{\mathrm{d}t} &= \boldsymbol{V}\cos\theta \\ \frac{\mathrm{d}y}{\mathrm{d}t} &= \boldsymbol{V}\sin\theta \\ \frac{\mathrm{d}m}{\mathrm{d}t} &= -m_c \end{aligned}\right\} \tag{2.33}$$

式中 m——导弹质量；

α——攻角；

$\boldsymbol{X}$——气动阻力；

$\boldsymbol{Y}$——升力；

g——重力加速度；

m_c——质量每秒消耗量。

导弹的空气动力学表达式[42]如下

$$\boldsymbol{Y} = 0.5\rho v^2 sC_L,\quad \boldsymbol{X} = 0.5\rho v^2 sC_D$$

其中

$$C_L = C_{L\alpha}(\alpha - \alpha_0)$$

$$C_D = C_{D0} + \mu C_L^2$$

$$C_{D0} = 0.45 - (0.04/3)Ma$$

$$C_{L\alpha} = 2.93 + 0.340\,08Ma + 0.262\,5Ma^2 + 0.010\,85Ma^3$$

$$Ma = v/340\ \text{m} \cdot \text{s}^{-1}$$

$$\rho = 0.124\,92(1 - 0.000\,022\,557y)^{4.2561} g$$

上式中的导弹动力学各符号物理意义如下：

C_D—— 阻力系数；

C_{D0}—— 零阻力系数；

C_L—— 升力系数；

$C_{L\alpha}$—— 攻角产生的升力系数对攻角的导数；

α—— 攻角；

μ—— 诱导阻力系数；

ρ—— 大气密度；

Ma—— 马赫数；

S—— 参考面积。

导弹运动学方程组(2.33)中控制量 α 与导弹法向加速度 a_n 的关系[42]为

$$a_n = (1/2m)\rho v^2 S C_{L\alpha}\alpha \tag{2.34}$$

这样从法向过载 a_n 到导弹的运动学模型就可以建立起来。在导引规律设计中，导引律的输出法向指令过载 a_{nc} 经过自动驾驶仪得到导弹的实际过载 a_n，a_n 的作用将改变导弹的飞行轨迹，控制导弹飞向目标。

2.3.5　目标运动学描述

目标运动特性对于导引规律设计非常重要，为了避免受到导弹的攻击，目标会显示不同的运动特性，为了检验导引律在目标不同运动特性下的拦截效果，也应该建立相应的描述目标运动特性的数学模型。

假设目标为一质点，将目标运动分解为沿目标速度纵轴的运动和沿目标速度法向的运动。

设 a_t 为目标法向加速度，a_{te} 为目标纵轴方向加速度，则目标运动学方程为

$$\left.\begin{aligned} V_t &= V_{t0} + a_{te}t \\ \sigma_t &= \int\left(-\frac{a_t}{V_t}\right)\mathrm{d}t + \sigma_{t0} \\ x_t &= x_{t0} + V_t\cos\sigma_t \\ y_t &= y_{t0} + V_t\sin\sigma_t \end{aligned}\right\} \tag{2.35}$$

式中　V_{t0}—— 目标初始速度；

σ_{t0}—— 目标初始弹道角；

x_{t0}, y_{t0}—— 目标的初始位置。

2.3.6　拦截几何和导弹目标相对运动

导引律是指根据导弹和目标运动信息，制导导弹按一定的飞行弹道去截击目标。因

此,导引律要解决的问题是导弹拦截目标的飞行弹道问题。导弹拦截目标问题是一个空间追击问题,因此要建立三维空间的导弹目标的拦截几何关系。通常,导弹导引律在平面内研究。Adler[7] 已经证明了可以把实际的三维问题描述为两个互相垂直的平面上的二维问题。因此,本节首先建立导弹二维截击几何,以方便导引律研究。

在地面坐标系中导弹目标纵向平面内的拦截几何如图 2.10 所示。其中,M 为导弹,T 为目标,导弹与目标相对距离为 r,导弹与目标接近速率为 $\dot{r}$,视线角为 q,视线角速率为 $\dot{q}$,导弹和目标的速度分别为 V 和 V_t,导弹弹道角和目标航向角分别为 σ 和 σ_t,导弹和目标的法向加速度分别为 a_n 和 a_t。

把导弹和目标看做一个质点,导弹目标的相对运动方程[44] 为

$$\dot{r} = V_T\cos(q - \sigma_t) - V\cos(q - \sigma) \tag{2.36}$$

$$r\dot{q} = - V_T\sin(q - \sigma_T) + V\sin(q - \sigma) \tag{2.37}$$

上式中参量可由几何关系得到

$$r_{MTx} = x_T - x_M, \quad r_{MTy} = y_T - y_M$$

$$V_{rx} = V_{Tx} - V_{Mx}, \quad V_{ry} = V_{Ty} - V_{My}$$

$$v_x = v\cos\sigma, \quad v_y = v\sin\sigma$$

$$r = \sqrt{r_{MTx}^2 + r_{MTy}^2}, \quad \dot{r} = -\frac{r_{MTx}V_{rx} + r_{MTy}V_{ry}}{r}$$

$$q = \arctan[(y_T - y_M)/(x_T - x_M)]$$

$$\dot{q} = \frac{r_{MTx}V_{ry} - r_{MTy}V_{rx}}{r^2}$$

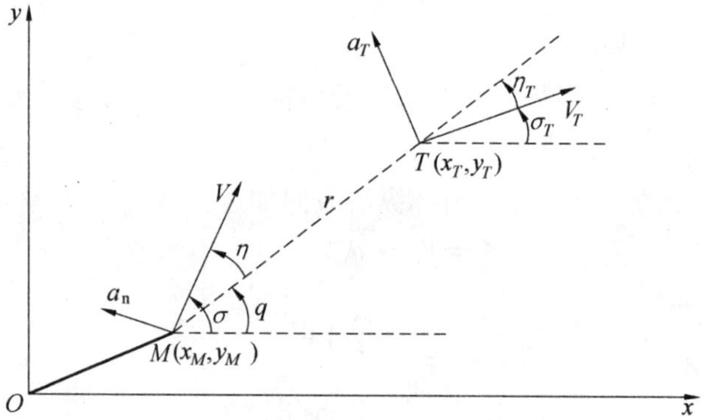

图 2.10　平面拦截几何

2.4　导引系统仿真框图

前面我们已经得到导弹的运动学模型及目标的运动学模型和导弹目标的相对运动学模型,因此可以组成末制导规律仿真实验模型[44]。首先建立寻的制导回路组成框图,如图2.11 所示。

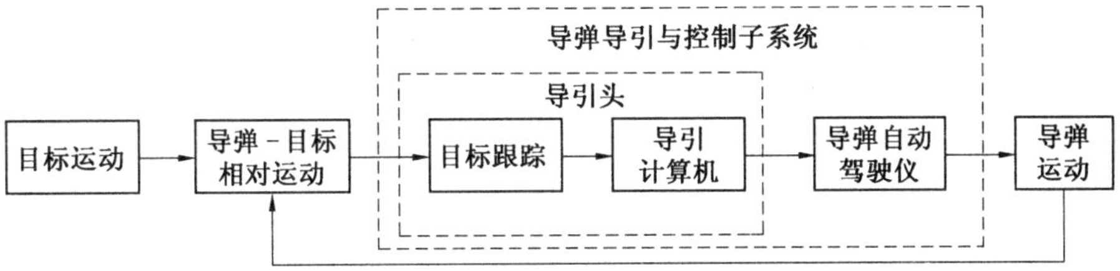

图 2.11　寻的导引系统框图

寻的导弹制导系统构造导引律仿真实验框图如图 2.12 所示。目标运动学模块可以设定目标初始位置、初始速度、初始弹道角，输出目标的运动状态；导弹运动学模块含有导弹的动力学模型和运动学模型，可以设定导弹的初始速度、初始弹道角、初始位置，输出导弹的运动状态；导弹目标相对运动模块计算导弹目标之间的相对运动关系，输出导引律所需要的导引信息，包括相对距离、距离变化率、视线角速率、视线角等；导引律模块是根据相对运动关系给出导弹的控制指令，并包含自动驾驶仪的二阶模型，输出为导弹的法向过载，控制导弹拦截目标。导引律模块部分是本书研究的重点。

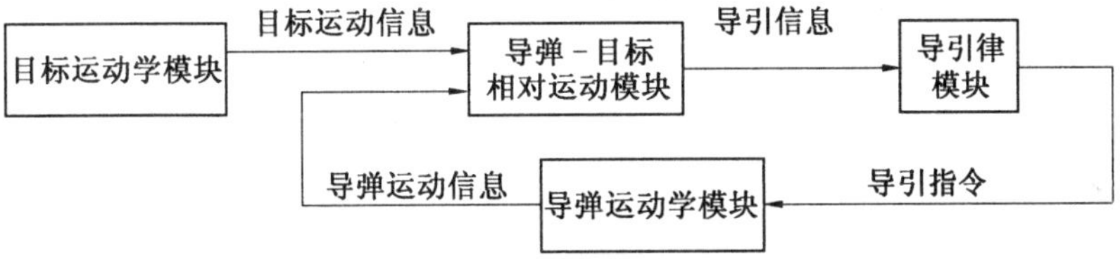

图 2.12　仿真框图

2.5　本章小结

为了便于读者系统地学习和研究寻的导弹智能自适应导引律，本章首先给出制导中常用坐标系的定义并给出其相互间的转换关系，接着建立导弹－目标二维平面相对运动模型，分析了导弹运动学方程和目标运动学方程。在此基础上，建立末制导过程的导引系统框图及系统仿真框图。后面章节的仿真图形就是依据该仿真框图建立的。

第3章　传统导引律分析

按制导系统的不同,导弹的弹道分为方案弹道和导引弹道。导引弹道是根据目标运动特性,以某种导引方法将导弹导向目标的导弹质心运动轨迹。空-空导弹、地-空导弹、空-地导弹的弹道以及飞航导弹、巡航导弹的末端弹道都是导引弹道。导弹的制导系统有两种基本类型:自动瞄准(又称自动寻的)和遥远控制(简称遥控)。

所谓自动瞄准制导是由装在导弹上的敏感器(导引头)感受目标辐射或反射的能量,自动形成制导指令,控制导弹飞向目标的制导技术。自动瞄准制导系统由装在导弹上的导引头、指令计算装置和导弹控制装置组成。由于制导系统全部装在弹内,所以导弹本身装置比较复杂,但制导精度比较高。所谓遥控制导是由制导站的测量装置和制导计算装置测量导弹相对运动的位置和速度,按预定规律加以计算处理形成制导指令,导弹接收指令,并通过姿态控制系统控制导弹,使它沿着适当的弹道飞行,直至命中目标。制导站可设在地面、空中或海上。遥控制导的优点是弹内装置较简单,作用距离较远,但制导过程中制导站不能撤离,易被攻击,导弹离制导站越远时,制导精度越差[41]。

本章介绍了几种自动瞄准制导的导引方法,对于遥控制导不作介绍。应用导引弹道的运动学分析方法研究追踪法、平行接近法以及比例导引等几种常见的弹道特性,其目的是为了选择合适的导引方法,改善现有导引方法存在的某些缺点,为寻找新的智能导引方法提供依据。这一部分经典内容主要取自文献[42]。

3.1　导引飞行概述

3.1.1　导引方法分类

导弹导引规律又称制导律或导引方法,是描述导弹在向目标接近的整个过程中应遵循的运动规律。它对导弹的速度、机动过载、制导精度和杀伤概率均有直接影响。所以,在导引系统设计中占有相当重要的地位[42]。

从运动学的观点来看,导引方法能确定导弹飞行的理想弹道,所以选择导弹的导引方法,就是选择理想弹道,即在知道系统理想工作情况下导弹向目标运动过程中所经历的轨迹。理想弹道表示了导引方法的特性,不同的导引方法,弹道的曲率不同,系统的动态误差不同,过载分布的特点及导弹、目标速度比的要求也不同[1]。

在各种各样导引规律的选择中应首先遵循如下基本原则:

(1) 保证系统有足够的制导准确度;

(2) 导弹的整个飞行弹道,特别是在攻击区内,理想弹道曲率应尽量小,保证导弹过载小;

(3) 保证飞行的稳定性,导弹的运动对目标运动参数的变化不敏感;

(4) 制导设备尽可能简单,导引律所需信息容易测量。

制导设备根据每一瞬时导弹的实际位置与理想弹道间的偏差形成导引指令,控制导弹飞行。本书主要研究自寻的导弹的导引律,自寻的导引规律多属于速度导引,即对导弹的速度向量给出某种特定的约束。自寻的制导是一种仅涉及导弹与目标相对运动的制导方式,因此运动学上它只涉及导弹与目标的相对运动。速度导引所需的设备大都安装在导弹上,因此,弹上设备较复杂。但是,在改善制导精度方面,这种导引方法有较大作用。

根据导弹和目标的相对运动关系,导引方法可分为以下几种:

(1) 按导弹速度向量与目标线(又称视线,即导弹-目标连线)的相对位置分为追踪法(导弹速度向量与视线重合,即导弹速度方向始终指向目标)和常值前置角法(导弹速度向量超前视线一个常值角度);

(2) 按目标线在空间的变化规律分为平行接近法(目标线在空间只做平行移动)和比例导引法(导弹速度向量的转动角速度与目标线的转动角速度成比例);

(3) 按导弹纵轴与目标线的相对位置分为直接法(两者重合)和常值目标方位角法(纵轴超前一个常值角度)。

(4) 按制导站-导弹连线和制导站-目标连线的相对位置分为三点法(两连线重合)和前置量法(又称角度法或矫直法,制导站-导弹连线超前一个角度)。

导引弹道的特性主要取决于导引方法和目标运动特性。对应某种确定的导引方法,导引弹道的研究内容包括弹道过载、导弹飞行速度、飞行时间、射程和脱靶量等,这些参数将直接影响导弹的命中精度。

在导弹和制导系统初步设计阶段,为简化起见,通常采用运动学分析方法研究导引弹道。导引弹道的运动学分析基于以下假设:① 将导弹和目标视为质点;② 制导系统理想工作;③ 导弹速度是已知函数;④ 目标的运动规律是已知的;⑤ 导弹和目标始终在同一个平面内运动。该平面称为攻击平面,它可能是水平面、铅垂平面或倾斜平面。

3.1.2　自动瞄准的相对运动方程

研究相对运动方程,常采用极坐标(r,q)系统来表示导弹和目标的相对位置,如图3.1所示。

假设在某一时刻,目标位于T点,导弹位于M点。连线$\overline{MT}$称为目标瞄准线(简称为目标线或视线)。选取基准线(或称参考线)$\overline{Ax}$,它可以任意选择,它的位置的不同选择不会影响导弹与目标之间的相对运动特性,而只影响相对运动方程的繁简程度。为简单起见,一般选取在攻击平面内的水平线作为基准线;若目标做直线飞行,则选取目标的飞行方向为基准线方向最为简便。

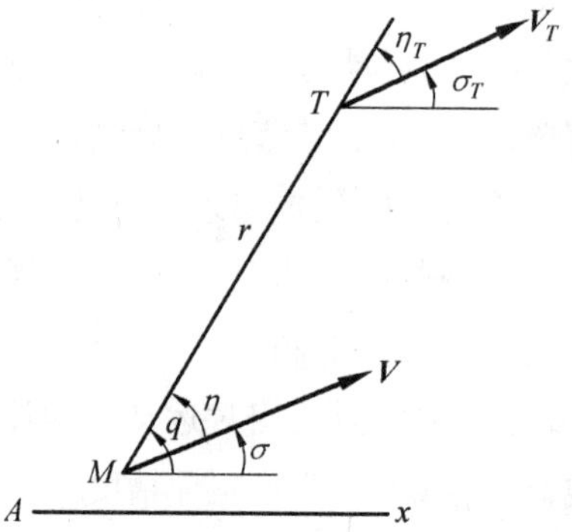

图 3.1 导弹-目标的相对位置

图 3.1 中所示的参数分别定义如下:

r—— 导弹相对目标的距离。导弹命中目标时 $r=0$。

q—— 目标线与基准线之间的夹角,称目标方位角(简称目标线角)。若从基准线逆时针转到目标线上时,则 q 为正。

σ、σ_T—— 分别为导弹、目标速度向量与基准线之间的夹角,称为导弹弹道角和目标航向角。分别以导弹、目标所在位置为原点,若由基准线逆时针旋转到各自的速度向量上时,则 σ、σ_T 为正。当攻击平面为铅垂面时,σ 就是弹道倾角 θ;当攻击平面为水平面时,σ 就是弹道偏角 ψ_V。

η、η_T—— 分别为导弹、目标速度向量与目标线之间的夹角,相应称之为导弹速度向量前置角和目标速度向量前置角(简称为前置角)。分别以导弹、目标为原点,若从各自的速度向量逆时针旋转到目标线上时,则 η、η_T 为正。

自动瞄准制导的相对运动方程是指描述相对距离 r 和目标视线角 q 变化率的方程。根据图 3.1 所示的导弹与目标之间的相对运动关系就可以直接建立相对运动方程。将导弹速度向量 $\boldsymbol{V}$ 和目标速度向量 $\boldsymbol{V}_T$ 分别沿目标线的方向及其法线方向上分解。沿目标线分量 $V\cos\eta$ 是指向目标,它使相对距离 r 减小;而分量 $V_T\cos\eta_T$ 背离导弹,它使相对距离 r 增大。显然

$$\frac{\mathrm{d}r}{\mathrm{d}t}=V_T\cos\eta_T-V\cos\eta \tag{3.1}$$

沿目标线的法线分量 $V\sin\eta$ 使目标线绕目标所在位置为原点逆时针旋转,使目标视线角 q 增大;而分量 $V_T\sin\eta_T$ 使目标绕导弹所在位置为原点顺时针旋转,使目标线角 q 减小。于是

$$\frac{\mathrm{d}q}{\mathrm{d}t}=\frac{1}{r}(V\sin\eta-V_T\sin\eta_T) \tag{3.2}$$

同时考虑到图3.1所示角度间的几何关系,以及导引关系方程,就可以得到自动瞄准制导的相对运动方程组为

$$\left.\begin{aligned}&\frac{\mathrm{d}r}{\mathrm{d}t}=\boldsymbol{V}_T\cos\eta_T-\boldsymbol{V}\cos\eta\\&r\frac{\mathrm{d}q}{\mathrm{d}t}=\boldsymbol{V}\sin\eta-\boldsymbol{V}_T\sin\eta_T\\&q=\sigma+\eta\\&q=\sigma_T+\eta_T\\&\varepsilon_1=0\end{aligned}\right\}\tag{3.3}$$

上式中,$\varepsilon_1=0$,为描述导引方法的导引关系方程(或称理想控制关系方程)。由方程组(3.3)可以看出,导弹相对目标的运动特性由以下三个因素决定。

(1)目标的运动特性,如飞行高度、速度以及机动性能;

(2)导弹飞行速度的变化规律;

(3)导弹所采用的导引方法。

在导弹研制过程中,不能预先确定目标的运动特性,一般只能根据所要攻击的目标,在其性能范围内选择若干条典型航迹。例如,等速直线飞行或等速盘旋等。只要典型航迹选得合适,导弹的导引特性大致可以估算出来。这样,在研究导弹的导引特性时,认为目标运动的特性是已知的。

导弹的飞行特性取决于发动机特性、结构参数和气动外形。当要简便地确定航迹特性以便选择导引方法时,一般采用比较简单的运动学方程。可以用近似计算方法,预先求出导弹速度的变化规律。因此,在研究导弹的相对运动特性时,速度可以作为时间的已知函数。这样,相对运动方程就可以不考虑动力学方程,而仅需单独求解相对运动方程组(3.3)。显然,该方程组与作用在导弹上的力无关,称为运动学方程组。单独求解该方程组所得的轨迹,称为运动学弹道。在自动瞄准制导中常见的导引方法有:追踪法、平行接近法、比例导引法等。

3.2　追踪法

追踪法又称为追踪曲线法或追逐法[42],是指导弹在制导飞向目标过程中速度向量始终指向目标的一种导引法。这种方法要求导弹速度向量的前置角 η 始终为零。因此,追踪法导引方程为

$$\varepsilon_1=\eta=0\tag{3.4}$$

3.2.1　弹道方程

追踪法导引时,导弹与目标之间的相对运动方程组由式(3.3)可得

$$\left.\begin{aligned} \frac{\mathrm{d}r}{\mathrm{d}t} &= V_T\cos\eta_T - V \\ r\frac{\mathrm{d}q}{\mathrm{d}t} &= -V_T\sin\eta_T \\ q &= \sigma_T + \eta_T \end{aligned}\right\} \tag{3.5}$$

若 V、V_T 和 σ_T 为已知的时间函数，则方程组(3.5)还包含3个未知参数：r、q 和 η_T。给出初始值 r_0、q_0 和 η_{T0}，用数值积分法可以得到相应的特解。

为了得到解析解，以便了解追踪法导引的一般特性，必须作以下假定：目标做等速直线运动，导弹做等速运动。

取基准线 $\overline{Ax}$ 平行于目标的运动轨迹，这时 $\sigma_T=0$，$q=\eta_T$（由图3.2可看出），则方程组(3.5)可改写为

$$\left.\begin{aligned} \frac{\mathrm{d}r}{\mathrm{d}t} &= V_T\cos q - V \\ r\frac{\mathrm{d}q}{\mathrm{d}t} &= -V_T\sin q \end{aligned}\right\} \tag{3.6}$$

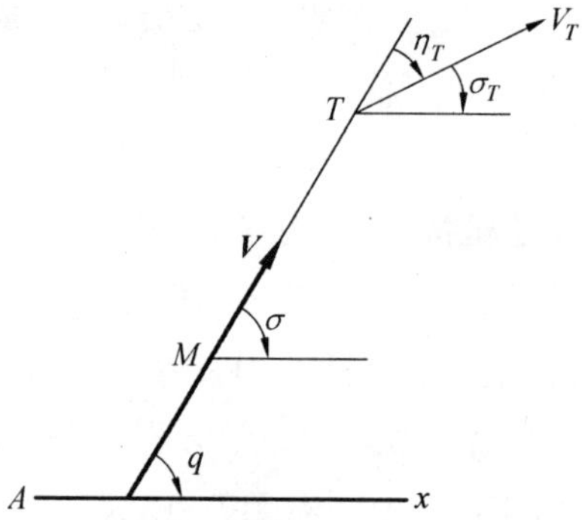

图3.2 追踪法示意图

由方程组(3.6)可以导出相对弹道方程 $r=f(q)$。

由方程组(3.6)的第二式去除第一式得

$$\frac{\mathrm{d}r}{r} = \frac{V_T\cos q - V}{-V_T\sin q}\mathrm{d}q \tag{3.7}$$

令 $p=V/V_T$，称为速度比。因假设导弹和目标做等速运动，所以 p 为一常值。于是

$$\frac{\mathrm{d}r}{r} = \frac{-\cos q + p}{\sin q}\mathrm{d}q \tag{3.8}$$

积分得

$$r = r_0\frac{\tan^p\frac{q}{2}\sin q_0}{\tan^p\frac{q_0}{2}\sin q} \tag{3.9}$$

令

$$c = r_0 \frac{\sin q_0}{\tan^p \frac{q_0}{2}} \tag{3.10}$$

式中　r_0, q_0—— 开始导引瞬时导弹相对目标的位置。

最后得到以目标为原点的极坐标形式表示的导弹相对弹道方程

$$r = c \frac{\tan^p \frac{q_0}{2}}{\sin q} = c \frac{\sin^{(p-1)} \frac{q}{2}}{2\cos^{(p+1)} \frac{q}{2}} \tag{3.11}$$

由方程(3.11)即可画出追踪导引的相对弹道(又称追踪曲线)。步骤如下:

(1) 求命中目标时的 q_k 值。命中目标时 $r_k = 0$,当 $p > 1$,由式(3.11)得到 $q_k = 0$;

(2) 在 q_0 到 q_k 之间取一系列 q 值,由目标所在位置(T 点)相应引出射线;

(3) 将一系列 q 值分别代入式(3.11)中,可以求得对应的 r 值,并在射线上截取相应线段长度,则可求得导弹的对应位置;

(4) 逐点描绘即可得到导弹的相对弹道。

3.2.2　直接命中目标的条件

从方程组(3.6)的第二式可以看出:$\dot{q}$ 总与 q 的符号相反。这表明不管导弹开始追踪瞬时的 q_0 为何值,导弹在整个导引过程中 $|q|$ 是在不断减小,即导弹总是绕到目标的正后方去命中目标。因此,命中目标,$q \to 0$。

由式(3.11)可以得到:

若 $p > 1$,且 $q \to 0$,则 $r \to 0$;

若 $p = 1$,且 $q \to 0$,则 $r \to r_0 \sin q_0 / 2\tan^p \frac{q_0}{2}$;

若 $p < 1$,且 $q \to 0$,则 $r \to \infty$。

显然,只有导弹的速度大于目标的速度才有可能直接命中;若导弹的速度等于或小于目标的速度,则导弹与目标最终将保持一定的距离或越来越远而不能直接命中目标。由此可见,导弹直接命中目标的必要条件是导弹速度大于目标速度($p > 1$)。

3.2.3　导弹命中目标所需的飞行时间

导弹命中目标所需的飞行时间直接关系着控制系统及弹体参数的选择,它是导弹武器系统设计的必要数据。

方程组(3.6)中的第一式和第二式分别乘以 $\cos q$ 和 $\sin q$,然后相减,整理得

$$\cos q \frac{\mathrm{d}r}{\mathrm{d}t} - r\sin q \frac{\mathrm{d}q}{\mathrm{d}t} = \boldsymbol{V}_T - \boldsymbol{V}\cos q \tag{3.12}$$

方程组(3.6)的第一式可改写为

$$\cos q=\frac{\frac{\mathrm{d}r}{\mathrm{d}t}+\boldsymbol{V}}{\boldsymbol{V}_T} \tag{3.13}$$

将(3.13)代入式(3.12)中,整理后得

$$\left.\begin{aligned}(p+\cos q)\frac{\mathrm{d}r}{\mathrm{d}t}-r\sin q\frac{\mathrm{d}q}{\mathrm{d}t}&=\boldsymbol{V}_T-p\boldsymbol{V}\\ \mathrm{d}[r(p+\cos q)]&=(\boldsymbol{V}_T-p\boldsymbol{V})\mathrm{d}t\end{aligned}\right\} \tag{3.14}$$

积分得

$$t=\frac{r_0(p+\cos q_0)-r(p+\cos q)}{p\boldsymbol{V}-\boldsymbol{V}_T} \tag{3.15}$$

将命中目标的条件(即 $r\to 0,q\to 0$)代入式(3.15)中,可得导弹从开始追踪至命中目标所需的飞行时间为

$$t_k=\frac{r_0(p+\cos q_0)}{p\boldsymbol{V}-\boldsymbol{V}_T}=\frac{r_0(p+\cos q_0)}{(\boldsymbol{V}-\boldsymbol{V}_T)(1+p)} \tag{3.16}$$

由式(3.16)可以看出:

迎面攻击($q_0=\pi$)时,$t_k=\dfrac{r_0}{\boldsymbol{V}+\boldsymbol{V}_T}$;

尾追攻击($q_0=0$)时,$t_k=\dfrac{r_0}{\boldsymbol{V}-\boldsymbol{V}_T}$;

侧面攻击($q_0=\dfrac{\pi}{2}$)时,$t_k=\dfrac{r_0p}{(\boldsymbol{V}-\boldsymbol{V}_T)(1+p)}$。

因此,在 r_0、$\boldsymbol{V}$ 和 $\boldsymbol{V}_T$ 相同的条件下,q_0 在 0 到 π 范围内,随着 q_0 的增加,命中目标所需的飞行时间将缩短。当迎面攻击($q_0=\pi$)时,所需的飞行时间最短。

3.2.4 导弹的法向过载

导弹的过载特性是评定导引方法优劣的重要标志之一。过载的大小直接影响制导系统的工作条件和导引误差,也是计算导弹弹体结构强度的重要条件。沿导引弹道飞行的需用法向过载必须小于可用法向过载。否则,导弹的飞行将脱离追踪曲线并按着可用法向过载所决定的弹道曲线飞行,在这种情况下,直接命中目标已无法实现。

这里法向过载定义为法向加速度与重力加速度之比,即

$$n=\frac{a_{\mathrm{n}}}{g} \tag{3.17}$$

式中 a_{n}——作用在导弹上所有外力(包括重力)合力所产生的法向加速度。

追踪法导引导弹的法向加速度为

$$a_{\mathrm{n}}=\boldsymbol{V}\frac{\mathrm{d}\sigma}{\mathrm{d}t}=\boldsymbol{V}\frac{\mathrm{d}q}{\mathrm{d}t}=-\frac{\boldsymbol{V}\boldsymbol{V}_T\sin q}{r} \tag{3.18}$$

将式(3.9) 代入上式得

$$a_n = -\frac{VV_T\sin q}{r_0\dfrac{\tan^p\dfrac{q}{2}\sin q_0}{\tan^p\dfrac{q_0}{2}\sin q}} = -\frac{VV_T\tan^p\dfrac{q}{2}}{r_0\sin q_0}\frac{4\cos^p\dfrac{q}{2}\sin^2\dfrac{q}{2}\cos^2\dfrac{q}{2}}{\sin^p\dfrac{q}{2}} =$$

$$-\frac{4VV_T}{r_0}\frac{\tan^p\dfrac{q_0}{2}}{\sin q_0}\cos^{(p+2)}\frac{q}{2}\sin^{(2-p)}\frac{q}{2} \tag{3.19}$$

将上式代入式(3.17) 中,且法向过载只考虑其绝对值,则可表示为

$$n = \frac{4VV_T}{gr_0}\left|\frac{\tan^p\dfrac{q_0}{2}}{\sin q_0}\cos^{(p+2)}\frac{q}{2}\sin^{(2-p)}\frac{q}{2}\right| \tag{3.20}$$

导弹命中目标时,$q \to 0$,由式(3.20) 可以看出

当 $p > 2$ 时　　$\lim\limits_{q\to 0} n = \infty$

当 $p = 2$ 时　　$\lim\limits_{q\to 0} n = \dfrac{4VV_T}{gr_0}\left|\dfrac{\tan^p\dfrac{q_0}{2}}{\sin q_0}\right|$

当 $p < 2$ 时　　$\lim\limits_{q\to 0} n = 0$

由此可见,对于追踪法导引,考虑到命中点的法向过载,只有速度比 $1 < p \leqslant 2$ 时,导弹才有可能直接命中目标。

3.2.5　允许攻击区

所谓允许攻击区是指导弹在此区域内以追踪法导引飞行,其飞行弹道上的需用法向过载均不超过可用法向过载值。

由式(3.18) 得

$$r = -\frac{VV_T\sin q}{a_n} \tag{3.21}$$

将式(3.17) 代入上式,如果只考虑其绝对值,则上式可改写为

$$r = \frac{VV_T}{gn}|\sin q| \tag{3.22}$$

在 V、V_T 和 n 给定的条件下,在由(r,q) 所组成的极坐标系中,式(3.22) 是一个圆的方程,即追踪曲线上过载相同点的连线(简称等过载曲线) 是个圆。圆心在$(VV_T/2gn, \pm\pi/2)$ 上,圆的半径等于 $VV_T/2gn$。在 V、V_T 一定时,给出不同的 n 值,就可以绘出圆心在$q = \pm\pi/2$ 上,半径大小不同的族,且 n 越大,等过载圆半径越小。这族圆正通过目标,与目标的速度相切(见图 3.3)。

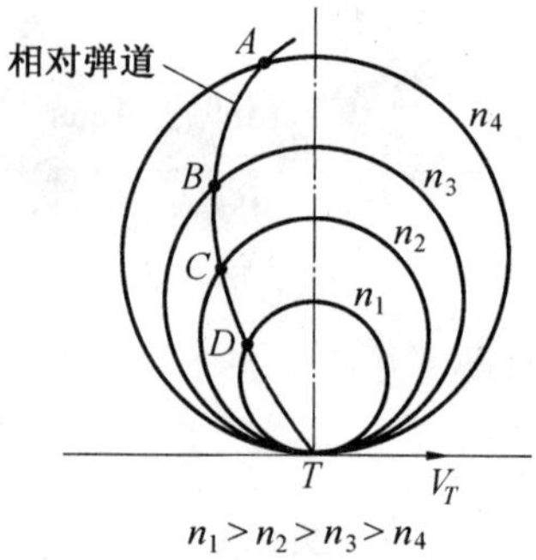

图 3.3　等过载圆族

假设可用法向过载为 n_p，相应有一等过载圆。现在要确定追踪法导引起始瞬时导弹相对目标的距离 r_0 为某一给定值的允许攻击区。

设导弹的初始位置分别在 M_{01}、M_{02}^*、M_{03} 点，各自对应的追踪曲线为1、2、3，如图3.4所示。追踪曲线1不与 n_p 决定的圆相交，因而追踪曲线1上任意一点的法向过载 $n<n_p$；追踪曲线3与 n_p 决定的圆相交，因而追踪曲线3上有一段的法向过载 $n>n_p$。显然，导弹从 M_{03} 点开始追踪导引是不允许的，因为它不能直接命中目标；追踪曲线2与 n_p 决定的圆正好相切，切点 E 的过载最大，且 $n=n_p$，追踪曲线2上任意一点均满足 $n\leqslant n_p$。因此，M_{02}^* 点是追踪法导引的极限初始位置，它由 r_0、q_0^* 确定。于是 r_0 值一定时，允许攻击区必须满足

$$|q_0|\leqslant|q_0^*| \tag{3.23}$$

(r_0,q_0^*) 对应的追踪曲线2把攻击平面分成两个区域，$|q_0|<|q_0^*|$ 的那个区域就是由导弹可用法向过载所决定的允许攻击区，如图3.5中阴影线所示的区域。因此，要确定允许攻击区，在 r_0 值一定时，首先必须确定 q_0^* 值。

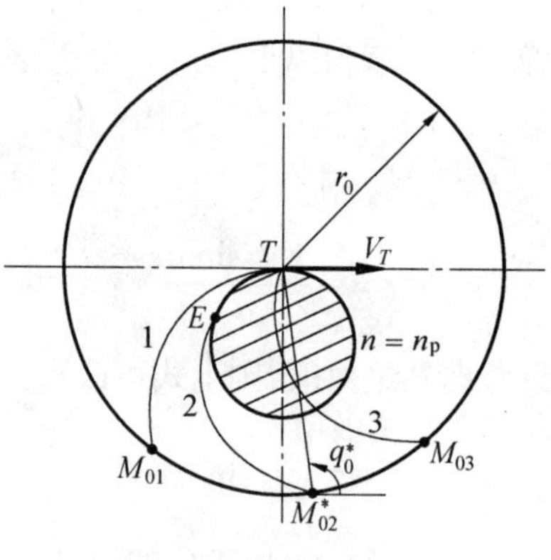

图 3.4　确定极限起始位置

在追踪曲线2上，E 点过载最大，此点所对应的坐标为 (r^*,q^*)。q^* 值可以由 $\dfrac{dn}{dq}=0$ 求得。由式(3.20)可得

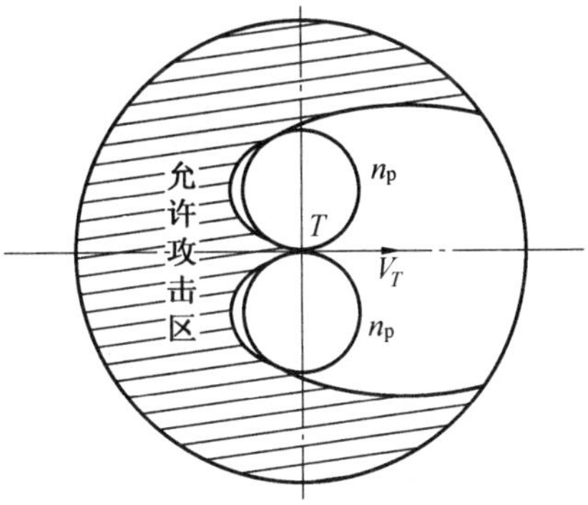

图 3.5　追踪法导引的允许攻击区

$$\frac{\mathrm{d}n}{\mathrm{d}q}=\frac{2VV_T}{r_0 g\dfrac{\sin q_0}{\tan^p\dfrac{q_0}{2}}}\left[(2-p)\sin^{(1-p)}\frac{q}{2}\cos^{(p+3)}\frac{q}{2}-(2+P)\sin^{(3-p)}\frac{q}{2}\cos^{(p+1)}\frac{q}{2}\right]=0 \tag{3.24}$$

$$(2-p)\sin^{(1-p)}\frac{q^*}{2}\cos^{(p+3)}\frac{q^*}{2}=(2+P)\sin^{(3-p)}\frac{q^*}{2}\cos^{(p+1)}\frac{q^*}{2} \tag{3.25}$$

整理后得

$$(2-p)\cos^2\frac{q^*}{2}=(2+P)\sin^2\frac{q^*}{2} \tag{3.26}$$

上式又可以写成

$$2\left(\cos^2\frac{q^*}{2}-\sin^2\frac{q^*}{2}\right)=p\left(\sin^2\frac{q^*}{2}+\cos^2\frac{q^*}{2}\right) \tag{3.27}$$

于是

$$\cos q^*=\frac{p}{2} \tag{3.28}$$

由上式可知,追踪曲线上法向过载最大值处的目标线角 q^* 仅取决于速度比 p 的大小。

因 E 点在 n_p 的等过载圆上,且所对应的 r^* 值满足式(3.22),于是

$$r^*=\frac{VV_T}{gn_p}|\sin q^*| \tag{3.29}$$

因为

$$\sin q^*=\sqrt{1-\frac{p^2}{4}} \tag{3.30}$$

所以有

$$r^*=\frac{VV_T}{gn_p}\left(1-\frac{p^2}{4}\right)^{\frac{1}{2}} \tag{3.31}$$

E 点在追踪曲线 2 上，r^* 也同时满足弹道方程式(3.9)，即

$$r^* = r_0 \frac{\tan^p \frac{q^*}{2} \sin q_0^*}{\tan^p \frac{q_0^*}{2} \sin q^*} = \frac{r_0 \sin q_0^* 2\,(2-p)^{\frac{p-1}{2}}}{\tan^p \frac{q_0^*}{2}\,(2+p)^{\frac{p+1}{2}}} \tag{3.32}$$

r^* 同时满足式(3.31)和(3.32)，于是有

$$\frac{\boldsymbol{V}\boldsymbol{V}_T}{g n_{\mathrm{p}}}\left(1-\frac{p}{2}\right)^{\frac{1}{2}}\left(1+\frac{p}{2}\right)^{\frac{1}{2}} = \frac{r_0 \sin q_0^*}{\tan^p \frac{q_0^*}{2}} \frac{2\,(2-p)^{\frac{p-1}{2}}}{(2+p)^{\frac{p+1}{2}}} \tag{3.33}$$

显然，当 $\boldsymbol{V}$、$\boldsymbol{V}_T$、n_{p} 和 r_0 给定时，式(3.33)解出 q_0^* 值，那么，允许攻击区也就相应确定了。

如果导弹发射时刻就开始实现追踪法导引，那么 $|q_0| \leqslant |q_0^*|$ 所确定的范围也就是允许发射区。

追踪法是最早提出的一种导引方法，技术上实现追踪法导引是比较简单的。例如，只要在弹内装一个“风标”装置，再将目标位标器安装在风标上，使其轴线与风标指向平行，由于风标的指向始终沿着导弹速度向量的方向，只要目标影像偏离了位标器轴线，这时，导弹速度向量没有指向目标，制导系统就会形成控制指令，以消除偏差，实现追踪法导引。由于追踪法导引在技术实施方面比较简单，部分空-地导弹、激光制导炸弹采用了这种导引方法。但是，这种导引方法弹道特性存在着严重缺点。因为导弹的绝对速度始终指向目标，相对速度总是落后于目标线，不管从哪个方向发射，导弹总是要绕到目标的后方去命中目标，这样导致导弹弹道较弯曲(特别在命中点附近)，需用法向过载较大，要求导弹有很高的机动性，由于可用法向过载的限制，不能实现全向攻击。同时，追踪法导引考虑到命中点的法向过载，速度比受到严格的限制，$1 < p \leqslant 2$。因此，追踪法目前很少应用。

3.3 平行接近法

平行接近法是指在整个导引过程中，目标瞄准线在空间保持平行移动的一种导引方法，其导引关系方程为

$$\varepsilon_1 = \frac{\mathrm{d}q}{\mathrm{d}t} \tag{3.34}$$

或

$$\varepsilon_1 = q - q_0 = 0 \tag{3.35}$$

式中　q_0——开始平行接近法导引瞬间的目标线角。

按平行接近法导引时，导弹与目标之间的相对运动方程组为

$$\left.\begin{aligned}
&\frac{\mathrm{d}r}{\mathrm{d}t}=\boldsymbol{V}_T\cos\eta_T-\boldsymbol{V}\cos\eta\\
&r\frac{\mathrm{d}q}{\mathrm{d}t}=\boldsymbol{V}\sin\eta-\boldsymbol{V}_T\sin\eta_T\\
&q=\sigma+\eta\\
&q=\sigma_T+\eta_T\\
&\varepsilon_1=\frac{\mathrm{d}q}{\mathrm{d}t}=0
\end{aligned}\right\}\tag{3.36}$$

由方程组(3.36)第二式可以导出实现平行接近法的运动关系式为

$$\boldsymbol{V}\sin\eta=\boldsymbol{V}_T\sin\eta_T\tag{3.37}$$

上式表明,按平行接近法导引时,不管目标作何种机动飞行,导弹速度向量 $\boldsymbol{V}$ 和目标速度向量 $\boldsymbol{V}_T$ 在垂直于目标线上的分量相等。由图3.6可见,导弹的相对速度 V_r 正好落在目标线上,即导弹相对速度始终指向目标。因此,在整个导引过程中相对弹道是直线弹道。

显然,按平行接近法导引时,导弹的速度向量 $\boldsymbol{V}$ 超前了目标线,导弹速度向量的前置角 η 应满足

$$\eta=\arcsin\left(\frac{V_T}{V}\sin\eta_T\right)\tag{3.38}$$

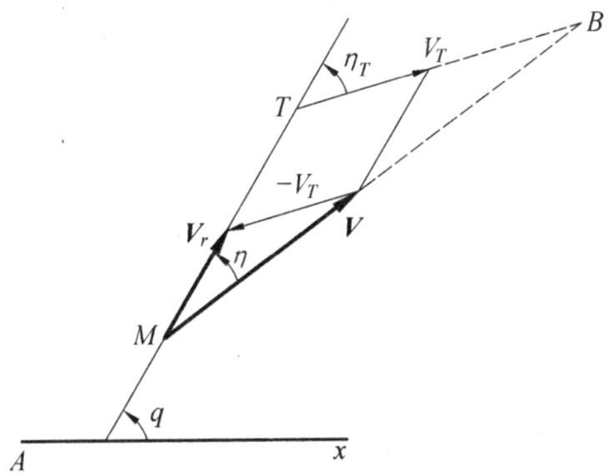

图3.6　平行接近法导引导弹与目标的相对运动关系

3.3.1　直线弹道的条件

按平行接近法导引时,在整个导引过程中目标线角 q 保持不变。如果导弹速度向量的前置角 η 保持常值,则导弹弹道角 σ 为常值,导弹飞行的绝对弹道是一条直线弹道。显然,由式(3.38)可见,在攻击平面内,目标做直线飞行(η_T 为常值)时,只要速度比 p 保持为常值(且 $p>1$),则 η 为常值,即导弹不论从什么方向攻击目标,它的飞行弹道(绝对弹道)都是直线弹道。

3.3.2 导弹的法向过载

为逃脱导弹的攻击,目标往往做机动飞行,并且导弹的飞行速度通常也是变化的。下面研究这种情况下导弹的需用法向过载。

由式(3.37)求导得

$$\frac{\mathrm{d}\boldsymbol{V}}{\mathrm{d}t}\sin\eta+\boldsymbol{V}\cos\eta\frac{\mathrm{d}\eta}{\mathrm{d}t}=\frac{\mathrm{d}\boldsymbol{V}_T}{\mathrm{d}t}\sin\eta_T+\boldsymbol{V}_T\cos\eta_T\frac{\mathrm{d}\eta_T}{\mathrm{d}t} \tag{3.39}$$

由于

$$\frac{\mathrm{d}\eta}{\mathrm{d}t}=-\frac{\mathrm{d}\sigma}{\mathrm{d}t},\quad \frac{\mathrm{d}\eta_T}{\mathrm{d}t}=-\frac{\mathrm{d}\sigma_T}{\mathrm{d}t}$$

代入式(3.39)中可得

$$\frac{\mathrm{d}\boldsymbol{V}}{\mathrm{d}t}\sin\eta-\boldsymbol{V}\cos\eta\frac{\mathrm{d}\sigma}{\mathrm{d}t}=\frac{\mathrm{d}\boldsymbol{V}_T}{\mathrm{d}t}\sin\eta_T-\boldsymbol{V}_T\cos\eta_T\frac{\mathrm{d}\sigma_T}{\mathrm{d}t} \tag{3.40}$$

令 $a_{\mathrm{n}}=V\frac{\mathrm{d}\sigma}{\mathrm{d}t}$ 为导弹的法向加速度;$a_{\mathrm{n}T}=V_T\frac{\mathrm{d}\sigma_T}{\mathrm{d}t}=n_Tg$ 为目标的法向加速度。于是导弹的需用法向过载为

$$n=\frac{a_{\mathrm{n}}}{g}=n_T\frac{\cos\eta_T}{\cos\eta}+\frac{1}{g}\left(\frac{\mathrm{d}\boldsymbol{V}}{\mathrm{d}t}\frac{\sin\eta}{\cos\eta}-\frac{\mathrm{d}\boldsymbol{V}_T}{\mathrm{d}t}\frac{\sin\eta_T}{\cos\eta_T}\right) \tag{3.41}$$

由式(3.41)看出,导弹的需用法向过载不仅与目标的机动性有关,还与导弹和目标的切向加速度$\frac{\mathrm{d}\boldsymbol{V}}{\mathrm{d}t}$、$\frac{\mathrm{d}\boldsymbol{V}_T}{\mathrm{d}t}$有关。

目标做机动飞行,导弹做变速飞行时,若速度比 p 保持常值,则采用平行接近法导引,导弹的需用法向过载总比目标机动时的法向过载要小。证明如下。

式(3.37)对时间 t 求一阶导数

$$p\dot{\eta}\cos\eta=\dot{\eta}_T\cos\eta_T \tag{3.42}$$

由于 $\dot{\eta}=-\dot{\sigma}$,$\dot{\eta}_T=-\dot{\sigma}_T$,代入上式得

$$\frac{\boldsymbol{V}\dot{\sigma}}{\boldsymbol{V}_T\dot{\sigma}_T}=\frac{\cos\eta_T}{\cos\eta} \tag{3.43}$$

因恒有 $\boldsymbol{V}>\boldsymbol{V}_T$,由式(3.37)得

$$\eta_T>\eta \tag{3.44}$$

因此

$$\frac{\boldsymbol{V}\dot{\sigma}}{\boldsymbol{V}_T\dot{\sigma}_T}=\frac{a_{\mathrm{n}}}{a_{\mathrm{n}T}}<1 \tag{3.45}$$

或

$$n<n_T \tag{3.46}$$

因此,可以得出结论:目标无论做何种机动飞行,采用平行接近法导引时,导弹的需用法向过载总是小于目标机动时的法向过载,即导弹弹道的弯曲程度比目标航迹的弯曲程度小。因此,导弹机动性就可以小于目标的机动性。

3.3.3　平行接近法的图解法弹道

首先确定目标的位置 0′,1′,2′,3′… 导弹初始位置在 0 点。连接$\overline{00'}$,就确定了目标线方向。通过 1′,2′,3′… 引平行于$\overline{00'}$的直线。导弹在第一个 Δt 内飞过的路程$\overline{01}=V(t_0)\Delta t$。同时,点 1 必须处在对应的平行线上,按照这两个条件确定 1 点的位置。同样可以确定 2,3… 这样就得到导弹的飞行弹道(见图 3.7)。

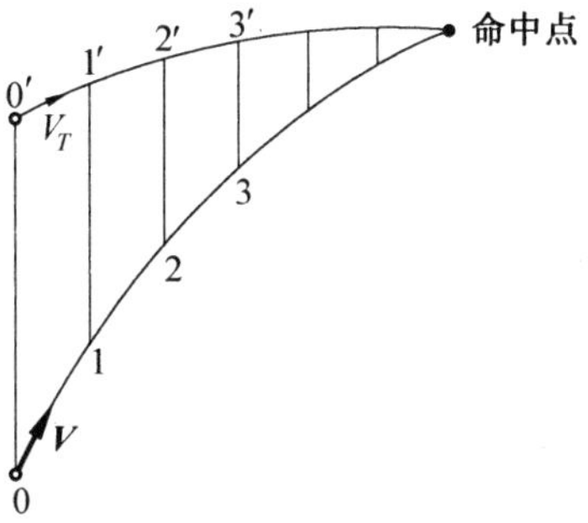

图 3.7　平行接近法图解弹道

与其他导引方法相比,平行接近法导引弹道最为平直,因而需用法向过载比较小,这样所需的弹翼面积可以缩小,且对弹体结构的受力和控制系统工作均为有利,此时,它可以实现全向攻击。因此,从这个意义上说,平行接近法是最好的一种导引方法。可是,到目前为止,平行接近法并未得到广泛应用,其主要原因是实施这种导引方法对制导系统提出了严格的要求,使得制导系统复杂化。它要求制导系统在每一瞬间都要精确地测量目标、导弹速度及其前置角,并严格保持平行接近法的运动关系(即 $\boldsymbol{V}\sin\eta=\boldsymbol{V}_T\sin\eta_T$)。实际上,由于发射瞬时的偏差或飞行过程中存在的干扰,不可能绝对保证导弹的相对速度 V_r 始终指向目标,因此平行接近法很难实现。

3.4　比例导引法

比例导引法[42] 是自寻的导引律中最重要的制导方法。比例导引的实质是抑制目标视线的旋转,使导弹在制导飞行过程中,速度向量的转动角速度与目标视线角速率保持给定的比例关系,如图 3.8 所示。

比例导引规律实际上是导弹弹道角速度 $\dot{\sigma}$ 正比于视线角速度 $\dot{q}$,即

$$\varepsilon_1=\frac{\mathrm{d}\sigma}{\mathrm{d}t}-K\frac{\mathrm{d}q}{\mathrm{d}t}=0\tag{3.47}$$

式中　K—— 比例导引系数。

q—— 视线角,当攻击面为铅垂面时 σ 就是弹道倾角 θ;为水平面时就是弹道偏角 ψ_V。

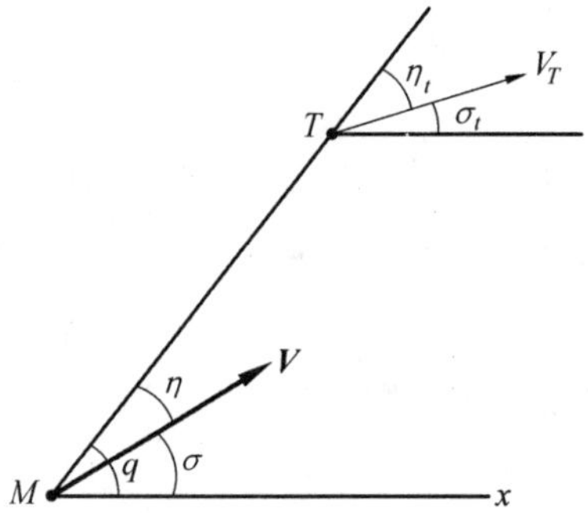

图 3.8 比例导引法示意图

假定比例系数 K 是一常数,对式(3.47)进行积分,就可以得到比例导引关系方程的另一种表达形式为

$$\varepsilon_1 = (\sigma - \sigma_0) - K(q - q_0) = 0 \tag{3.48}$$

将几何关系式 $q = \sigma + \eta$ 对时间 t 求导数,可得

$$\frac{\mathrm{d}q}{\mathrm{d}t} = \frac{\mathrm{d}\sigma}{\mathrm{d}t} + \frac{\mathrm{d}\eta}{\mathrm{d}t} \tag{3.49}$$

将此式代入式(3.47)中,可得到比例导引关系方程的另外两种表达形式

$$\frac{\mathrm{d}\eta}{\mathrm{d}t} = (1 - K)\frac{\mathrm{d}q}{\mathrm{d}t} \tag{3.50}$$

和

$$\frac{\mathrm{d}\eta}{\mathrm{d}t} = \frac{1 - K}{K}\frac{\mathrm{d}\sigma}{\mathrm{d}t} \tag{3.51}$$

3.4.1 比例导引法的相对运动方程组

按比例导引法,导弹-目标相对运动方程组为

$$\left.\begin{aligned} &\frac{\mathrm{d}r}{\mathrm{d}t} = \boldsymbol{V}_T\cos\eta_T - \boldsymbol{V}\cos\eta \\ &r\frac{\mathrm{d}q}{\mathrm{d}t} = \boldsymbol{V}\sin\eta - \boldsymbol{V}_T\sin\eta_T \\ &q = \sigma + \eta \\ &q = \sigma_T + \eta_T \\ &\frac{\mathrm{d}\sigma}{\mathrm{d}t} = K\frac{\mathrm{d}q}{\mathrm{d}t} \end{aligned}\right\} \tag{3.52}$$

如果知道了 $\boldsymbol{V}$、$\boldsymbol{V}_T$、$\boldsymbol{\sigma}_T$ 的变化规律和初始条件(r_0、q_0、σ_0 或 η_0),则方程组(3.52)可用数值积分法或图解法解算。仅在特殊条件下(如比例系数 $K=2$,目标做等速直线飞行,导弹做等速飞行时),方程(3.52)才可能得到解析解。

3.4.2 弹道特性

解算式(3.48),可以获得导弹的运动特性。下面着重讨论采用比例导引时,导弹的直线弹道和需用法向过载。

1. 直线弹道

直线弹道的条件为 $\dot{\sigma}=0$，因而 $\dot{q}=0$，$\dot{\eta}=0$，即 $\eta=\eta_0=$ 常数。

考虑方程组(3.52)的第二式，比例导引时沿直线弹道飞行的条件可改写为

$$V\sin\eta - V_T\sin\eta_T = 0 \tag{3.53}$$

此式表示导弹和目标的速度向量在垂直于目标线方向上的分量相等，即导弹的相对速度始终指向目标。所以，要获得直线弹道，开始导引瞬时，导弹速度向量的前置角 η_0 要严格满足

$$\eta_0 = \arcsin\left(\frac{V_T}{V}\sin\eta_T\right)\bigg|_{t=t_0} \tag{3.54}$$

图 3.9 所示为目标做等速直线运动，导弹等速运动，$K=5$，$\eta_0=0°$，$\sigma_T=0°$，$p=2$ 时，从不同方向发射的导弹相对弹道示意图。当 $q_0=0°$ 及 $q_0=180°$ 时，满足式(3.54)，对应的是两条直线弹道。而从其他方向发射时，不满足式(3.54)，$\dot{q}\neq 0$，即目标线在整个导引过程中不断转动，所以 $\dot{\sigma}\neq 0$，导弹的相对弹道和绝对弹道都不是直线弹道。但导弹在整个导引过程中 q 变化很小，并且对于同一发射方向(即 q_0 值相同)，虽然开始导引时的相对距离 r_0 不同，但导弹命中目标时的目标线角 q_k 值却是相同的，即 q_k 值与 r_0 无关。以上结论可证明如下。

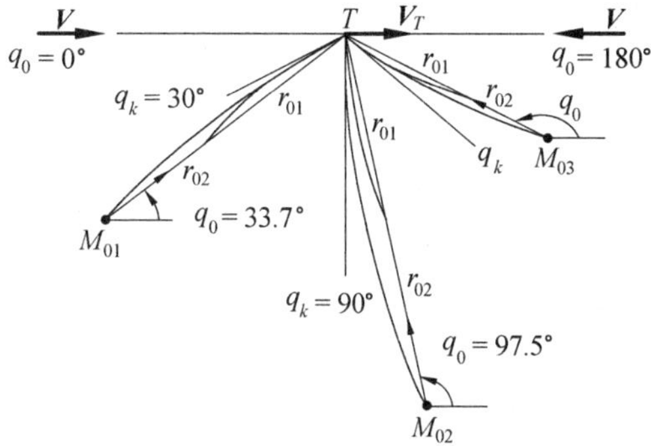

图 3.9　从不同方向发射的相对弹道示意图

命中目标时 $r_k=0$，由方程组(3.52)第二式得

$$\eta_k = \arcsin\left[\frac{1}{p}\sin(q_k-\sigma_{Tk})\right] \tag{3.55}$$

积分式(3.50)得

$$\eta_k = \eta_0 + (1-K)(q_k-q_0) \tag{3.56}$$

将此式代入式(3.55)中，并将 $\eta_0=0°$(相当于直接瞄准发射的情况)和 $\sigma_T\equiv 0°$ 代入，则

$$q_k = q_0 - \frac{1}{K-1}\arcsin\left(\frac{\sin q_k}{p}\right) \tag{3.57}$$

由此式可见，q_k 值与初始相对距离 r_0 无关。由于 $\sin q_k\leqslant 1$，故

$$|q_k - q_0| \leqslant \frac{1}{K-1}\arcsin\left(\frac{1}{p}\right) \tag{3.58}$$

对于从不同方向发射的弹道,如把目标线转动角度的最大值 $|q_k - q_0|_{\max}$ 记作 $\Delta q_{\max}$,并设 $K = 5$,$p = 2$,则代入式(3.58)中可得 $\Delta q_{\max} = 7.5°$,它对应于 $q_0 = 97.5°$,$q_k = 90°$ 的情况。目标线实际上转过的角度不超过 $\Delta q_{\max}$。当 $q_0 = 33.7°$ 时,$q_k = 30°$,目标线只转过 $3.7°$。

$\Delta q_{\max}$ 值取决于速度比 p 和比例系数 K,变化趋势如图 3.10 所示。由图可见,目标线最大转动角将随着速度比 p 和比例系数 K 的增大而减小。

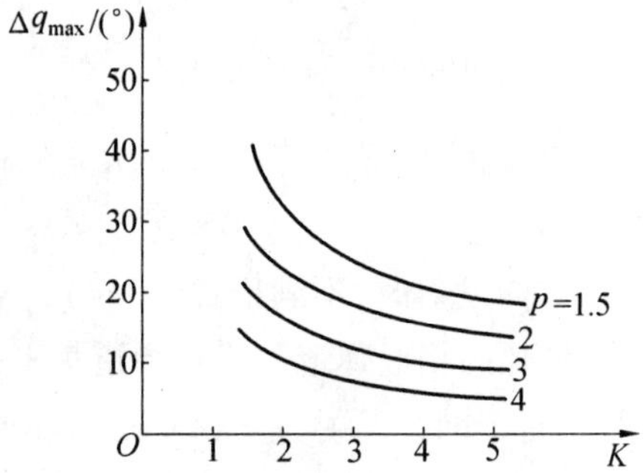

图 3.10　目标线最大转动角($\eta_0 = 0°$)

2. 导弹的需用法向过载

比例导引法要求导弹的转弯速度 $\dot{\sigma}$ 与目标线旋转角速度 $\dot{q}$ 成正比,因而导弹的需用法向过载也与 $\dot{q}$ 成正比。要了解导弹弹道上各点需用法向过载的变化规律,只需讨论 $\dot{q}$ 的变化规律。

对方程组(3.52)的第二式两边同时对时间求导,得

$$\dot{r}\dot{q} + r\ddot{q} = \dot{V}\sin\eta + V\dot{\eta}\cos\eta - \dot{V}_T\sin\eta_T - V_T\dot{\eta}_T\cos\eta_T \tag{3.59}$$

由于 $\quad \dot{\eta} = (1-K)\dot{q},\quad \dot{\eta}_T = \dot{q} - \dot{\sigma}_T,\quad \dot{r} = -V\cos\eta + V_T\cos\eta_T$

代入上式,整理后得

$$r\ddot{q} = -(KV\cos\eta + 2\dot{r})(\dot{q} - \dot{q}^*) \tag{3.60}$$

式中

$$\dot{q}^* = \frac{\dot{V}\sin\eta - \dot{V}_T\sin\eta_T + V_T\dot{\sigma}_T\cos\eta_T}{KV\cos\eta + 2\dot{r}} \tag{3.61}$$

以下分两种情况讨论:

(1) 目标做等速直线飞行,导弹做等速飞行的情况

在此特殊情况下,由式(3.61)可知

$$\dot{q}^* = 0$$

于是式(3.60)为

$$\ddot{q} = -\frac{1}{r}(KV\cos\varphi_m + 2\dot{r})\dot{q} \tag{3.62}$$

由上式可知，如果$(KV\cos\varphi_m + 2\dot{r}) > 0$，则$\ddot{q}$和$\dot{q}$的符号相反。当$\dot{q} > 0$时，$\ddot{q} < 0$，即$\dot{q}$的值将减小；当$\dot{q} < 0$时，$\ddot{q} > 0$，即$\dot{q}$的值将增大。总之$|\dot{q}|$将不断减小。如图3.11(a)所示，$\dot{q}$随时间的变化规律是向横坐标接近，与$\dot{q}$成比例的弹道需用过载将随着$|\dot{q}|$的减小不断减小，弹道变得平直。这种情况称为$\dot{q}$"收敛"。

若$(KV\cos\varphi_m + 2\dot{r}) < 0$，则$\ddot{q}$和$\dot{q}$的符号相同，$|\dot{q}|$的值将不断增大。$\dot{q}$随时间的变化规律如图3.11(b)所示。这种情况称为$\dot{q}$"发散"。与$\dot{q}$成比例的弹道需用过载将随着$|\dot{q}|$的增大不断增大，弹道变得弯曲。

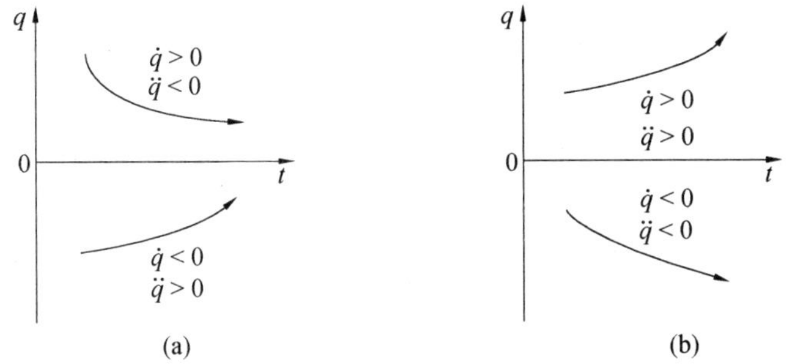

图 3.11　$(KV\cos\varphi_m + 2\dot{r}) > 0$及$(KV\cos\varphi_m + 2\dot{r}) < 0$时$\dot{q}$变化规律

因此，要使导弹平缓转弯，就必须使$\dot{q}$"收敛"。为此，应满足条件

$$K > \frac{2|\dot{r}|}{V\cos\eta} \tag{3.63}$$

由此得到结论：只要比例系数K选择得足够大，使其满足式(3.63)的条件，$|\dot{q}|$就可以逐渐减小而趋于零；相反，如果不满足上式条件，则$|\dot{q}|$将逐渐增大，在接近目标时，导弹要以无穷大的速率转弯，这实际上是无法实现的，最终将导致脱靶。

(2) 目标做机动飞行，导弹做变速飞行的情况

由式(3.61)可见，$\dot{q}^*$是随时间变化的函数，它与目标的切向加速度$\dot{V}_T$、法向加速度$V_T\dot{\sigma}_T$和导弹的切向加速度$\dot{V}$有关。因此，$\dot{q}^*$不再为零。当$(KV\cos\eta + 2\dot{r}) \neq 0$时，$\dot{q}^*$为有限值。

由式(3.60)可见，若$(KV\cos\eta + 2\dot{r}) > 0$，且$\dot{q} < \dot{q}^*$，则$\ddot{q} > 0$，这时$\dot{q}$的值将不断增大；当$\dot{q} > \dot{q}^*$，则$\ddot{q} < 0$，即$\dot{q}$的值将减小。总之，$(KV\cos\eta + 2\dot{r}) > 0$时，$\dot{q}$有接近$\dot{q}^*$的趋势。反之，如果$(KV\cos\eta + 2\dot{r}) < 0$，则$\dot{q}$有离开$\dot{q}^*$的趋势，弹道变得弯曲，在接近目标时，导弹要以极大的速率转弯。

下面讨论命中目标时$\dot{q}_k$的值。

如果$(KV\cos\eta + 2\dot{r}) > 0$，则$\ddot{q}$为有限值。由式(3.60)看出，在命中点$r_k = 0$，则此式左端是零，这就要求在命中点处$\dot{q}$与$\dot{q}^*$应相等，即

$$\dot{q}_k = \dot{q}_k^* = \left.\frac{\dot{V}\sin\eta - \dot{V}_T\sin\eta_T + V_T\dot{\sigma}_T\cos\eta_T}{KV\cos\eta + 2\dot{r}}\right|_{t=t_k} \tag{3.64}$$

命中目标时，导弹的需用法向过载为

$$n_k = \frac{V_k \dot{\sigma}_k}{g} = \frac{K V_k \dot{q}_k}{g} = \frac{1}{g} \frac{\dot{V}\sin\eta - \dot{V}_T \sin\eta_T + V_T \dot{\sigma}_T \cos\eta_T}{\cos\eta - \dfrac{2|\dot{r}|}{KV}}\Bigg|_{t=t_k} \tag{3.65}$$

从上式可见,导弹命中目标时的需用法向过载与命中点的导弹速度和导弹向目标的接近速度 $\dot{r}$(或导弹攻击方向)有直接关系。如果命中点导弹的速度小,需用法向过载将增大。特别是对于空-空导弹来说,通常是在被动段命中目标的,由于被动段速度的下降,命中点附近的需用法向过载将增大。导弹从不同方向攻击目标,$|\dot{r}|$ 值是不同的,例如迎面攻击 $|\dot{r}| = V + V_T$,尾追攻击 $|\dot{r}| = V - V_T$。由于前半球攻击的 $|\dot{r}|$ 值比后半球攻击的 $|\dot{r}|$ 值大,显然,前半球攻击的需用法向过载就比后半球攻击的大,因此,后半球攻击比较有利。由式(3.65)还可以看出,命中时刻导弹的速度变化和目标的机动性对需用法向过载也有影响。

当$(KV\cos\eta + 2\dot{r}) < 0$时,$\dot{q}$是发散的,$|\dot{q}|$不断增大而趋于无穷大,因此$\dot{q}_k \to \infty$,这意味着$K$较小时,在接近目标的瞬间,导弹要以无穷大的速率转弯,命中点的需用法向过载也趋于无穷大,这实际上是不可能实现的。所以,$K < (2|\dot{r}|/V\cos\eta)$时,就不能直接命中目标。

3.4.3 比例系数 K 的选择

由前面的讨论可知,比例导引法的比例系数K值的大小直接影响弹道特性,影响导弹能否直接命中目标,不能任意选取。要考虑到导弹的结构强度所允许承受的过载,以及导弹的动态特性[42]。

1. K 值的下限应满足 $\dot{q}$ 收敛的条件

$\dot{q}$ 收敛使导弹在接近目标的过程中目标线的旋转角速度 $|\dot{q}|$ 不断减小,相应的需用法向过载也不断减小。$\dot{q}$ 收敛的条件为

$$K > \frac{2|\dot{r}|}{V\cos\eta} \tag{3.66}$$

这就限制了K的下限值。由式(3.66)可知,导弹从不同方向攻击目标,$|\dot{r}|$值是不同的,K的下限值也不相同。这就要依据具体情况选择合适的K值,使导弹从各个方向攻击的性能都能得到适当照顾,不至于优劣悬殊;或者只考虑充分发挥导弹在主攻方向上的性能。

2. K 值受可用法向过载的限制

式(3.66)限制了比例系数K的下限值。但其上限值如果取得过大,由$n = KV\dot{q}/g$可知,即使$\dot{q}$值不太大,也可能使需用法向过载很大。导弹在飞行中的可用法向过载受到最大舵偏转角的限制。若需用法向过载超过可用法向过载,则导弹将不能沿比例导引弹道飞行。因此,可用法向过载限制了K的上限值。

3. K 值应满足制导系统稳定工作的要求

如果K值选得过大,外界干扰对导弹飞行的影响明显增大。$\dot{q}$的微小变化将引起$\dot{\sigma}$的

很大变化。从制导系统能稳定的工作出发，K 值的上限值受到限制。

综合考虑上述因素，才能选择出一个合适的 K 值。它可以是个常数，也可以是个变数。

3.4.4　比例导引法的优缺点

从上述分析可见，只要获得视线角速度信号就可实现比例导引规律。优点是弹道比较平直，技术上容易实现。但是采用比例导引规律对于导弹的发射范围有一定的要求，更重要的是在拦截过程中要求导弹有较高的机动性。因此，对于拦截大机动目标的情况，比例导引就显得不能满足要求。

比例导引能有效地对付机动不大的目标，它是沟通经典导引律和现代导引律的桥梁。传统比例导引法不考虑控制过程，即认为参数改变是瞬时完成的情况下，采用某种方法求取导弹飞向目标过程中应满足的规则，对制导系统的信息完备性要求不高，因此获得广泛的应用。在现役的导弹中，大部分仍采用比例导引方法。这种末导引律在对小机动大惯性的目标时，能够达到所需的精度。比例接近法优点在于弹道前段较弯曲，能充分利用导弹的机动能力，弹道后段较为平直，机动能力富裕，全向攻击，技术上易于实现，得到了广泛应用。但命中目标的需用法向过载与命中点的导弹速度和导弹的攻击方向有直接关系，面对目标进行机动、快速的飞行时，所得到的仿真结果不理想，误差较大。并且这种末制导的制导精度依赖于高精度的目标测量，一旦环境恶劣，测量精度无法保证时，制导精度极差，同时抗干扰的能力也不强。现代的末制导已经很少采用这种传统的末制导律，而使用由这种末制导衍生出来的新的末制导律。经过人们的改善和修正，又出现了偏置比例导引、扩大比例导引、扩展比例导引和修正比例导引等。

3.4.5　其他形式的比例导引规律

为了消除上述比例导引法的缺点，改善比例导引特性，多年来人们致力于比例导引法的改进，并对于不同的应用条件提出了许多不同的改进比例导引形式。以下仅举几例说明。

1. 广义比例导引法

其导引关系为需用法向过载与目标线旋转角速度成比例，即

$$n = K_1 \dot{q} \tag{3.67}$$

或

$$n = K_2 |\dot{r}| \dot{q} \tag{3.68}$$

式中　K_1、K_2—— 比例系数。

下面讨论这两种广义比例导引法在命中点处的需用法向过载。

关系式 $n = K_1 \dot{q}$ 与上述比例导引法 $n = (KV/g)\dot{q}$（即 $\dot{\sigma} = K\dot{q}$）比较，得

$$K = \frac{K_1 g}{V} \tag{3.69}$$

代入式(3.65)中，此时，命中目标时导弹的需用法向过载为

$$n_k = \frac{1}{g} \frac{\dot{V}\sin\eta - \dot{V}_T\sin\eta_T + V_T\dot{\sigma}_T\cos\eta_T}{\cos\eta - \dfrac{2|\dot{r}|}{K_1 g}}\Bigg|_{t=t_k} \tag{3.70}$$

由式(3.70)可见,按 $n = K_1\dot{q}$ 形式的比例导引规律导引,命中点处的需用法向过载与导弹的速度没有直接关系。

按 $n = K_2|\dot{r}|\dot{q}$ 形式导引时,在其命中点处的需用法向过载可仿照前面推导方法,此时

$$K = \frac{K_2|\dot{r}|g}{V} \tag{3.71}$$

代入式(3.65)中,就可以得到按 $n = K_2|\dot{r}|\dot{q}$ 形式的比例导引规律导引时在命中点处的需用法向过载为

$$n_k = \frac{1}{g} \frac{\dot{V}\sin\eta - \dot{V}_T\sin\eta_T + V_T\dot{\sigma}_T\cos\eta_T}{\cos\eta - \dfrac{2}{K_2 g}}\Bigg|_{t=t_k} \tag{3.72}$$

由式(3.72)可见,按 $n = K_2|\dot{r}|\dot{q}$ 导引规律导引,命中点处的需用法向过载不仅与导弹速度无关,而且与导弹攻击方向也无关,这有利于实现全向攻击。

2. 改进比例导引法

根据式(3.52),相对运动方程可以写为

$$\left.\begin{aligned} \dot{r} &= -V\cos(\sigma - q) + V_T\cos(\sigma_T - q) \\ r\dot{q} &= -V\sin(\sigma - q) + V_T\sin(\sigma_T - q) \end{aligned}\right\} \tag{3.73}$$

对方程(3.73)第二式求导,并将第一式代入,经整理后得到

$$\begin{aligned} r\ddot{q} + 2\dot{r}\dot{q} = &-\dot{V}\sin(\sigma - q) + \dot{V}_T\sin(\sigma_T - q) + \\ &V_T\dot{\sigma}_T\cos(\sigma_T - q) - V\dot{\sigma}\cos(\sigma - q) \end{aligned} \tag{3.74}$$

控制系统实现比例导引时,一般是使弹道需用法向过载与目标线的旋转角速度成比例,即

$$n = A\dot{q} \tag{3.75}$$

又知

$$n = \frac{V}{g}\dot{\sigma} + \cos\sigma \tag{3.76}$$

式中过载 n 定义为控制力(不含重力)产生过载(即第2章中第一种定义)。

将式(3.76)代入式(3.75)中,可得

$$\dot{\sigma} = \frac{g}{V}(A\dot{q} - \cos\sigma) \tag{3.77}$$

将式(3.77)代入式(3.74)中,经整理得

$$\begin{aligned} \ddot{q} + \frac{|\dot{r}|}{r}\left(\frac{Ag\cos(\sigma - q)}{|\dot{r}|} - 2\right)\dot{q} = \frac{1}{r}[&-\dot{V}\sin(\sigma - q) + \dot{V}_T\sin(\sigma_T - q) + \\ &V_T\dot{\sigma}_T\cos(\sigma_T - q) + g\cos\sigma\cos(\sigma - q)] \end{aligned} \tag{3.78}$$

令 $N = Ag\cos(\sigma - q)/|\dot{r}|$，称为有效导航比。于是，式(3.78)可改写为

$$\ddot{q} + \frac{|\dot{r}|}{r}(N-2)\dot{q} = \frac{1}{r}[-\dot{V}\sin(\sigma - q) + \dot{V}_T\sin(\sigma_T - q) + V_T\dot{\sigma}_T\cos(\sigma_T - q) + g\cos\sigma\cos(\sigma - q)] \tag{3.79}$$

由上式可见，导弹按比例导引法导引，目标线转动角速度（弹道需用法向过载）还受到导弹切向加速度、目标切向加速度、目标机动和重力作用的影响。

目前许多自动瞄准制导的导弹，采用改进比例导引法。改进比例导引法就是对引起目标线转动的几个因素进行补偿，使得由它们产生的弹道需用法向过载在命中点附近尽量小。目前采用较多的是对导弹切向加速度和重力作用进行补偿。目标切向加速度和目标机动由于是随机的，用一般方法进行补偿比较困难。

改进比例导引的形式根据设计思想的不同可有多种形式。这里根据使导弹切向加速度和重力作用引起的弹道需用法向过载在命中点处的影响为零来设计。假设改进比例导引的形式为

$$N = A\dot{q} + y \tag{3.80}$$

式中　y——待定的修正项。

于是

$$\dot{\sigma} = \frac{g}{V}(A\dot{q} + y - \cos\sigma) \tag{3.81}$$

将式(3.81)代入式(3.74)中，并设 $\dot{V}_T = 0$，$\dot{\sigma}_T = 0$，则得到

$$\ddot{q} + \frac{|\dot{r}|}{r}(N-2)\dot{q} = \frac{1}{r}[-\dot{V}\sin(\sigma - q) + g\cos\sigma\cos(\sigma - q) - g\cos(\sigma - q)y] \tag{3.82}$$

若假设 $r = r_0 - |\dot{r}|t$，$T = \frac{r_0}{|\dot{r}|}$，则式(3.82)就成为

$$\ddot{q} + \frac{1}{T-t}(N-2)\dot{q} = \frac{1}{r}[-\dot{V}\sin(\sigma - q) + g\cos\sigma\cos(\sigma - q) - g\cos(\sigma - q)y] \tag{3.83}$$

式中　t——导弹飞行时间；

　　　T——导引段飞行时间。

对式(3.83)进行积分，可得

$$\dot{q} = \dot{q}_0\left(1 - \frac{t}{T}\right)^{N-2} + \frac{1}{(N-2)|\dot{r}|}[-\dot{V}\sin(\sigma - q) - g\cos(\sigma - q)y + g\cos\sigma\cos(\sigma - q)]\left[1 - \left(1 - \frac{t}{T}\right)^{N-2}\right] \tag{3.84}$$

于是

$$n = A\dot{q} + y = A\dot{q}_0\left(1 - \frac{t}{T}\right)^{N-2} + \frac{A}{(N-2)|\dot{r}|}[-\dot{V}\sin(\sigma - q) - g\cos(\sigma - q)y +$$

$$g\cos\sigma\cos(\sigma-q)]\left[1-\left(1-\frac{t}{T}\right)^{N-2}\right]+y \tag{3.85}$$

命中点处 $t=T$,欲使 n 为零,必须有

$$\frac{A}{(N-2)|\dot{r}|}[-\dot{V}\sin(\sigma-q)-g\cos(\sigma-q)y+g\cos\sigma\cos(\sigma-q)]+y=0 \tag{3.86}$$

则

$$y=-\frac{N}{2g}\dot{V}\tan(\sigma-q)+\frac{N}{2}\cos\sigma \tag{3.87}$$

于是,改进比例导引法的导引关系式为

$$n=A\dot{q}-\frac{N}{2g}\dot{V}\tan(\sigma-q)+\frac{N}{2}\cos\sigma \tag{3.88}$$

上式中右端第二项为导弹切向加速度补偿项,第三项为重力补偿项。

3.5 三种速度导引方法的关系

由比例导引几何关系及式(3.47)可得比例导引法的前置角及变化率为

$$\begin{cases}\eta=\sigma_t+\eta_t-\sigma\\ \dot{\eta}=\dfrac{(1-K)\dot{\sigma}}{K}\end{cases} \tag{3.89}$$

上式中,如果 $K=1$,则 $\dot{\eta}=0$,这就是常值前置角导引;若 $\eta=0$,则为追踪法;如果 $K\to\infty$,则 $\dot{q}\to 0$,即 $q=q_0$ 为常数,这就是平行接近法。

因此,追踪法和平行接近法是比例导引法的特殊情况。换句话说,比例导引法是介于追踪法和平行接近法之间的一种导引方法。比例导引法的比例系数 K 在 $1<K<\infty$ 的范围内,通常可取 2 ~ 6。比例系数 K 越大,导引弹道越平直,需要过载越小。

追踪法、平行接近法以及比例导引法三种导引方法的弹道比较如图 3.12 所示。追踪法导弹的末段弹道曲率较大,导弹最后总是绕到目标后方去攻击,不能实施目标的全方向拦截,一般用于攻击低速或静止目标的导弹,或向尾部发射的情况;平行接近法中,导弹飞

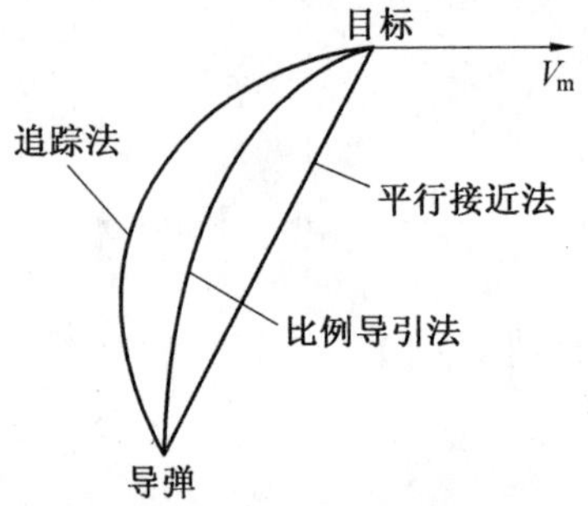

图 3.12 三种导引方法弹道的比较

行弹道比较平直，曲率较小，且受目标机动的影响较小，但实现导引律所需测量的参数不易测量，制导系统也比较复杂，成本高。比例导引法导弹的理想弹道的曲率介于平行接近法和追踪法之间，弹道初始段和追踪法相近，末段和平行接近法相近，无论从对快速机动目标的响应能力还是制导精度上看，都有明显的优点，且在工程上易于实现。

3.6　脱靶量分析

导引精度是导弹武器系统的重要战术指标，导引精度同脱靶量和制导误差直接相关。脱靶量是衡量导弹末制导律的重要性能指标。导弹与目标遭遇全过程中，导弹与目标之间的最小距离被称为导弹对目标的脱靶量。

对于自寻的导弹，当导弹与目标之间的距离达到一定量值时，由于原理上的因素，导弹导引头存在“盲区”而不能正常工作，这时的导引误差将直接影响命中精度，因为此后导弹将不受控制按惯性飞行。本书中脱靶量定义为导引头停止工作后导弹飞行过程中绕过目标的最小距离。盲区对导引律的脱靶量影响是至关重要的，因此下面给出导弹进入盲区后的脱靶量的估算[45]。

当导弹进入盲区后，且目标做非机动飞行时，产生的脱靶量为

$$MD = \frac{r^2 |\dot{q}|}{\sqrt{\dot{r}^2 + r^2\dot{q}^2}} \tag{3.90}$$

当目标做机动飞行时，产生的脱靶量为

$$MD = -\frac{r}{\dot{r}}\left| r\dot{q} - \frac{1}{2}a_t \frac{r}{\dot{r}} \right| \tag{3.91}$$

其中 $r, \dot{r}, \dot{q}, a_t$ 分别为导弹刚进入盲区，导弹停控时刻的导弹目标相对距离，相对速度，视线角速率和目标沿视线法向方向上的加速度。

根据上面的脱靶量公式，可以采取如下方法减小脱靶量。

（1）减小停控时导弹与目标的相对距离，即减小盲区。

（2）当目标非机动时，将导弹停控时导弹与目标的视线角速度调节为零，这一点可以由平行接近原理解释；当目标机动时，将导弹停控时导弹与目标的视线角速率调节为 $a_t/2\dot{r}$。

3.7　本章小结

本章介绍了几种常见的传统导引律，对比例导引及其弹道特性作了比较详细的描述。导弹的弹道特性与所采用的导引方法有很大的关系，如果导引方法选择得合适，就能改善导弹的飞行特性，充分发挥导弹武器的作战性能。因此，选择合适的导引方法或改善现有导引方法存在的某些弊端并寻找新的导引方法是导弹设计的重要课题之一。

第 4 章　解析描述自适应模糊制导律设计

随着导弹的速度和性能不断提高，系统越来越复杂，因而难以建立其精确的数学模型。因此，基于精确数学模型的传统制导律受到了严峻的挑战。近年来，国内外学者将模糊逻辑推理应用于制导律设计，提出了模糊制导律及其多种融合形式的制导律[46,47]，为制导律的研究开辟了新的途径。

近年来，基于测量或者估计导弹-目标相对距离、相对速度和目标加速度误差的鲁棒制导律受到了人们的关注[48,49]，其基本思想是在相对距离、相对速度不精确已知，目标加速度完全未知或者不精确已知的情况下，设计对不确定性不敏感的鲁棒制导律。但鲁棒制导律应用二次型最优的性能指标，制导算法复杂，不利于工程实时实现。而模糊控制不需要对象的精确数学模型，且鲁棒性好，因此应用模糊控制理论设计制导律具有优越性。已有的模糊制导律[50,51]，一般都是基于模糊规则并通过模糊推理设计的，设计模糊制导规则较多时，有利于提高制导精度，但模糊推理需要时间较长；设计模糊制导规则较少时，推理时间较短，但制导精度较低。此外，基于在线推理的模糊制导律规则固定不能调整，自适应性较差。而几种具有自组织功能的模糊制导律[52-54]，需要在制导过程中不断进行规则的修正，而导致实时性差。

本章旨在设计一种解析描述的自适应模糊制导律，通过解析描述模糊制导规则不仅可以提高制导精度，而且根据需要可以实时调整制导规则。因此，这种制导律兼有比例导引和模糊制导的优点，它为设计拦截高速、大机动目标的高精度制导律提供了一种新的方法。设计的基本思想是将制导律设计问题转化为反馈控制问题，将比例制导律指令及其微分作为模糊控制的输入量，模糊控制规则及模糊推理用解析形式表达，它能够根据目标加速度和目标速度的变化自适应地调整模糊控制规则，因此具有较强的鲁棒性。

4.1　模糊控制

4.1.1　模糊控制的基本原理

模糊自动控制是以模糊集合论、模糊语言变量及模糊逻辑推理为基础的一种计算机数字控制。经过人们长期研究和实践形成的经典控制理论，对于解决线性定常系统的控制问题是很有效的。然而，经典控制理论对于非线性时变系统难以奏效。基于状态变量描述的现代控制理论对于解决线性或非线性、定常或时变的多输入多输出系统问题，获得了广泛的应用。但是，无论采用经典控制理论还是现代控制理论设计一个控制系统，都需要事先知道被控对象的精确数学模型,然后根据数学模型以及给定的性能指标,选择恰当的控制规律,进行控制系统设计。然而,在许多情况下被控对象的精确数学模型很难建立,因此,采用这些控制理论无法达到令人满意的控制效果。而模糊控制不需要知道被控对象的精确数学模型,因此,在解决非线性控制问题时,模糊控制能够达到较好的控制效果。

模糊控制的基本原理可由图 4.1 表示,它的核心部分为模糊控制器,如图中虚线框中所示。模糊控制器的控制规律由计算机程序实现,实现过程为:微机经中断采样获取被控对象的精确值,然后将此量与给定值比较得到误差信号 E。一般选取误差信号 E 作为模糊控制器的一个输入量(在此为简单起见,只选一个输入变量,通常选用两个输入变量)。把误差信号 E 的精确量进行模糊量化变成模糊量,误差 E 的模糊量可用相应的模糊语言表示。至此,得到了误差 E 的模糊语言集合的一个子集 $\underset{\sim}{e}$。再由 $\underset{\sim}{e}$ 和模糊控制规则 $\underset{\sim}{R}$(模糊关系)根据推理的合成规则进行模糊决策,得到模糊控制量 $\underset{\sim}{u}$ 为

$$\underset{\sim}{u} = \underset{\sim}{e} \circ \underset{\sim}{R} \tag{4.1}$$

式中　$\underset{\sim}{u}$—— 模糊控制量。

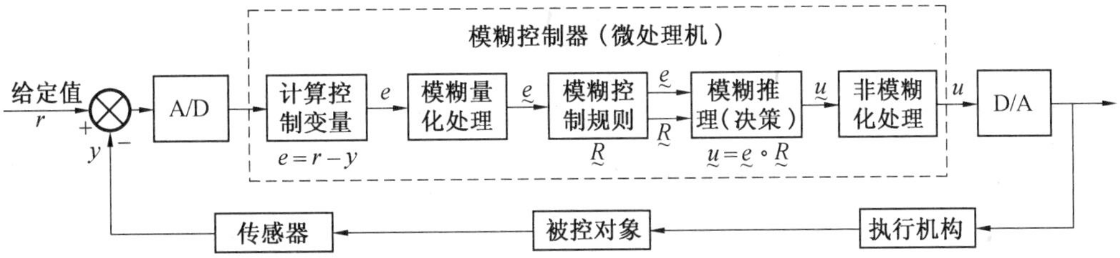

图 4.1　模糊控制原理框图

为了对被控对象施加精确控制,还需要将模糊量 $\underset{\sim}{u}$ 转换为精确量,这一步骤在图4.1中称为非模糊化处理(亦称清晰化)。得到了精确的数字控制量后,经数模转换变为精确的模拟量送给执行机构,对被控对象进行控制。然后,中断第二次采样,进行第二步控制 … 这样循环下去,就实现了被控对象的模糊控制。

综上所述,模糊控制算法可概括为以下四个步骤:

(1) 根据本次采样得到的系统的输出值,计算所选择的系统的输入变量;

(2) 将输入变量的精确值变为模糊量;

(3) 根据输入变量及模糊控制规则,按模糊推理合成规则计算控制量(模糊量);

(4) 由上述得到的控制量(模糊量) 计算精确的控制量。

4.1.2　模糊控制器的基本设计方法

模糊逻辑控制器(Fuzzy Logic Controller,FLC) 简称模糊控制器(Fuzzy Controller,FC)。因为模糊控制器的控制规则是基于模糊条件语句描述的语言控制规则,所以模糊控制器又称为模糊语言控制器。

模糊控制器在模糊自动控制系统中具有举足轻重的作用,因此在模糊控制系统设计中,设计和调整模糊控制器的工作是很重要的。

模糊控制器的设计包括以下几项内容:

(1) 确定模糊控制器的输入变量和输出变量(即控制量);

(2) 设计模糊控制器的控制规则;

(3) 确立模糊化和非模糊化的方法;

(4) 选择模糊控制器的输入变量及输出变量的论域并确定模糊控制器的参数(如量化因子、比例因子);

(5) 编制模糊控制算法的应用程序;

(6) 合理选择模糊控制算法的采样时间。

本节介绍模糊控制器的基本设计方法和基本原则。

1. 模糊控制器的结构设计

模糊控制器的结构设计是指确定模糊控制器的输入变量和输出变量。究竟选择哪些变量作为模糊控制器的信息量,还必须深入研究在手动控制过程中,人如何获取、输出信息,因为模糊控制器的控制规则归根到底还是要模拟人脑的思维决策方式。

(1) 人-机系统中的信息量。一般将有人参与的人工控制过程称为手动控制,这是一种典型的人-机系统。例如,人对于各种车辆、舰船、飞机的驾驶,对各种生产过程的控制等都可以归结为人-机系统。在此"机"是一个相当广泛的概念。

人在进行各种手动控制过程中,人脑中存在有许多模糊概念。例如,飞行员在驾驶飞机时,如果飞机偏离了目标出现误差,驾驶员发现这一误差便操纵驾驶杆使飞机飞回到目标值。在驾驶员头脑中误差"大"、"小",输出"大"、"小"的概念都是模糊的,究竟"大"、"小"的程度如何并不需要精确测量,然而对每个驾驶员,他们头脑中对"大"、"小"都有一定的客观描述,驾驶员正是凭借这些模糊概念来度量飞行误差的。

如果飞机追击的目标为一敌机,驾驶员为了追击上目标,首先观测的是误差,其次是误差的变化情况,综合这两方面的情况驾驶员进行操纵飞机追击目标。但是,还必须指出,单凭误差、误差的变化这两个信息量还是不充足的,驾驶员还可以获得第三个信息,即误差变化的变化。驾驶员根据这三个信息量在头脑中加以权衡进行决策,给出必要的操纵,不断地观测,不断地操纵,使其逐渐向目标逼近。

在手动控制过程中,人所能获取的信息量基本上为三个:

① 误差;

② 误差变化;

③ 误差变化的变化,即误差变化的速率。

(2) 模糊控制器的输入输出变量。在上述人-机系统中,人对于误差、误差的变化以及误差变化的速率的敏感程度是有差异的。一般说来,人对误差最敏感,其次是误差变化,再次是误差变化的速率。

由于模糊控制器的控制规则是根据人的手动控制规则提出的，所以模糊控制器的输入变量也可以用三个，即误差、误差的变化及误差变化的变化，输出变量一般选择控制量的变化。

通常将模糊控制器输入变量的个数称为模糊控制的维数。下面以单输入单输出模糊控制器为例，给出几种结构形式的模糊控制器，如图 4.2 所示。一般情况下，一维模糊控制器用于一阶被控对象，由于这种控制器输入变量只选择误差一个，它的动态性能不佳。所以，目前被广泛采用的均为二维模糊控制器，这种控制器以误差和误差的变化为输入变量，以控制量的变化为输出变量。

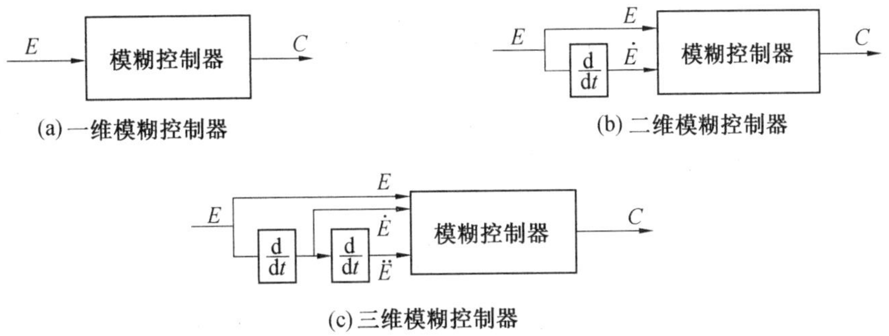

图 4.2　模糊控制器的结构

从理论上讲，模糊控制器的维数越高，控制越精细，但是维数过高，模糊控制规则变得过于复杂，控制算法的实现相当困难。这或许是目前人们广泛设计和应用二维模糊控制器的原因所在。

在有些情况下，模糊控制器的输出变量可按两种方式给出。例如，若误差“大”时，则以绝对量控制输出；而当误差为“中”或“小”时，则以控制量的增量（即控制量的变化）为输出。尽管这种模糊控制器的结构及控制算法都比较复杂，但是可以获得较好的上升特性，改善了控制器的动态品质。

2. 精确量的模糊化方法

将精确量（数字量）转换为模糊量的过程称为模糊化，或称为模糊量化。如图 4.1 中经计算机计算出的控制量均为精确量，需经过模糊量化处理，变为模糊量，以便实现模糊控制算法。

模糊化一般采用如下两种方法：

(1) 把精确量离散化，如把[-6,6]之间变化的连续量分为 7 个等级，每一等级对应一个模糊集，这样处理使模糊化过程复杂。如表 4.1 所示，在[-6,6]之间的任意的精确量用模糊量 y 来表示，例如在 -6 附近称为负大，用 NB 表示，在 -4 附近称为负中，用 NM 表示。如果 $y=-5$ 时，这个精确量没有在等级上，再从表 4.1 中的隶属度上选择，由于

$$\mu_{MN}(-5)=0.7,\quad \mu_{NB}(-5)=0.8,\quad \mu_{NB}>\mu_{MN}$$

所以 -5 用 NB 表示。

表 4.1 精确量离散化

	−6	−5	−4	−3	−2	−1	0	1	2	3	4	5	6
PB	0	0	0	0	0	0	0	0	0	0.1	0.4	0.8	1.0
PM	0	0	0	0	0	0	0	0	0.2	0.7	1.0	0.7	0.2
PS	0	0	0	0	0	0	0	0.9	1.0	0.7	0.2	0	0
O	0	0	0	0	0	0.5	1	0.5	0	0	0	0	0
NS	0	0	0.2	0.7	1.0	0.9	0	0	0	0	0	0	0
NM	0.2	0.7	1.0	0.7	0.2	0	0	0	0	0	0	0	0
NB	1.0	0.8	0.4	0.1	0	0	0	0	0	0	0	0	0

如果精确量 x 的实际变化范围为 $[a,b]$，将 $[a,b]$ 区间的精确量转换为 $[-6,6]$ 区间变化的变量 y，采用公式

$$y = 12\left[x - \frac{a+b}{2}\right] \Big/ (b-a) \tag{4.2}$$

由式(4.2)计算的 y 值若不是整数，可以把它归入最接近于 y 的整数。例如，$-4.8 \to -5$，$2.7 \to 3$。

应该指出，实际上的输入变量（如误差和误差的变化等）都是连续变化的量，通过模糊量化处理，把连续量离散为 $[-6,6]$ 之间有限个整数值的做法是为了使模糊推理合成方便。

一般情况下，如果把 $[a,b]$ 区间的精确值 x，转换为 $[-n,n]$ 区间的离散量 y——模糊量，其中 n 为不小于 2 的正整数，如图 4.3 所示。由 $\Delta xO'p \backsim \Delta yOp$ 及 $\Delta abp \backsim \Delta cdp$，易推出

$$\frac{y}{x-(a+b)/2} = \frac{2n}{b-a} \tag{4.3}$$

对于离散化区间的不对称情况，如 $[-n,m]$ 的情况，式(4.3)变为

$$y = (m+n)\left[x - \frac{a+b}{2}\right] \Big/ (b-a) \tag{4.4}$$

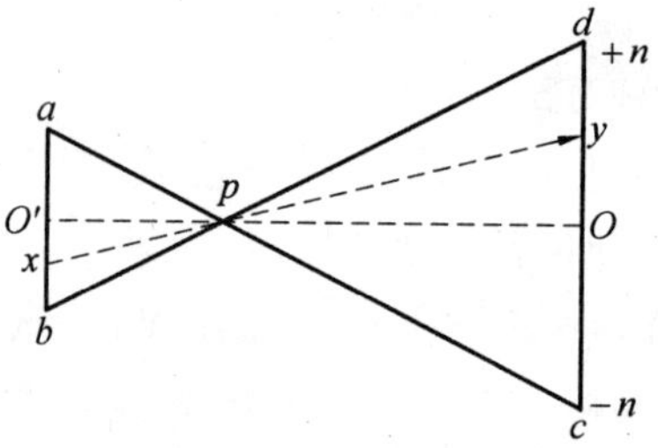

图 4.3 模糊化方法

(2) 第二种方法更为简单,它是将某区间的精确量 x 模糊化成这样的一个模糊子集,它在点 x 处隶属度为 1,除 x 点外其余各点的隶属度均取 0。

尽管上述两种模糊化方法还比较粗略,但是人脑在进行这一转换过程时同样也是不精确的。

3. 模糊推理及其模糊量的非模糊化方法

在模糊控制原理框图 4.1 中,对建立的模糊控制规则要经过模糊推理才能决策出控制变量的一个模糊子集,它是一个模糊量而不能直接用于控制被控对象,还需要采取合理的方法将模糊量转换为精确量,以便最好地发挥出模糊推理结果的决策效果。把模糊量转换为精确量的过程称为清晰化,又称非模糊化、去模糊化、解模糊化等。

模糊推理及其模糊量的非模糊化过程有多种方法,主要有以下几种:最大-最小-重心法、代数积-加法-重心法、模糊加权型推理法、函数型推理法、选择最大隶属度法、取中位数法等,具体内容可参考文献[56],这里不作具体介绍。

4. 论域、量化因子、比例因子的选择

(1) 论域及基本论域。我们把模糊控制器的输入变量误差、误差变化的实际范围称为这些变量的基本论域。显然基本论域内的量为精确量。

设误差的基本论域为$[-x_e,x_e]$,误差变化的基本论域为$[-x_c,x_c]$。

被控对象实际所要求的控制量的变化范围,称为模糊控制器输出变量(控制量)的基本论域,设其为$[-y_u,y_u]$。控制量的基本论域内的量也是精确量。

设误差变量所取得模糊子集的论域为

$$\{-n,-n+1,\cdots,0,\cdots,n-1,n\}$$

误差变化所取得模糊子集的论域为

$$\{-m,-m+1,\cdots,0,\cdots,m-1,m\}$$

控制量所取得模糊子集的论域为

$$\{-l,-l+1,\cdots,0,\cdots,l-1,l\}$$

有关论域的选择问题,一般选误差论域的 $n\geqslant 6$,选误差变化论域的 $m\geqslant 6$,选控制量论域的 $l\geqslant 7$。这是因为语言变量的词集多半选为七个,这样能满足模糊集论域中所含元素个数为模糊语言词集总数的二倍以上,确保诸模糊集能较好地覆盖论域,避免出现失控现象。

值得指出的是,从道理上讲,增加论域中的元素个数,即把等级细分,可提高控制精度,但这受计算机字长的限制,另外也要增加计算量。因此,把等级分得过细,对于模糊控制显然是不必要的。

关于基本论域的选择,由于事先对被控对象缺乏先验知识,所以误差及误差变化的基本论域只能做初步的选择,待系统调整时再进一步确定。控制量的基本论域根据被控对象提供的数据确定。

(2) 量化因子及比例因子。当由计算机实现模糊控制算法进行模糊控制时,每次采样得到的被控制量经计算机计算,便得到模糊控制器的输入变量误差及误差变化。为了进行模糊化处理,必须将输入变量从基本论域转换到相应的模糊集论域,这中间须将输入变量乘以相应的因子,从而引入量化因子的概念。

量化因子一般用 K 表示,误差的量化因子 K_e 及误差变化的量化因子 K_{ec} 分别由下面两个公式来确定

$$K_e = \frac{n}{x_e} \tag{4.5}$$

$$K_{ec} = \frac{m}{x_c} \tag{4.6}$$

量化因子实际上类似于增益的概念,在这个意义上称量化因子为量化增益更合适些。

图 4.4 描述误差由基本论域到模糊集论域的变换,这种变换也是一种映射,即由基本论域中任意一点映射到模糊集论域中的相近的整数点。

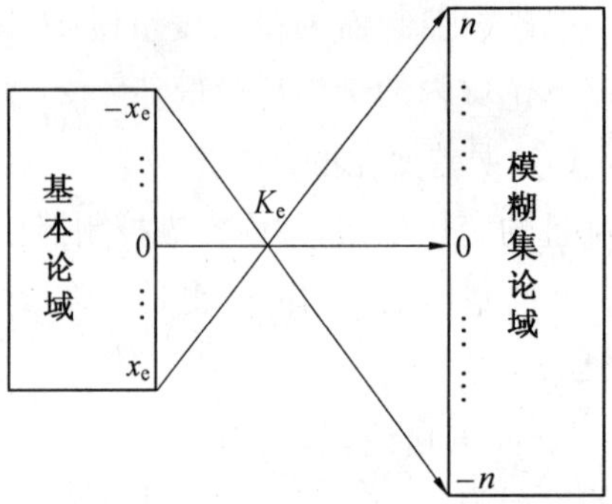

图 4.4 误差的论域变量变换

对于误差变化的量化因子 K_{ec} 同样也是如此。这就表明量化因子在两个论域变换中,论域与基本论域中相对应的两个点间的比值不恒等于其量化因子。

在模糊控制器实际工作过程中,一般误差和误差变化的基本论域选择范围要比模糊集论域选择得小,所以量化因子一般都远大于 1,如 $K_e = 10, K_{ec} = 150$。

此外,每次采样经模糊控制算法给出的控制量(精确量),还不能直接控制对象,还必须将其转换为控制对象所能接受的基本论域中去。

输出控制量的比例因子由下式确定

$$K_u = \frac{y_u}{l} \tag{4.7}$$

由于控制量的基本论域为一连续的实数域,所以,从控制量的模糊集论域到基本论域的变换,可以利用式(4.7) 计算,即

$$y_u = K_u \cdot l \tag{4.8}$$

式中　K_u——比例因子。

比较量化因子和比例因子，不难看出，两者均是考虑两个论域变换而引出的，但对输入变量而言的量化因子确实具有量化效应，而对输出而言的比例因子只起比例作用。

(3) 量化因子及比例因子的选择。量化因子 K_e、K_{ec} 的大小对控制系统的动态性能影响很大。K_e 选得较大时，系统的超调也较大，过渡过程较长。这一点也不难理解，因为从理论上讲，K_e 增大，相当于缩小了误差的基本论域，增大了误差变量的控制作用，因此导致上升时间变短，但由于出现超调，使得系统的过渡过程变长。

K_{ec} 选择较大时，超调量减小，K_{ec} 选择越大系统超调越小，但系统的响应速度变慢。K_{ec} 对超调的遏制作用十分明显。

表4.2给出了一组误差量化因子改变时，某单输入单输出模糊控制系统的阶跃响应情况（其中误差变化的量化因子 $K_{ec}=150$ 保持不变）。对于同一模糊控制系统（被控对象不变），在保持误差的量化因子 $K_e=12$ 的情况下，改变误差变化的量化因子 K_{ec}，给出如表4.3所示数据。

量化因子 K_e、K_{ec} 的大小意味着对输入变量误差和误差变化的不同加权程度，K_e、K_{ec} 二者之间也相互影响，在选择量化因子时要充分考虑到这一点。

表4.2　K_{ec} 不变 K_e 变化对控制性能的影响

序号	量化因子 K_e	超调 σ/%	响应时间 t/s
1	12	0	6.25
2	15	1.9	6.75
3	20	3.9	8.75
4	30	4.6	9
5	60	5.3	10

表4.3　K_e 不变 K_{ec} 变化对控制性能的影响

序号	量化因子 K_{ec}	超调 σ/%	响应时间 t/s
1	67	11	8.75
2	75	9	8.25
3	85	8.3	8
4	150	0	6.25

此外，输出比例因子 K_u 的大小也影响着模糊控制系统的特性。K_u 选择过小会使系统动态响应过程变长，而 K_u 选择过大会导致系统振荡。输出比例因子 K_u 作为模糊控制器的总的增益，它的大小影响着控制器的输出，通过调整 K_u 可以改变对被控对象输入的大小。

应该指出,量化因子和比例因子的选择并不是唯一的,可能有几组不同的值,都能使系统获得较好的响应特性。对于比较复杂的被控过程,有时采用一组固定的量化因子和比例因子难以收到预期的控制效果,可以在被控过程中采用改变量化因子和比例因子的方法,来调节整个控制过程中不同阶段的上升特性,以使对复杂过程控制收到良好的控制效果。这种形式的控制器称为自调整比例因子模糊控制器。

4.1.3 解析描述控制规则可调整的模糊控制器

在模糊控制系统中,模糊控制器的性能对系统的控制特性影响较大,而模糊控制器的性能在很大程度上又取决于模糊控制规则的确定及其可调整。量化因子 K_e、K_{ec} 的大小意味着对输入变量误差和误差变化的不同加权程度,而在调整系统特性时,K_e、K_{ec} 又相互制约。

能否引进一种可调参数对控制规则进行调整,以便对不同的被控对象都能获得满意的控制效果。这样,就提出了一类控制规则可调整的模糊控制器的设计问题。

1. 控制规则的解析描述

在基本模糊控制查询表中,如果将误差 E、误差变化 EC 及控制量 u 的论域均取为

$$\{E\} = \{EC\} = \{u\} = \{-3, -2, -1, 0, 1, 2, 3\}$$

这样,可从基本模糊控制查询表间接转换得到如表 4.4 所示的控制表。

将表 4.4 与表 4.5 进行对比,不难看出它们给出的控制规则没有本质上的区别,而表 4.5 给出的控制规则可以用一个解析表达式概括为

$$u = -\langle (E + EC)/2 \rangle \tag{4.9}$$

式中,E、EC、u 均为经过量化的模糊量,相应的论域分别为误差、误差变化及控制量。

假定上述论域均采用七个语言变量描述并定义为

{负大、负中、负小、零、正小、正中、正大} = {-3, -2, -1, 0, 1, 2, 3}

显然,采用解析表达式描述的控制规则简单方便,更易于计算实现。误差、误差变化及控制量的论域可以根据需要,进行适当的选取。

表 4.4 由基本模糊控制查询表间接转换得到的控制表

u \ EC / E	-3	-2	-1	0	1	2	3
-3	3	3	3	3	2	1	0
-2	3	2	2	2	1	0	0
-1	2	2	2	1	0	0	0
0	2	1	1	0	-1	-1	-1
1	1	0	0	-1	-2	-2	-2
2	1	0	-2	-2	-2	-2	-3
3	0	-1	-2	-3	-3	-3	-3

表 4.5　解析描述的模糊控制表

u \ EC / E	-3	-2	-1	0	1	2	3
-3	3	3	3	3	2	1	0
-2	3	2	2	2	1	0	0
-1	2	2	2	1	0	0	0
0	2	1	1	0	-1	-1	-1
1	1	0	0	-1	-2	-2	-2
2	1	0	-2	-2	-2	-2	-3
3	0	-1	-2	-3	-3	-3	-3

2. 带有调整因子的控制规则

从分析式(4.9) 描述的控制规则可以看出,控制作用取决于误差及误差变化,且二者处于同等加权的程度。为了适应不同被控对象的要求,在式(4.9) 基础上引进一个调整因子 α,则可得到一种带有调整因子的控制规则

$$u = -\langle \alpha E + (1-\alpha)EC \rangle \quad \alpha \in (0,1) \tag{4.10}$$

通过调整 α 值的大小,可以改变误差和误差变化的不同加权程度。当误差相对于误差变化较大时,对误差的加权值要大于误差变化的加权值;相反,当误差变化相对于误差较大时,对误差变化的加权值要大于对误差的加权值。

对二维模糊控制系统而言,当误差较大时,控制系统的主要任务是消除误差,这时,误差在控制规则中的加权应该大些;相反,当误差较小时,此时系统已接近稳态,控制系统的主要任务是使系统尽快稳定,为此必须减小超调,这样就要求在控制规则中误差变化起的作用大些,即对误差变化加权大。这些要求只靠一个固定的加权因子 α 难以满足,于是考虑在不同的误差等级引入不同的加权因子,以实现对模糊控制规则的自调整。

根据上述思想,考虑两个调整因子 α_1 及 α_2,当误差较小时,控制规则由 α_1 来调整;当误差较大时,控制规则由 α_2 来调整。如果选取

$$\{E\} = \{EC\} = \{u\} = \{-3,\ -2,\ -1,0,1,2,3\}$$

则控制规则可表示为

$$u = \begin{cases} -\langle \alpha_1 E + (1-\alpha_1)EC \rangle & E = \pm 1, 0 \\ -\langle \alpha_2 E + (1-\alpha_2)EC \rangle & E = \pm 2,\ \pm 3 \end{cases} \tag{4.11}$$

式中　$\alpha_1, \alpha_2 \in (0,1)$。

3. 带有自调整因子的模糊控制器

带有多个调整因子的模糊控制规则虽然比较灵活、方便,但是,对多个调整因子进行

调整,具有一定的盲目性,难以找到一组最优的参数。尤其是随着误差、误差变化即控制量的论域增加量化等级的增加,调整因子也相应地增加,使得制导最优参数的难度不断增大。因此,要设计一种在全论域范围内带有自调整因子的模糊控制器。

(1) 模糊量化控制规则

设误差 E、误差变化 EC 及控制量 u 的论域选取为

$$\{E\} = \{EC\} = \{u\} = \{-N,\cdots,-2,-1,0,1,2,\cdots,N\}$$

则在全论域范围内带有自调整因子的模糊控制规则可表示为

$$u = \begin{cases} -<\alpha E + (1-\alpha)EC)> \\ \alpha = \dfrac{1}{N}(\alpha_s - \alpha_0)\,|E| + \alpha_0 \end{cases} \tag{4.12}$$

式中 $0 \leqslant \alpha_0 \leqslant \alpha_s \leqslant 1, \alpha \in [\alpha_0, \alpha_s]$。

上述控制规则的特点是调整因子 α 在 α_0 至 α_s 之间随着误差绝对值 $|E|$ 的大小呈线性变化,因 N 为量化等级,故 α 有 N 个可能的取值。当取 $\alpha_0 = \alpha_s$ 时,式(4.12) 就变为式(4.10) 表示的具有一个调整因子的控制规则了。

不难看出,式(4.12) 所描述的量化控制规则体现了按误差的大小自动调整误差对控制作用的权重,因为这种自动调整是在整个误差论域内进行的,所以称其为全论域范围内带有自调整因子的模糊量化控制规则。显然,这种自调整过程符合人在决策过程中的思维特点,已经具有优化的特点,且非常容易通过微机实现其控制算法。

(2) 控制性能对比研究

为了检验带有自调整因子的模糊控制器的控制性能,我们曾做了混合仿真试验研究。一方面在同一被控对象条件下,将这种控制器与固定调整因子的模糊控制器性能加以对比;另一方面改变被控对象参数,分别观察比较它们的鲁棒性。

被控对象选用典型的二阶环节,对象的参数及其采用两种控制器的控制性能对比如表4.6所示,其中响应时间 t 相对于稳态误差为1.2% 的情况。表中的仿真结果是就第一组对象参数分别调整两种模糊控制以获得最佳的阶跃响应特性,然后在固定两种模糊控制器的调整参数的情况下,再分别改变对象参数,又获得了两组阶跃响应数据。比较两种模糊控制器的性能可以看出,自调整因子模糊控制器不仅响应快,无超调(或超调小),而且对参数变化有较强的鲁棒性。

表4.6 控制性能对比表

对象参数		固定调整因子模糊控制器		自调整因子模糊控制器	
T_1	T_2	t/s	σ/%	t/s	σ/%
0.5	1	1.9	0	1.6	0
0.5	2	3.1	0	2.5	0
1	2	5.3	2.6	4.8	2.6

4.2　导弹-目标三维运动描述

上节介绍了模糊控制原理以及解析描述的模糊控制器,下面利用解析描述的模糊控制器来设计导弹制导律。

为设计导弹末制导律并对其有效性进行仿真验证,需要建立一组方程来描述末制导阶段导弹和目标的运动,包括导弹轨道运动方程和姿态运动方程,目标轨道运动方程,以及目标-导弹的相对运动方程[55,42]。下面分别给出仿真中需要的运动方程。

1. 导弹质心运动方程

$$\left.\begin{aligned}\dot{x}_M &= V_M\cos\gamma_M\cos\varphi_M\\ \dot{y}_M &= V_M\cos\gamma_M\sin\varphi_M\\ \dot{z}_M &= V_M\sin\gamma_M\\ \dot{V}_M &= a_{Mx}\\ \dot{\varphi}_M &= \frac{a_{My}}{V_M\cos\gamma_M}\\ \dot{\gamma}_M &= \frac{a_{Mz}}{V_M}\end{aligned}\right\}\tag{4.13}$$

式中　x_M,y_M,z_M—— 导弹在地面坐标系中的位置;

V_M,γ_M,φ_M—— 导弹的速率、弹道倾角和弹道偏角;

a_{My},a_{Mz}—— 导弹机动加速度在弹道坐标系上的分量;

$|a_{My}|\leqslant g_{\lim},|a_{Mh}|\leqslant g_{\lim}$—— 导弹加速度命令的上限值。

2. 目标质心运动方程

$$\left.\begin{aligned}\dot{x}_T &= V_T\cos\gamma_T\cos\varphi_T\\ \dot{y}_T &= V_T\cos\gamma_T\sin\varphi_T\\ \dot{z}_T &= V_T\sin\gamma_T\\ \dot{V}_T &= a_{Tx}\\ \dot{\varphi}_T &= \frac{a_{Ty}}{V_T\cos\gamma_T}\\ \dot{\gamma}_T &= \frac{a_{Tz}}{V_T}\end{aligned}\right\}\tag{4.14}$$

式中　x_T,y_T,z_T—— 目标在地面坐标系中的位置;

V_T,γ_T,φ_T—— 目标的速率、弹道倾角和弹道偏角;

a_{Ty},a_{Tz}—— 目标机动加速度的在导弹弹道坐标系上的分量。

此外,导弹和目标的速度比 V_M/V_T 大于 1。

3. 导弹姿态运动方程

$$\left.\begin{aligned}
&J_{x_1}\dot{\omega}_{x_1}=(J_{y_1}-J_{z_1})\omega_{y_1}\omega_{z_1}+M_{x_1}\\
&J_{y_1}\dot{\omega}_{y_1}=(J_{z_1}-J_{x_1})\omega_{z_1}\omega_{x_1}+M_{y_1}\\
&J_{z_1}\dot{\omega}_{z_1}=(J_{x_1}-J_{y_1})\omega_{x_1}\omega_{y_1}+M_{z_1}\\
&\dot{\vartheta}=\omega_{y_1}\sin\lambda+\omega_{z_1}\cos\lambda\\
&\dot{\psi}=\frac{\omega_{y_1}\cos\lambda-\omega_{z_1}\sin\lambda}{\cos\gamma}\\
&\dot{\varphi}=\omega_{x_1}-\tan\gamma(\omega_{y_1}\cos\lambda-\omega_{z_1}\sin\lambda)
\end{aligned}\right\}\tag{4.15}$$

式中　J_{x_1},J_{y_1},J_{z_1}——导弹沿弹体坐标系三个轴的转动惯量；

$\omega_{x_1},\omega_{y_1},\omega_{z_1}$——导弹绕弹体坐标系三个轴的转动角速度；

M_{x_1},M_{y_1},M_{z_1}——作用于导弹弹体坐标系三个轴上的控制力矩；

ϑ,ψ,φ——弹体坐标系与地面坐标系之间的俯仰角、偏航角和滚转角。

4. 距离、视线角及视线角变化率计算

追踪者和逃逸者认为是恒速运动,忽略重力。制导过程中可获得的传感器参数,包括导弹-目标之间的距离、视线角及视线角速率。可表示如下

$$r=\sqrt{\Delta x^2+\Delta y^2+\Delta z^2}\tag{4.16}$$

$$\dot{r}=\frac{\Delta x\Delta\dot{x}+\Delta y\Delta\dot{y}+\Delta z\Delta\dot{z}}{\sqrt{\Delta x^2+\Delta y^2+\Delta z^2}}\tag{4.17}$$

$$r_0=\sqrt{\Delta x^2+\Delta y^2}\tag{4.18}$$

$$q_x=\tan^{-1}\frac{\Delta y}{\Delta x}\tag{4.19}$$

$$q_y=\tan^{-1}\frac{\Delta z}{\sqrt{\Delta x^2+\Delta y^2}}\tag{4.20}$$

$$\dot{q}_x=\frac{\Delta x\Delta\dot{y}-\Delta y\Delta\dot{x}}{\Delta x^2+\Delta y^2}\tag{4.21}$$

$$\dot{q}_y=\frac{\Delta\dot{z}(\Delta x^2+\Delta y^2)-\Delta z(\Delta x\Delta\dot{x}+\Delta y\Delta\dot{y})}{(\Delta x^2+\Delta y^2+\Delta z^2)(\sqrt{\Delta x^2+\Delta y^2})}\tag{4.22}$$

其中,$\Delta x=x_T-x_M,\Delta y=y_T-y_M,\Delta z=z_T-z_M,\Delta\dot{x}=V_{xT}-V_{xM},\Delta\dot{y}=V_{yT}-V_{yM},\Delta\dot{z}=V_{zT}-V_{zM}$；$r$ 是导弹-目标的相对距离；r_0 是 r 在 xOy 平面上的投影；q_y 和 q_x 分别是俯仰和偏航方向的视线角；$\dot{q}_y$ 和 $\dot{q}_x$ 分别是俯仰和偏航方向视线角速率,其他向量如图 4.5 所示。

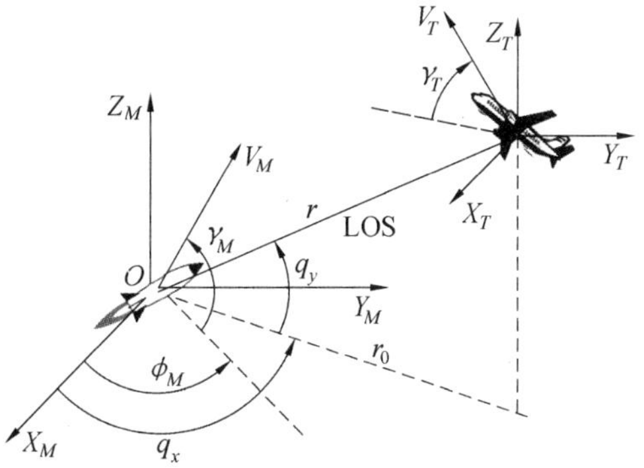

图 4.5　导弹-目标的三维拦截运动示意图

4.3　解析描述模糊末制导律

4.3.1　解析描述模糊末制导律原理

在末制导中,通常在视线坐标系中研究导引律。这样,可将相对运动分解成垂直平面 yOz 内和水平平面 xOy 内的相对运动,将三维导弹目标拦截问题转化为两个二维拦截问题,而且所得的俯仰方向和偏航方向的制导指令也利于自动驾驶仪的执行。

比例导引律导引加速度命令 $u = K|\dot{r}|\dot{q}_y$,其中 K 为有效导航比,一般取值为 3 ~ 4,$\dot{q}_y$ 是俯仰方向的视线角速率,为简单起见,记为 $\dot{q}$。根据准平行接近原理,希望制导过程中 $\dot{q}$ 趋于零,这恰好和使误差等于零的反馈控制原理相同,故这里采用带有自调整因子的解析描述的模糊控制器[56],将制导律设计问题转化为反馈控制问题。该模糊控制规则及其控制参数,能够依据目标机动性大小在线实时自调整,能够满足拦截高速大机动目标的需要。

解析描述模糊制导系统如图 4.6 所示。将比例制导律指令 $u = K|\dot{r}|\dot{q}$ 及其微分,作为模糊控制的输入量 e 和 ec,将其模糊量化后得到模糊量 E 和 EC,然后同调整因子一起构成解析描述的模糊控制规则,模糊控制的输出经过解模糊后作为计算得到的导弹的法向加速度命令 a_c。考虑到导弹过载能力的限制,图 4.6 中的饱和环节对导弹加以限幅得到加速度命令 a_m。为提高拦截大机动目标的制导性能,解析描述的模糊控制规则调整因子 α 的调整范围 $[\alpha_0, \alpha_s]$,是根据目标机动及速度的大小而自适应调整的。目标机动性的大小 a_T 可用视线角的二阶导数 $\ddot{q}$ 及其他参数来进行重构,速度的大小 V 可以由传感器直接测得,从而可以通过 a_T、V 对 α_0 和 α_s 进行自调整。整个自适应模糊制导系统的目标是使误差 e 趋于零,使系统逐渐进入 $\dot{q} = 0$ 的零控拦截曲面,最终完成目标拦截。

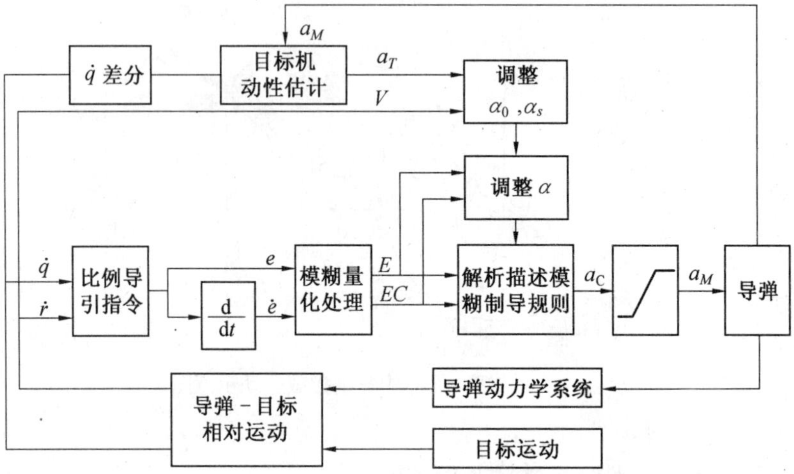

图 4.6 解析描述模糊制导系统原理图

4.3.2 模糊制导律设计

解析描述模糊控制器是对在线推理的模糊控制器的一种良好的近似,其规则可以通过加权因子进行自适应调整,易于实时实现。解析描述模糊制导律的设计过程如下:

首先,确定输入变量 E、EC 和输出变量 u 的论域,即

$$\{E\} = \{EC\} = \{u\} = \{-N, \cdots, -2, -1, 0, 1, \cdots, N\}$$

其中 E, EC 和 u 均为模糊变量,N 为量化等级。为适应拦截高速大机动目标的需要,N 应取较大值,本文选 $N=130$。

设误差 e 的精确量的取值范围为 $[-x_e, x_e]$,可计算出误差量化因子 $k_e = N/x_e$,同理误差变化 ec 的精确量取值范围为 $[-x_{ec}, x_{ec}]$,误差变化量化因子 $k_{ec} = N/x_{ec}$。

本文所应用的解析描述模糊控制规则是在文献[56]基础上,进一步设计了一种根据目标机动大小对 $[\alpha_0, \alpha_s]$ 进行自调整的策略,控制规则可描述为

$$u = -\langle \alpha E + (1-\alpha) EC \rangle \tag{4.23}$$

$$\alpha = \frac{1}{N}(\alpha_S - \alpha_0) \mid E \mid + \alpha_0 \tag{4.24}$$

$$\alpha_0 = f_1(a_T) \tag{4.25}$$

$$\alpha_S = f_2(a_T) \tag{4.26}$$

其中,式(4.23)中 E 和 EC 作为二维解析描述的模糊控制器的输入量,α 及 $1-\alpha$ 分别是误差和误差变化的加权因子,u 是模糊控制器的输出量;式(4.24)中 α 是根据误差大小自适应调整规则;α_0 和 α_S 分别是 α 调整值的下限和上限,它们之间满足 $0 \leqslant \alpha_0 \leqslant \alpha_S \leqslant 1$,$\alpha \in [\alpha_0, \alpha_S]$。为拦截高速大机动目标,需要对 α_0 和 α_S 进行取值进行调整,它们的取值通过仿真结果给出。式(4.25)、(4.26)中的 f_1, f_2 均为 a_T 的非线性函数。模糊控制器的输出为 $a_c = K_u u$,其中,a_c 为模糊导引律加速度指令,K_u 为比例因子,其作用是将模糊输出

论域上的值变换为控制量的精确值。

4.3.3　模糊制导律参数的确定

通过对拦截不同加速度(0 ~ 6g)、不同速度(300 ~ 600 m·s^{-1})目标的大量仿真结果分析表明:α_0 和 α_s 大小及其变化范围与导弹所要拦截目标的机动性及速度有关。为了保证导弹能拦截来自各个方向的目标,对目标运行在不同初始方位角,都要保证导弹能对目标进行拦截。应用 MATLAB 软件对不同加速度大小、不同速度大小的恒加速机动目标进行大量仿真(1 176 次),α_0 在 0.39 ~ 0.45、α_s 在 0.81 ~ 0.86 范围内不断改变,将仿真得到的拦截时间与脱靶量最优时获得的 α_0 及 α_s 的值列入表 4.7,其中 n 表示目标加速度大小相对于重力加速度 g 的倍数,g = 9.8 m·s^{-2}。

表 4.7　不同速度下拦截机动目标大小与 α_0 和 α_s 的关系

α_0 α_s 加速度 / 速度/(m·s^{-1})	n = 0	n = 1	n = 2	n = 3	n = 4	n = 5	n = 6
300	0.39	0.42	0.43	0.44	0.40	0.40	0.39
	0.82	0.86	0.86	0.84	0.83	0.86	0.83
400	0.40	0.40	0.40	0.39	0.44	0.42	0.45
	0.81	0.82	0.82	0.86	0.82	0.83	0.86
500	0.39	0.43	0.39	0.39	0.44	0.39	0.39
	0.83	0.85	0.85	0.84	0.84	0.84	0.83
600	0.40	0.43	0.44	0.39	0.40	0.41	0.40
	0.83	0.84	0.81	0.84	0.81	0.82	0.84

使用 1stOpt(Fisst Optimization) 软件对表 4.7 中数据进行分析,可以得到 α_0 和 α_s 与目标加速度、速度之间的关系,可以近似描述为

$$\alpha = \frac{p_1 + p_2 v + p_3 v^2 + p_4 v^3 + p_5 n + p_6 n^2}{1 + p_7 v + p_8 n + p_9 n^2 + p_{10} n^3} \tag{4.27}$$

式中 $v = V/400$,p_1 ~ p_{10} 为待确定参数。利用表 4.7 数据进行优化式(4.27)中的参数 p_1 ~ p_{10},优化算法选用准牛顿法和通用全局优化法,收敛判断标准为均方差(RMSE)小于0.01 且残差平方和(SSE)小于 0.004。经过优化后可得

$$\alpha_0 = \frac{25.41 - 41.08v + 53.52v^2 - 13.84v^3 + 11.61n - 5.28n^2}{1 + 61.25v + 24.15n - 11.08n^2 - 0.22n^3} \tag{4.28}$$

$$\alpha_s = \frac{57.51 - 99.67v + 156.02v^2 - 47.05v^3 - 65.13n + 23.36n^2}{1 + 80.94v - 80.03n + 28.48n^2 - 0.11n^3} \tag{4.29}$$

目标机动性大小通常是通过各种滤波算法得到,文献[57]提供的非全测状态下的机动目标跟踪算法,可以估计目标的加速度,但结构复杂,在此采用状态重构法进行估算。

导弹-目标二维相对运动方程为[42]

$$\dot{r} = V_T\cos(q_y - \gamma_T) - V_M\cos(q_y - \gamma_M) \tag{4.30}$$

$$r\dot{q}_y = -V_T\sin(q_y - \gamma_T) + V_M\sin(q_y - \gamma_M) \tag{4.31}$$

式中 V_T,γ_T——目标的速率和弹道倾角；

V_M,γ_M——导弹的速率和弹道倾角。

对式(4.30)求导,并将式(4.30)和(4.31)代入,得

$$V_T\dot{\gamma}_T\cos(\gamma_T - \gamma_1) + \dot{V}_t\sin(\gamma_t - \gamma_1) = r\ddot{\gamma}_1 + 2\dot{r}\dot{\gamma}_1 + V_M\dot{\gamma}_1\cos(\gamma_T - \gamma_1) + \dot{V}_M\sin(\gamma_T - \gamma_1) \tag{4.32}$$

方程式(4.32)的右端是垂直于视线向量测得的总的目标加速度a_T。$V_M\dot{\gamma}_T$和$\dot{V}_M$分别为垂直于导弹速度向量和沿导弹速度向量方向测得的导弹加速度分量。所以目标加速度写成

$$a_T = r\ddot{\gamma}_1 + 2\dot{r}\dot{\gamma}_1 + a_{Mx}\cos\psi_M - a_{Mn}\sin\psi_M \tag{4.33}$$

式中 $\psi_M = \gamma_T - \gamma_1$,$\gamma_1$为俯仰方向视线角；

a_{Mn},a_{Mx}——导弹法向和轴向加速度。

综上所述,解析描述模糊制导律由式(4.23)、(4.24)构成,其中α_0和α_s的调整规则由式(4.28)和(4.29)给出。目标加速度估计由式(4.33)给出。

4.3.4 仿真结果及分析

本节主要内容是对所设计的基于解析描述模糊制导律进行数值仿真,验证其正确性和有效性。首先分析了制导律性能指标以及几种典型目标机动性分类。然后通过仿真对所提出的制导律进行比较和分析。控制律是式(4.23)和式(4.24),模糊制导规则中参数$k_e = k_{ec} = 1, k_u = 2$。

1. 制导律性能指标

导引律的性能可以用脱靶量、拦截时间、能量控制、LOS视线角速率等性能指标来衡量。脱靶量表示导引律的导引精度。脱靶量越小,导弹拦截目标的精度越高。拦截时间表示导弹拦截运动目标的快速性。导弹拦截同一个目标时,拦截时间越短,导弹性能越好。LOS角速率越快趋于零,弹道越平直,性能越好。能量控制反映导弹拦截运动目标所消耗的能量大小,指的是导弹从制导开始到拦截时间结束后所消耗的能量,即$E = \int_0^{t_f} a_M^2 \mathrm{d}t$,式中$a_M$为导弹加速度。

2. 目标机动的设定

在本节导弹制导律数值仿真研究中,根据目标的机动规律不同,主要按以下三类情况分别进行仿真研究。

(1)目标做恒加速度机动

$$a_T = n \cdot g \tag{4.34}$$

(2)目标做正弦型机动

$$a_T = n \cdot g \cdot \sin(0.5t) \tag{4.35}$$

(3) 目标做开关型机动

$$a_T = n \cdot g \cdot \mathrm{sgn}(\sin((t-5)\pi/5)) \tag{4.36}$$

其中，$n = 1 \sim 10$，$g = 9.8\ \mathrm{m \cdot s^{-2}}$。

3. 导弹制导律仿真过程

在导弹制导律数值仿真系统中，仿真模块的结构如图4.7所示。

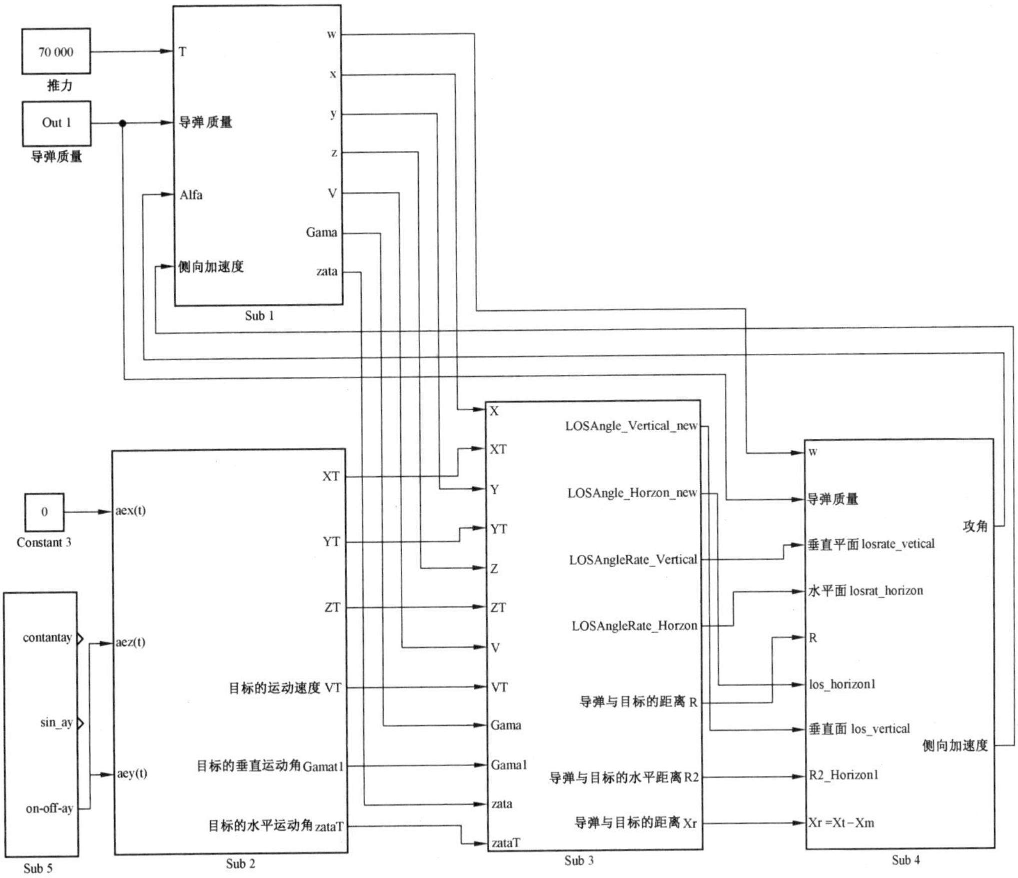

图4.7　模糊制导律MATLAB仿真结构图

首先给出制导律初始时刻目标和导弹的相对位置、导弹和目标的初始速度，然后根据目标的机动规律和导弹的导引规律进行仿真。仿真过程中，采样时间为1 ms，整个仿真过程应用MATLAB7.1未实现。Sub1是根据式(4.13)建立的导弹仿真模块，Sub2是根据式(4.14)建立的目标运行模块，Sub3和Sub4分别是导弹-目标相对运动模块和制导律命令计算模块。

传递函数表示为

$$\frac{\omega_n^2}{s^2 + 2\zeta\omega_n s + \omega_n^2} \tag{4.37}$$

二阶控制器参数 $\zeta = 0.7$，$\omega_n = 15$。导弹的最大机动限制为 $13g$（$g = 9.8\ \mathrm{m \cdot s^{-2}}$）。

（1）目标恒速机动

拦截恒加速机动目标，导弹和目标的初始条件如表 4.8 所示。目标做恒加速度机动，加速度大小为 $a_{Ty} = n \cdot g$，$a_{Tz} = n \cdot g$。在仿真过程中，分别采用比例导引律（PN）和解析描述的自适应模糊制导律（DFLC）得到了导弹-目标运动轨迹、加速度命令曲线及视线角速率曲线。仿真中不断测量距离的变化，即 $\dot{r}$ 的值。在导弹拦截目标过程中相对距离不断减少，所以 $\dot{r}$ 为负；一旦 $\dot{r}$ 符号为正，仿真结束，测量此时导弹-目标相对距离和对应的时间，就是脱靶量和拦截时间。通过仿真发现，当目标的机动性较小时，PN 和 DFLC 两种制导律都可以满足性能指标要求；但当目标机动性较大时，例如目标机动性是 $a_{Ty} = 9g$，$a_{Tz} = 9g$，得到的导弹-目标运动轨迹和其他性能指标的图形如图 4.8 ~ 图 4.10 所示。

表 4.8　DFLC 制导律仿真数据

仿真参数	参数值
导弹初始位置 /m	0,0,10 000
导弹速度 /($\mathrm{m \cdot s^{-1}}$)	720
导弹初始速度角(φ_M,γ_M)/(°)	0,0
目标初始位置 /m	10 000,5 000,15 000
目标速度 V_T/($\mathrm{m \cdot s^{-1}}$)	500
目标初始速度角(φ_T,γ_T)/(°)	60,0

仿真结果为：采用 PN 制导律脱靶量为 76.34 m，拦截时间为 14.78 s；采用 DFLC 制导律脱靶量为 1.70 m，拦截时间为 14.55 s。在拦截机动性大的恒加速机动目标时，比例制导律的导弹产生较大的脱靶量。从图 4.9 和图 4.10 可知，比例导引在制导过程中所需的制导加速度指令较大，视线角速率趋近于零的速度较慢，在命中点附近，需要较大的加速度值，对机动目标的灵敏度低。而采用解析描述的模糊制导律拦截大的恒加速机动目标时，脱靶量小，加速度曲线平直，制导指令加速度和目标机动幅度相当，工程易于实现。

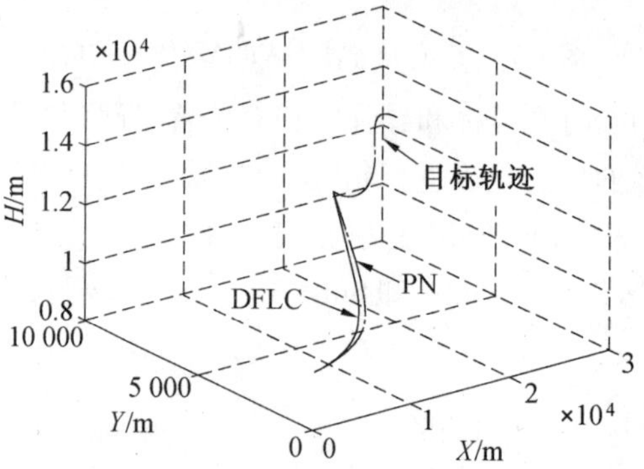

图 4.8　拦截恒加速机动目标的导弹-目标拦截轨迹对比

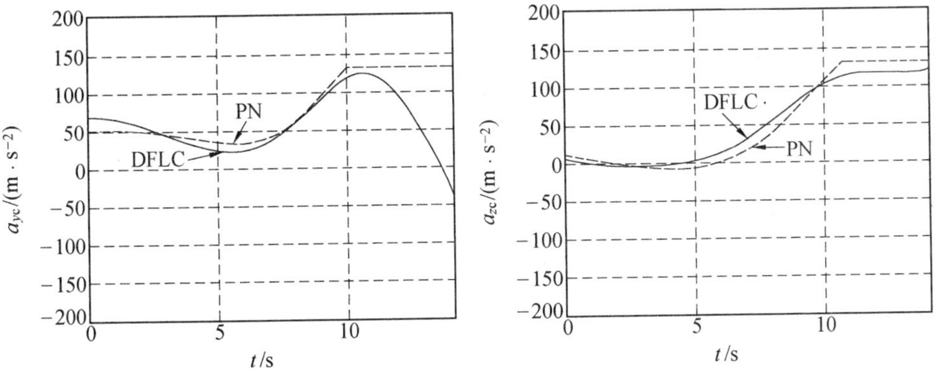

图 4.9　拦截恒加速机动目标的导弹加速度命令曲线比较

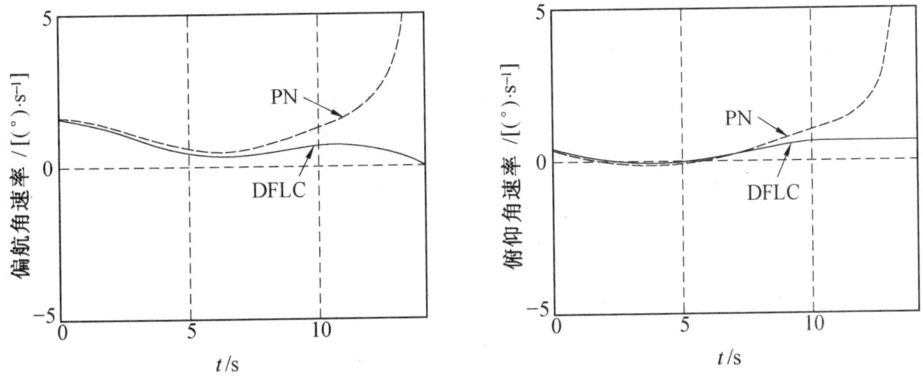

图 4.10　拦截恒加速机动目标的视线角速率曲线比较

（2）目标正弦机动

拦截正弦机动目标，导弹目标的初始条件如表 4.9 所示。目标的正弦机动加速度为 $a_{ty}=5g\cdot\sin(0.5t)$，$a_{tz}=5g\cdot\sin(0.5t)$。仿真导弹目标拦截曲线如图 4.11 所示。加速度命令和 LOS 角速率曲线分别如图 4.12 和图 4.13 所示。

表 4.9　DFLC 制导律仿真数据

仿真参数	参数值
导弹初始位置 /m	0,0,10 000
导弹速度 /($\mathrm{m\cdot s^{-1}}$)	720
导弹初始速度角(φ_M,γ_M)/(°)	0,0
目标初始位置 /m	10 000,5 000,15 000
目标速度 V_T/($\mathrm{m\cdot s^{-1}}$)	500
目标初始速度角(φ_T,γ_T)/(°)	90,0

仿真结果表明，在拦截正弦加速机动目标、且所需的制导指令加速度较大时，采用比例制导律，得到的脱靶量为 1.00 m，拦截时间是 15.09 s；采用解析描述模糊制导律，脱靶

量为0.61 m，拦截时间为15.07 s。比例导引律的导弹产生较大的脱靶量，拦截时间较长，而采用解析描述的模糊制导律拦截大的正弦机动目标时，拦截时间较短，脱靶量也较小。此外，从图4.12和图4.13可以看到，比例导引律视线角速率趋近于零的速度较慢，需要较大的加速度命令，而采用解析描述模糊制导律，拦截轨迹平直，视线角速率曲线趋于零的速度快，制导指令加速度变化平稳，能够完全满足精确打击目标的需要。

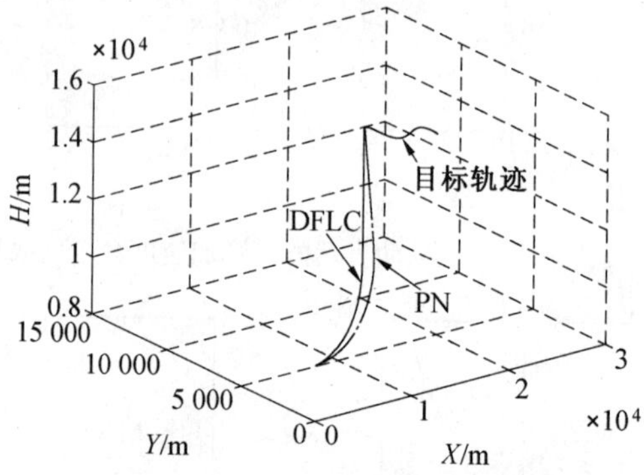

图4.11　拦截正弦机动目标的导弹-目标拦截轨迹对比

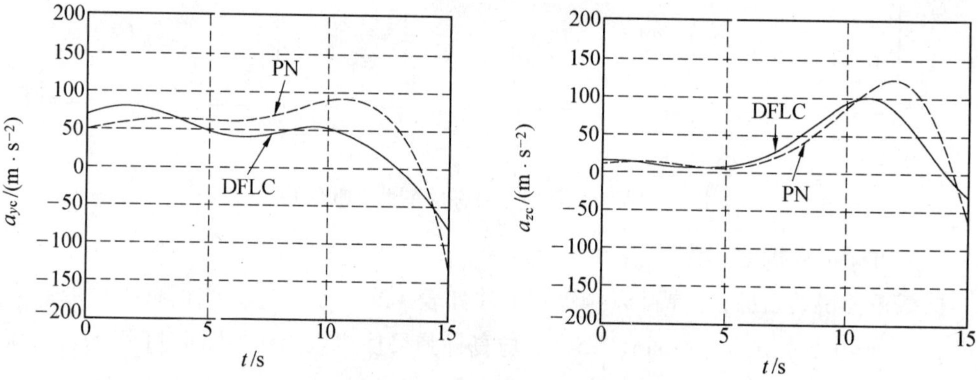

图4.12　拦截正弦机动目标的导弹加速度命令曲线比较

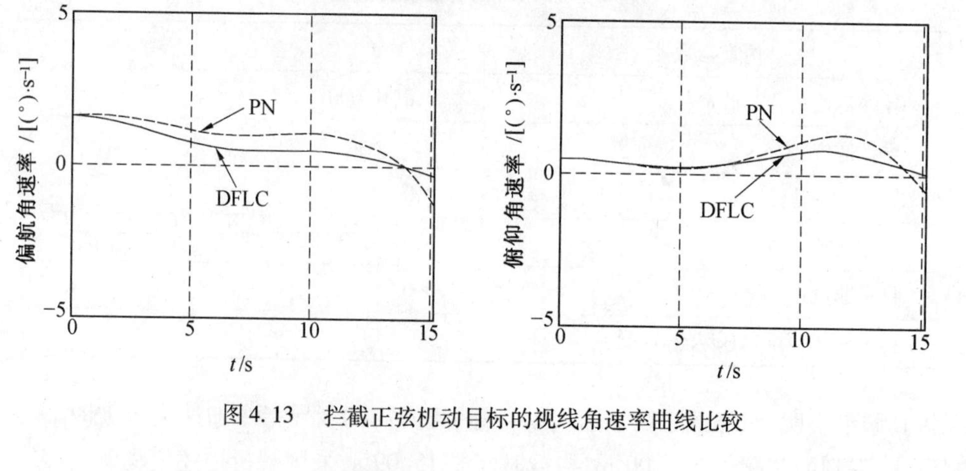

图4.13　拦截正弦机动目标的视线角速率曲线比较

(3) 目标开关型机动

导弹目标的初始条件如表 4.10 所示,目标的机动性为

$$a_{Ty} = 5g \cdot \mathrm{sgn}(\sin((t-3)\pi/6)) \tag{4.38}$$

$$a_{Tz} = 5g \cdot \mathrm{sgn}(\sin((t-3)\pi/6)) \tag{4.39}$$

仿真得到的导弹-目标拦截曲线如图 4.14 所示。导弹的加速度命令和导弹-目标的视线角速率曲线比较如图 4.15 和图 4.16 所示。

表 4.10　DFLC 制导律仿真数据

仿真参数	参数值
导弹初始位置 /m	0,0,10 000
导弹速度 /($m \cdot s^{-1}$)	720
导弹初始速度角(φ_M,γ_M)/(°)	0,0
目标初始位置 /m	20 000,5 000,15 000
目标速度 V_T/($m \cdot s^{-1}$)	500
目标初始速度角(φ_T,γ_T)/(°)	60,0

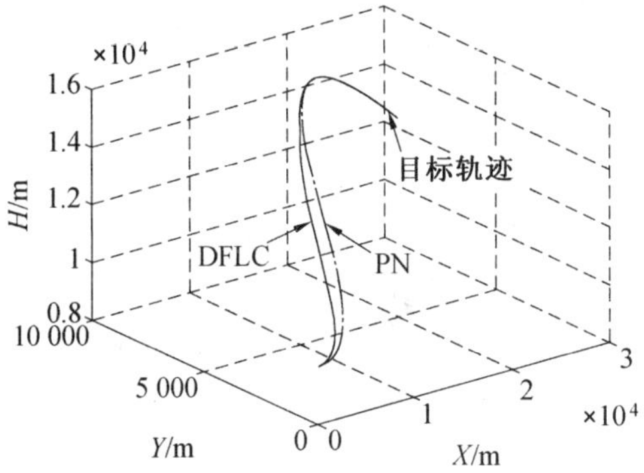

图 4.14　拦截开关型机动目标的导弹-目标拦截轨迹对比

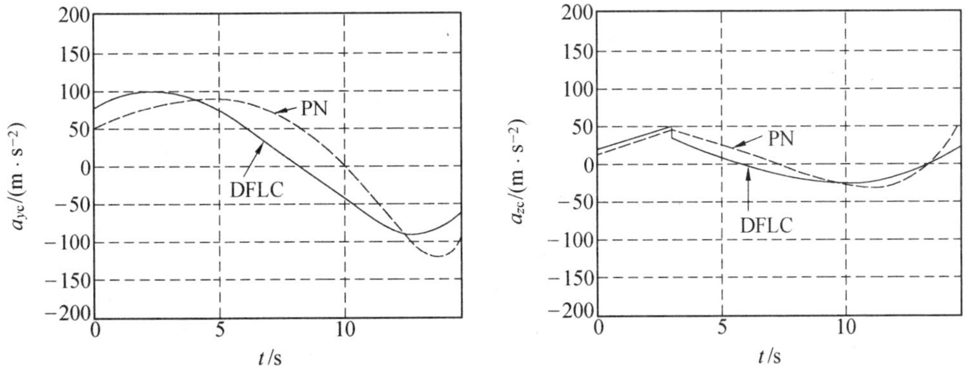

图 4.15　拦截开关型机动目标的导弹加速度命令曲线比较

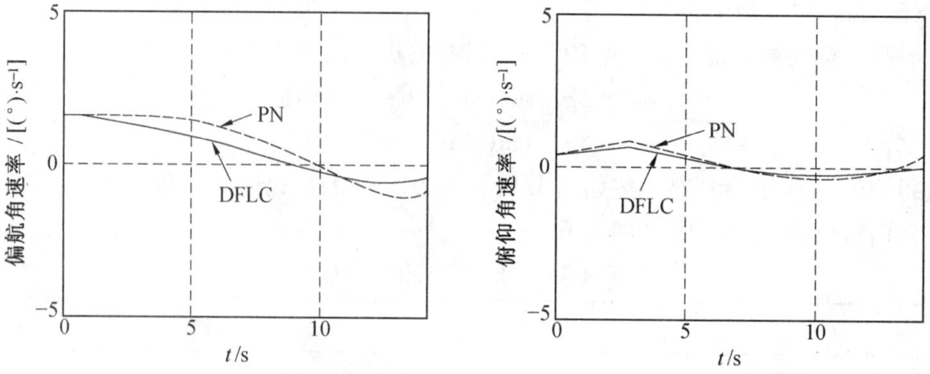

图4.16 拦截开关型机动目标的视线角速率曲线比较

仿真结果显示,DFLC导引律下的脱靶量为0.34 m,拦截时间为14.43 s;PNG导引律下,脱靶量为6.58 m,拦截时间为14.47 s。从图4.14～图4.16可以看到,在拦截开关型加速机动目标时,比例制导律的导弹也产生较大的脱靶量,拦截时间长,制导指令加速度较大,视线角速率趋近于零的速度较慢。而采用解析描述的模糊制导律,拦截时间较短,脱靶量也较小,加速度曲线平直,制导指令加速度变化平稳。

(4) 目标各种速度、各种加速度机动

目标以不同的机动过载及速度运动,导弹目标的其他初始条件仍如表4.8所示。应用基于解析描述的模糊制导律(DFLC)、基于在线推理的模糊制导律[56](RFLC)和比例导引律(PNG),仿真所得结果如表4.11所示。

从表4.11可知,应用DFLC,当$V=400\ \mathrm{m\cdot s^{-1}}$,$a_T=2g$时脱靶量为0.012 7 m,拦截时间为15.230 s;当速度V增加到$600\ \mathrm{m\cdot s^{-1}}$,$a_T=6g$时脱靶量也仅为0.086 4 m,拦截时间为15.646 s。当目标速度固定、加速度在$2g\sim6g$范围内变化时,DFLC的脱靶量几乎稳定在一个较小的区域内;当目标加速度过载一定,而目标速度在$400\sim600\ \mathrm{m\cdot s^{-1}}$内变化时,该制导律的脱靶量也几乎稳定在一小区域内。由表4.11可知,PNG的脱靶量最大,当目标速度或者加速度变化时,脱靶量变化较大;RFLC的拦截时间最长,脱靶量在PNG与DFLC之间,不适合快速拦截的要求;DFLC无论是拦截时间还是脱靶量都比较小,显示出该制导律较强的鲁棒性,能够满足精确制导、快速拦截的要求。

表4.11 不同速度、加速度下的各种制导律性能比较

参数		$V=400\ \mathrm{m\cdot s^{-1}}$			$V=500\ \mathrm{m\cdot s^{-1}}$			$V=600\ \mathrm{m\cdot s^{-1}}$		
		$n=2$	$n=4$	$n=6$	$n=2$	$n=4$	$n=6$	$n=2$	$n=4$	$n=6$
DFLC	脱靶量/m	0.012 7	0.089 8	0.066 5	0.023 4	0.072 7	0.099 9	0.103 0	0.070 0	0.086 4
	拦截时间/s	15.230	14.947	14.439	15.642	15.507	15.008	16.088	16.084	15.646
RFLC	脱靶量/m	0.118 0	0.720 8	1.156 0	0.355 3	0.053 7	0.210 9	0.739 9	0.365 1	0.473 6
	拦截时间/s	15.620	15.322	14.771	16.043	15.919	15.382	16.502	16.524	16.067
PNG	脱靶量/m	0.923 0	0.568 8	2.072 8	0.883 9	0.207 7	1.224 3	0.844 9	0.472 1	0.964 1
	拦截时间/s	15.248	14.970	14.470	15.708	15.538	15.029	16.181	16.123	15.654

4.4　本章小结

本章首先分析了导弹和目标的运动方程,然后应用模糊控制理论设计解析描述的模糊制导律,控制目标是使视线角速率为零。通过解析描述模糊制导规则不仅可以提高制导精度,而且根据需要可以实时调整制导规则。因此,这种制导律兼有比例导引和模糊制导的优点,它为设计拦截高速、大机动目标的高精度制导律提供了一种新的方法。设计的基本思想是将制导律设计问题转化为反馈控制问题,将比例制导律指令及其微分作为模糊控制的输入量,模糊控制规则及模糊推理用解析形式表达,它能够根据目标加速度和目标速度的变化自适应地调整模糊控制规则,因此具有较强的鲁棒性。针对目标几种典型机动情况,对比例导引律、解析描述的自适应模糊制导律进行仿真对比,仿真结果表明所提出的解析描述的自适应模糊制导律可以有效地对付大机动目标,获得较小的脱靶量、较平直的弹道。

第 5 章　神经网络优化的自适应模糊导引律

第 4 章解析描述的模糊制导律中的参数 α 是通过大量仿真比较得到的解析表达式。为了得到较精确的解析式，需要大量仿真实验，过程较繁杂。本章试图用 RBF 神经网络来直接设计 α，分别设计了两种自适应模糊导引律。一种是基于 RBF 神经网络调整的自适应模糊导引律（Adaptive Fuzzy Guidance Law Based on Parameters Set by RBF Neural Networks，AFGLPSRBF），通过对 α 增量式公式的推导，得到了 RBF 神经网络调整 α 的递推公式，并以此来调整解析描述的模糊导引规则。另外一种导引律是基于模糊 RBF 神经网络辨识的自适应模糊导引律[60-61]（Adaptive Fuzzy Guidance Law Based on Parameters Identification by Fuzzy RBF Neural Networks，AFGLPIFRBF）。这种导引律直接用模糊 RBF 神经网络去辨识 α。仿真结果表明，该模糊导引律更能有效地对付大机动目标，获得更小的脱靶量、较平直的弹道，并且有很强的自适应性。

5.1　神经网络

5.1.1　神经网络技术的发展与现状

1943 年，心理学家 W. McCullch 和数学家 W. Pitts 共同提出了第一个神经计算模型（M－P 模型），从此掀开了神经网络研究的序幕。神经网络历经近 70 年的研究，几经曲折与兴衰，其中有许多对神经网络研究起到至关重要作用的标志性事件。继 W. McCullch 与 W. Pitts 合作提出 M－P 模型之后，1957 年 Rosenblatt 发展了 M-P 模型，并提出了感知器（Perceptron）模型和三层感知器网络；1969 年，Minsky 与 Popeft 共同出版了《Perceptron》一书，从数学上剖析了以 Perceptron 为代表的神经网络系统的功能，并指出了多层神经网络无法训练学习的悲观论点，由于他俩在学术界的重要地位，从而使得神经网络的研究一度处于低潮；1975 年 Webos 在其博士论文中最先提出反向传播学习算法的基本概念；1982 年 Hopfield 提出了一种用于联想记忆和优化计算的 Hopfield 网络模型，并使用简单的运算放大器得以实现，从而掀起神经网络研究的又一次热潮；1986 年至 1988 年 Rumelhart 和 MeClelland 领导的 PDP 研究小组先后出版了论著《并行分布处理》1、2、3 卷，该书全面介绍了基于认知微观结构探索的 PDP 理论，同时他们发展了 Webos 提出的多层感知器网络的 BP 学习算法，从而彻底解决了多层网络难以训练学习的问题，以至 80 年代末掀起了一股神经网络研究的新的高潮。进入 90 年代以来，神经网络的研究多数集中在网络结构与优化、学习训练算法、实际应用等三个方面。这些研究可以按照网络应用的实时性划分为对静态网络的研究和对动态网络的研究两个方面。

(1) 关于静态网络的研究

先后提出和发展了许多新网络模型，如正交函数网络、径向基函数网络、样条函数网络、子波函数网络等。从应用角度来看，这些新提出的网络模型侧重点各有不同。BP 网络是目前应用最为广泛的一种网络模型，它有很强的生物背景，由于具有卓越的输入输出映射特性，使得 BP 网络在多变量函数逼近方面具有很强的优势；BP 网络虽然在理论上是一种可实现全局优化的网络，但由于算法本身的制约，比较容易陷入局部极小值。而径向基函数网络既有生物学背景，又与函数逼近理论相吻合，同样也适应于多变量函数逼近。正交多项式函数网络的理论基础比较完善，但是对于复杂问题的非线性建模与预测问题，网络节点数的增加往往较快。样条函数网络的优势在于，学习时只需要局部信息，因而在算法的并行性、收敛速度等方面具有明显的优势，但由于其定义域中对子域网的划分非常复杂，从而增加了实际应用的难度。

(2) 动态网络的研究

主要集中在实时控制领域，它要求所设计的网络结构简单、收敛速度快。比较典型的动态网络有 Hopfield 网络、ART 网络和动态递归网络等。动态网络在网络结构上是单层网络，但由于其内部的反馈连接，从而实现了用较小的网络结构开销来实现系统的复杂行为控制与模拟，所以比较适合非线性动态系统辨识与控制等领域。神经网络以其独特的结构和处理信息的方法，在许多实际应用领域中取得了显著的成效，主要应用如下。

① 自动控制领域。神经网络方法已经覆盖了控制理论中的绝大多数问题，主要有系统建模与辨识、PID 参数调整、极点配置、内模控制、优化设计、预测控制、最优控制、自适应控制、滤波与预测、容错控制、模糊控制和学习控制等。典型的例子是 20 世纪 60 年代初，美国“阿波罗”登月计划中，Kilmer 和 W. McClloch 等人根据脊椎动物神经系统中网状结构的工作原理，提出了一个 KblB 模型，以使登月车在远距离复杂环境下具有一定的自制能力。

② 处理组合优化问题。最典型的例子是成功地解决了 TSP(Traveling Salesman Problem) 问题，即旅行推销员问题，另外还有最大匹配问题、装箱问题和作业调度等。

③ 模式识别。已成功应用于手写字符、汽车牌照、指纹和声音识别，还可用于目标的自动识别和定位、机器人传感器的图像识别以及地震信号的鉴别等。

④ 图像处理。对图像进行边缘检测、图像分割、图像压缩和图像恢复。

⑤ 传感器信号处理。传感器输出非线性特性的矫正、传感器故障检测、滤波与除噪、环境影响因素的补偿、多传感器信息融合。

⑥ 机器人控制。对机器人眼手系统位置进行协调控制，用于机械手的故障诊断及排除、智能自适应移动机器人的导航等。

⑦ 信号处理。能分别对通信、语音、心电和脑电信号进行处理分类；可用于海底声纳信号的检测与分类，在反潜、扫雷等方面也得到应用。

⑧ 卫生保健、医疗。比如通过训练自主组合的多层感知器可以区分正常心跳和非正常心跳，基于 BP 网络的波形分类和特征提取在计算机临床诊断中的应用。

⑨ 经济。能对商品价格、股票价格和企业的可信度等进行短期预测。

⑩ 化工领域。能对制药、生物化学和化学工程等进行分析，如进行蛋白质结构分析、谱分析和化学反应分析等。

⑪ 焊接领域。国内外在参数选择、质量检验、质量预测和实时控制方面都有研究，部分成果已得到应用。

⑫ 地理领域。在遥感图像分类中有广泛的应用，在GIS方面应用人工神经网络理论，提高系统对数据进行复杂的综合分析的功能。

另外，在数据挖掘、电力系统、交通、军事、矿业、农业和气象等方面也有应用。

20世纪80年代以来，神经网络的研究获得了广泛的重视，取得了大量的成果。迄今为止，已经提出了多种神经网络类型，如BP、Hopfield、CMAC、RBF神经网络等。与此同时，针对各种网络类型，又提出了各种各样的训练算法及学习算法。在自动控制领域，研究的比较多并比较成熟的是静态前向神经网络，如BP网络。虽然已经证明，只要有足够多隐层，BP网络可以逼近任意的非线性映射关系，但是因为误差曲面是一个非常复杂的超曲面，所以BP网络存在着很多的问题。其中，最大的一个问题便是收敛速度慢，容易陷入局部极小，这显然是由于误差曲面存在着多个局部极小点以及曲面形状过于平缓而造成的；另外的一个问题是BP网络结构的确定，没有一定的规则可循，现在我们通常只能根据一些经验公式来大致地确定网络的隐层节点数目。虽然，针对这些问题人们进行了大量的研究，但是，我们看到改进的效果仍是不很理想。

实际上，以上问题的根本原因在于BP网络没有对输入向量空间进行有效的映射。我们知道，神经网络最初是模拟人类神经元对外界刺激反应方式而设计出来的，这一点在BP网中的体现是通过一个阈值来模拟神经元的反应门限值以及非线性的S函数，即

$$f(x)=\frac{1}{1+\mathrm{e}^{-x}} \tag{5.1}$$

来模拟神经元的非线性输出作用，而根据对人脑的研究成果人类大脑对外界刺激的反应形式是基于感受野的。即不同部位的脑细胞对外界刺激的反应强度是不同的，各个神经元的作用域都是一个局部的范围。只有当输入在一定的范围内（即感受野），该神经元才响应；否则不响应或响应很小。这一点在BP网络的神经元映射函数中并没有得到体现，与神经元的作用原理有一定的出入，致使它的性能不是很理想。

正是基于以上对人类神经元的认识，Moody和Darken提出了一种新的神经网络结构——RBFNN（Radial Basis Function Neural Network），即径向基函数神经网络，简称RBF神经网络。它的神经元映射函数变为

$$f(x)=\mathrm{e}^{-\frac{(x-c)^2}{\sigma^2}} \tag{5.2}$$

其中，c是RBF神经网络的映射中心，用来表示各神经元感受野中心；σ用来表示神经元的对外界的作用敏感程度，它越小，则对输入的变化越敏感。

显然,RBF 神经网络的神经元映射函数就是我们通常所说的高斯函数。该函数的最大特点是只有当输入与中心相等时,输出达到最大,随着输入与中心的渐渐偏离,输出也逐渐减小,并很快趋近于零。这与实际神经元基于感受野的这一特点很相似,只有当输入在中心附近的一定的范围内,输出响应很大;否则,不响应或响应很小。因此,RBFN 神经网络的神经元映射函数可以更确切地描述出实际神经元响应基于感受野的这一特点,比 BP 神经网络有更深厚的理论基础,因而它的性能也大大优于 BP 神经网络。

在下面的部分中,我们将就 RBF 神经网络的各种学习算法展开讨论。

5.1.2　RBF 神经网络简介

1. RBF 神经网络的发展历程[60]

径向基函数(Radial Basis Function,RBF) 是多维空间插值的传统技术,由 Powell 于 1955 年提出。1955 年,Broomhaced 将径向基函数和多层神经网络进行了对比,揭示出二者的关系。Moody 和 Darken 在 1989 年提出了一种新颖的神经网络——径向基函数神经网络(RBFNN)。同年,Jackon 论证了径向基函数网络对非线性连续函数的一致逼近性能。到目前为止,已经提出了许多种 RBF 神经网络的训练算法。RBF 神经网络的优良特性,使其成为替代 BP 网络的另一种神经网络,越来越广泛地应用于各个领域。由于它模拟了人脑中局部调整、相互覆盖接收域(或称感受野,receptive field) 的神经网络结构,因此,RBF 神经网络是一种局部逼近网络。

RBF 神经网络是一种性能良好的前向网络,具有下述特点:

(1) 不依赖精确的数学模型,具有广泛的从输入到输出的任意非线性映射能力,能以任意精度逼近任意非线性特性[11],是一种局部逼近网络;

(2) 分布式信息存储,大量数据单元同时高速并行处理,有很强的鲁棒性;

(3) 信息分布地存储于处理单元的阈值和它们的连接权中,具有很强的容错能力,个别处理单元不正常不会引起整个系统出错;

(4) 应用多种调整权值和阈值的学习算法,具有自适应和自组织功能。

考虑 n 输入单输出具有 m 个隐含层单元的 RBF 神经网络结构[12],它的网络结构如图 5.1 所示。这是一种前向网络的拓扑结构,隐含层的单元是感受野单元,每个感受野单元输出为

$$w = R_i(\boldsymbol{X}) = R_i(\|\boldsymbol{X} - \boldsymbol{c}_i\| / \sigma_i) \quad i = 1, \cdots, H \tag{5.3}$$

式中,$\boldsymbol{X}$ 是 N 维输入向量,$\boldsymbol{c}_i$ 是与 X 同维数的向量,$R_i(\cdot)$ 具有局部感受的特点。例如 $R_i(\cdot)$ 取高斯函数,即

$$R_i(X) = \exp(-\|\boldsymbol{X} - \boldsymbol{c}_i\|^2 / \sigma_i^2) \tag{5.4}$$

$R_i(\cdot)$ 只有在 $\boldsymbol{c}_i$ 周围的一部分区域内有较强的反应,这正体现了大脑皮质层的反应特点。RBF 神经网络不仅具有上述的生物学背景,而且还有数学理论的支持。

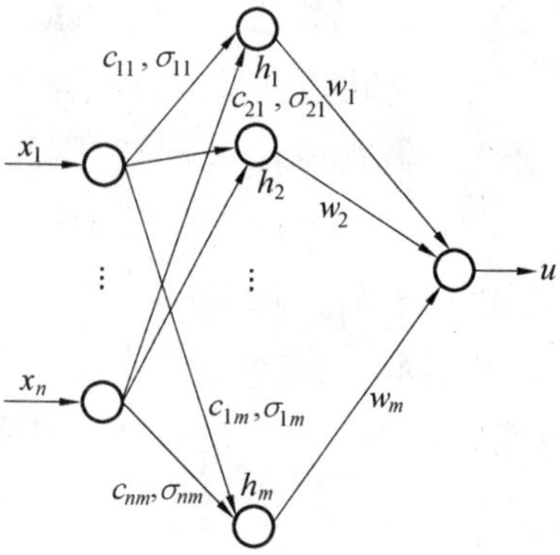

图 5.1 RBFNN 结构

2. RBF 神经网络的理论基础

在前面,我们提到 RBF 神经网络引入了径向基函数的生物学背景,通过径向基函数可以更确切地来描述人类神经元的活动特性。在中心附近的区域内网络的输出最大,随着与中心距离的增大,逐渐变小,而这一过程的快慢则由 σ 参数来决定,σ 越大则函数输出曲线越平缓,对输入的变化越不敏感。我们可以通过调节它来进一步模拟人类神经元。

进一步分析可以看到,输入向量与中心 $\boldsymbol{c}_i$ 之间的距离决定了网络输出的大小,所以距离相等或相近的输入向量可以归为一类。它相当于把输入向量按照与中心之间的距离进行了空间划分,根据输入向量与中心 $\boldsymbol{c}_i$ 之间的距离把输入向量空间通过径向基函数非线性映射到了隐层空间,之后,又通过线性变换映射到输出空间去。由模式识别理论可知,在低维空间非线性可分的问题总可以映射到一个高维空间,并使其在此高维空间中线性可分。这样,如果我们选定了合理的隐层节点数之后,把输入向量空间映射到隐层空间后,则一定存在一个线性映射过程,把隐层空间进一步映射到线性输出空间去。也就是说,RBF 神经网络一定是存在的。

5.1.3 RBF 神经网络学习算法

由 RBF 神经网络的结构可知,确定一个 RBF 神经网络主要应有两个方面参数——中心和权值,目前对 RBF 神经网络的各种改进也正是围绕这两方面展开的。

首先,我们来看一下第二层权值的确定。由于这一过程只是来求从隐层空间到实际输出空间的线性变换的权系数,原理上比较简单,因而,改进并不是很大。目前最常见的两种方法是 LMS 和 RLS 方法。对于一般的问题都可以满足要求,但是,我们应该看到,求隐层到输出层之间的变换权系数这一过程是一个求解线性方程组的过程,因而也会像解方程组一样面临方程组的系数矩阵奇异的问题。LMS算法只是通过对隐层节点输出矩阵直接求逆来求权系数 w 的,而 RLS 算法只是 LMS 算法的递推形式,它们都没有考虑隐层节点输出矩阵奇异的情况。所以,当 RBF 神经网络的各时刻隐层输出所构成的矩阵奇异时,LMS 和 RLS 方法所求得的权系数 w 的值会有较大的偏差,虽然这种情况出现的概率较小，但是一旦出现网络的性能也会突然下降。对于该问题通常所采用的解决办法是用正交化的方法来求权系数 w 的值，但是，直接采用 Givens 正交变换的计算量过大，无法满足实时跟踪控制运算的需要。因此，这里我们采用的方法是用递推 Givens 最小二乘法（RGLS）。由于这一过程是采用正交变换而得到的，因而数值特性很好，同时，又是一种递推算法，计算量比起直接用 Givens 正交变换要小得多，所以，RGLS 算法既有 RLS 的运算量小，速度快的优点，又有良好的数值特性。

另外，RBF 神经网络作为一种静态神经网络，也类似于 BP 网络，存在网络的结构确定的问题，即隐层节点数的选取问题。不恰当的隐层节点数，会使 RBF 神经网络无法正确地反映出输入样本空间的实际划分。也就是说，隐层节点空间无法实现从非线性的输入空间到线性的输出空间的转换，对输入向量进行聚类，从而极大地降低了网络的性能。因此，隐层节点数的选取成为决定 RBF 神经网络性能的一个最重要的因素。

由于输入向量空间的聚类数一定小于输入向量的个数，因此，最初的时候，人们直接把隐层节点数取为输入向量的个数，即每个输入向量对应于一个隐层节点，这时只需解线性方程组来确定权值即可以完全确定该 RBF 神经网络。这种方法计算量小，过程简单，很适合于一些小规模的样本聚类问题，但是对于一些规模较大的问题，所求得的网络结构过于复杂。为此，人们引入了 k-均值聚类的方法。该方法可以根据样本之间的空间距离实现样本的模式聚类，把距离相近的输入向量归为一类，并把它们的算术平均值作为中心，再通过第二层权值的线性变换来逼近实际输出值。这样便实现了用较少的中心来表示一些规模较大的问题。该方法对于一些输入样本数及聚类模式数给定的模式识别的问题比较适用。显然，k-均值聚类所要求的预先给定全部输入样本及其聚类中心的数目，这对某些问题是无法实现的。但是，对于一些不太复杂对象，我们可以预先给定一个隐层节点数，只要它与输入样本的实际聚类数相差不是很大时，我们便可以通过梯度下降法来不断修正网络的中心值，使网络特性逼近于实际系统，这便是梯度下降法。该方法比较简单，也是经常被使用的一种方法。但是，对于一个未知的复杂控制对象则行不通了，我们是无法事先确定输入样本空间的。为了使 RBF 神经网络能适用于各种问题，必须实现能根据不同的问题而自动地确定 RBF 神经网络的隐层节点数和隐层节点值。人们在这方面做了大量的研究，现今主要的方法有：

（1）正交最小二乘法（OLS）

优点：可以根据输入样本对输出贡献率的大小来确定中心；

缺点：只适用于批量学习，运算量较大。

（2）遗传算法

优点：对于各种问题都适用；

缺点：运算量过大，无法应用于实时学习和控制。

（3）动态均值聚类方法

优点：可以实时来确定网络的中心；

缺点：所求得中心与输入向量次序有关，占用存储空间过大。

(4)ERPCL 方法

优点:运算简单,收敛速度较快;

缺点:步长很难取到最佳值。

下面,我们进一步说明 RBF 神经网络的几种学习方法,并对它们的优缺点进行讨论。

1. 梯度下降法

BP 网络的最常用训练就是选定某种性能指标,用梯度下降法来校正网络参数,使该性能指标取最优值,RBF 神经网络的训练亦可以采用同样的方法。这样,RBF 神经网络的学习实际上就转化为一个最优化问题。梯度下降法的 RBF 神经网络训练算法简要的过程如下。

对一般 RBF 神经网络结构,取性能指标

$$J=\frac{1}{2}\sum_{i=1}^{M}(y_i-\hat{y}_i)^2 \tag{5.5}$$

其中,$\hat{y}_i$ 为网络输出

$$\hat{y}_i=\sum_{j=1}^{p}w_{ij}h_j,\quad h_j=\exp\left(-\frac{\|X_i-C_j\|^2}{\sigma_j^2}\right) \tag{5.6}$$

由此可见,J 是关于 C_j、w_{ij}、σ_j 的函数。

网络训练的过程就是调整以上三组参数,使 J 趋于最小。

求取 J 对于各网络参数 $C_t^{(q)}$、w_{ts}、σ_t 的偏导数,其中 $1\leqslant t\leqslant P$(P 是隐单元数),$1\leqslant s\leqslant M$(M 是输出维数),$1\leqslant q\leqslant N$(N 是输入维数),得到参数的校正方法。由此便可以得到 RBF 神经网络的梯度下降训练算法。

权值 w_{ts} 的校正方向

$$S_{w_{ts}}=-\frac{\partial J}{\partial w_{ts}}=(y_s-\hat{y}_s)h_t=e_sh_t \tag{5.7}$$

中心 $C_i^{(q)}$ 的校正方向

$$S_{C_t^{(q)}}=\frac{\partial J}{\partial C_t^{(q)}}=\frac{2h_t(x^{(q)}-C_t^{(q)})}{\sigma_t^2}\sum_{t=1}^{M}(y_t-\hat{y}_t)w_{ts}=\frac{2h_t(x^{(q)}-C_t^{(q)})}{\sigma_t^2}\sum_{i=1}^{M}w_{ts}e_t \tag{5.8}$$

宽度 σ_i 的校正方向

$$S_{\sigma_t}=-\frac{\partial J}{\sigma_t}=\frac{2\|X-C_t\|^2}{\sigma_t^3}h_t\sum_{t=1}^{M}(y_t-\hat{y}_t)w_{ts}=\frac{2\|X-C_t\|^2}{\sigma_t^3}h_t\sum_{t=1}^{M}w_{ts}e_t \tag{5.9}$$

由此可得 RBF 神经网络的梯度下降法校正公式

$$w_{ts}(n+1)=w_{ts}(n)+\lambda S_{w_{ts}}+\alpha(w_{ts}(n-1)-w_{ts}(n-2)) \tag{5.10}$$

$$C_t^{(q)}(n+1)=C_t^{(q)}(n)+\lambda S_{C_t^{(q)}}+\alpha(C_t^{(q)}(n-1)-C_t^{(q)}(n-2)) \tag{5.11}$$

$$\sigma_t(n+1)=\sigma_t(n)+\lambda S_{\sigma_t}+\alpha(\sigma_t(n-1)-\sigma_t(n-2)) \tag{5.12}$$

其中,$1\leqslant t\leqslant P$,$1\leqslant s\leqslant M$,$1\leqslant q\leqslant N$,P 为隐单元数,M 为输出维数,N 为输入维数,λ 为步长,α 为动量因子,λ、$\alpha\in[0,1]$。

该方法是最常用的 RBF 神经网络学习算法,运算过程简单,采用梯度下降来修正网

络的中心，LMS算法来修正权值。但是，正如前面所说，该方法要求所给定的隐层节点数必须与输入样本空间的聚类数相差不要很多，如果隐层节点数大于输入样本空间的聚类数，则一方面会降低网络的学习速度，另一方面因为过多的隐节点带来的计算误差而使RBF神经网络的收敛精度下降；如果隐层节点数小于输入样本空间的聚类数，则无论网络学习多少次，最终的精度都不能达到很高。这一点正是固定隐层节点数的一类算法的通病。

另外，RBF神经网络的中心宽度σ的值只是改变曲线的形状，对结果的影响不大，其作用完全可以由中心和权值的作用来补偿。因此，有的文献中令它的值为常数1，这样可以减小计算量，而且对精度的影响不大。由于这是RBF神经网络应用得很普遍的一种方法，因此，在这里不详细举例了。

2. 基于反复迭代的RBF神经网络的学习方法

该方法实际上是把前面所提到的梯度下降法的一个反复运用，目标函数、网络参数的修正方法都与梯度下降法的相一致，只是须给定一个门限值。最初时，把隐层节点数取为一个，然后用梯度下降法经过一定次数迭代，记录最后一次时的目标函数值。之后，使隐层节点数加一，仍像开始一样经过一定次数梯度下降迭代。如果经过迭代之后，目标函数下降的值大于门限值。这说明增加了一个隐节点，对网络的作用比较大，此时的隐层节点数没有使系统的目标函数达到极小，所以使隐层节点数加一，并像上面一样继续进行迭代，一直迭代到目标函数的下降值小于门限值。这说明，此时增加一个隐层节点对网络的性能影响并不很大，没有必要再继续使隐节点增加下去了，所以，停止迭代，并确定了隐层节点数。这样，在此基础上，对网络进行进一步的多次迭代，便可以最终确定网络的全部参数。

该方法也存在着一定的问题，由于网络参数的初值是随机给定的，因而在有限步内的迭代过程中，目标函数的下降值也具有一定的随机性，这样所找到的网络参数在一定程度上也是不够精确的。为了提高网络参数的精度，就得加大迭代次数，这时计算量也大大增加了。另外，隐层节点数从一开始进行迭代，当输入样本的模式数较多时，这时的效率显然很低。所以，该方法只适用于一些规模较小的简单问题，对于复杂的工业控制问题是根本无法满足实时性的需要的。

3. 基于k-均值聚类的RBF神经网络的学习方法

当已知网络的全部输入向量以及样本聚类数时，可以用k-均值聚类法来确定网络的中心。我们知道，RBF神经网络对输入响应的大小取决于输入向量与网络中心之间的距离，输入向量与中心的距离越小，神经元的响应也就越大。所以，RBF神经网络的中心修正过程实质上是根据样本之间的距离对输入样本进行聚类的过程，相互之间距离很小的输入向量归于一类，而聚类中心就是网络中心。因此，k-均值聚类法亦可以用于RBF神经网络中心的确定。

与其他方法相比，该方法的特点是中心和权值的确定可以分为两个相互独立的步骤。首先是无监督的中心确定阶段，把全部输入向量按照 k -均值聚类法进行聚类，得到聚类中心，也就是 RBF 神经网络的中心；之后是有监督的权值确定过程，这一过程根据系统的实际输出值和上一步所得到的网络中心值，用 LMS 方法便可以确定网络的权值。

由于 k -均值聚类法的聚类过程一般能够根据输入向量比较准确地确定聚类数和相应的聚类中心，因此如果已知全部输入向量时，用该方法是能够比较精确地确定网络结构的。但是它要求实现确定全部输入向量和指定聚类中心的数目，这对于实际系统是很难得到的。

5.1.4 RBF 神经网络的优点及问题

RBF 神经网络是一种性能良好的前向网络。它不仅有全局逼近性质，而且具有最佳逼近性能。RBF 神经网络结构上具有输出-权值线性关系，同时训练方法快速易行，不存在局部最优问题。这些优点给 RBF 神经网络的应用奠定了良好的基础。

尽管如此，RBF 神经网络有许多问题需要解决。

(1) 如何确定网络激活函数的数据中心。目前许多方法都从聚类出发，但是聚类需要有一个度量问题。如何定义这种度量才能恰当地找到 RBF 神经网络的数据中心还需研究，因为在仿真研究中发现 RBF 神经网络的数据中心对 RBF 神经网络的学习速度及性能有较大影响。

(2) 如何寻找合适的径向基函数。对于一组给定的学习数据，往往反映了很复杂的非线性关系，而且数据相关性较大，如果基函数选择不当，那无论怎么改进 RBF 神经网络的学习方法，都难以达到学习精度或根本不能完成学习任务。

(3) 研究 RBF 神经网络最佳逼近算法。

(4) 研究0型RBF神经网络训练方法。因为目前RBF神经网络的主要训练方法都是针对 I 型和 II 型 RBF 神经网络的，往往实际效果不如理论所述那么理想，主要原因是 I 型和 II 型 RBF 神经网络没有考虑在网络训练中寻找最优的函数中心和控制矩阵。

(5) 设计快速有效的迭代算法训练 RBF 神经网络。迭代算法是网络实时运行的需要，而目前已有的迭代方法存储量大，运算较慢，所以需要快速的迭代算法。

5.1.5 RBF 神经网络在控制中的应用

RBF 神经网络存在许多优点，在不少领域中得到了应用。目前在控制领域中 RBF 网络主要在以下两方面应用较多：一是系统辨识与建模；二是控制方案设计。

1. 系统辨识与建模

前向网络应用于系统辨识和建模有一个标准模式，即基于系统输入输出数据完成系统辨识，其框图如图 5.2 所示。因此有

$$\hat{y}(k+1)=NN[y(k),y(k-1),\cdots,y(k-l+1),u(k),u(k-1),\cdots,u(k-m+1)] \tag{5.13}$$

完成了对系统的辨识

$$\begin{cases} x(k+1) = f(x(k), u(k)) \\ y(k) = h(x(k)) \end{cases} \tag{5.14}$$

完成这样一个系统的辨识通常作以下假设：f，h 是光滑的；系统是状态可逆的；系统阶次的上界可知。全局的输入输出模型对一般可观性（Generic Observability）系统都存在，而并不要求系统的强可观性（Strong Observability）。这说明，RBF 神经网络可以对几乎所有的系统进行辨识和建模。

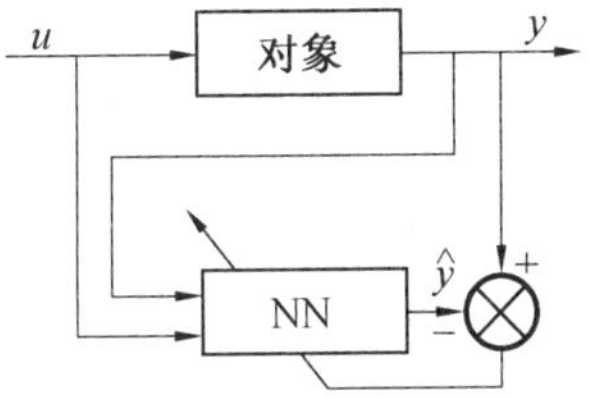

图 5.2　前向网络辨识系统的框图

RBF 神经网络用于非线性系统辨识主要优势在于，它可以避开复杂的算法而较为准确地完成辨识任务。

RBF 神经网络用于非线性系统辨识和系统建模一般分为以下几个步骤。

(1) 恰当选择学习样本。在许多文献中，系统辨识的学习数据都用伪随机码激励系统得到，在过程控制中，这是不适用的。无论采用什么方法得到学习数据都必须遵循一条原则，即学习样本必须充分体现系统的工作状况。

(2) 学习样本数据的处理。一般来说学习数据都应做归一化处理，同时由于在实时控制中采集到的数据含有噪声，因此需要有滤波的处理过程。

(3) 确定模型的阶次。这可以应用被建模系统的先验知识来确定，也可通过数据分析得到。

(4) 采用恰当的学习算法完成 RBF 网络的离线学习。

(5) 如果系统是时变的，必须用递推算法对 RBF 神经网络进行在线校正。

2. 控制方案设计

(1) 基于 RBF 网络的非线性预测控制方案。预测控制有 3 要素：预测模型，滚动优化，反馈校正。在 RBF 神经网络设计预测控制器时，可以借助 RBF 神经网络的优点完成这些任务，特别是非线性系统预测控制，预测模型一般难以得到。同时，在每个采样间隔内完成的计算量特别大，这不利于预测控制的实际运用。

(2) 基于 RBF 神经网络的无余差内模控制。由于许多过程模型可表示为当前输入与模型输出是线性关系。因此，利用两个 RBF 神经网络可以表示这类过程，即

$$\begin{aligned} y(k) = {} & F_1[\hat{y}(k-1), \cdots, y(k-m), u(k-\theta-2), \cdots, u(k-\theta-n)] + u(k-\theta-1) + \\ & F_2[\hat{y}(k-1), \cdots, y(k-m), u(k-\theta-2), \cdots, u(k-\theta-n)] \end{aligned} \tag{5.15}$$

$$F_1[\cdot] = a_{01} + \sum_{i=1}^{M_1} a_{i1}\varphi(\| \hat{x}(k) - c_{i1} \|) \tag{5.16}$$

$$F_2[\cdot] = a_{02} + \sum_{i=1}^{M_2} a_{i2}\varphi(\| \hat{x}(k) - c_{i1} \|) \tag{5.17}$$

是两个 RBF 神经网络。

$$\hat{x}(k) = [\hat{y}(k-1), \cdots, \hat{y}(k-m), u(k-\theta-2), \cdots, u(k-\theta-n)]^{\mathrm{T}} \tag{5.18}$$

根据上述模型设计控制器如下。

首先确定控制指标为

$$I = [y(k+\theta+2) - s(k)]^2 + \gamma[u(k) - u(k-1)]^2 \tag{5.19}$$

$$s(k) = \alpha\hat{y}(k+\theta) + (1-\alpha)[r(k) - d(k)] \quad 0 < \alpha < 1 \tag{5.20}$$

式中　$r(k)$——设定值，$d(k) = y(k) - \hat{y}(k)$。

其次设计控制器，使上述指标极小化

$$u(k) = \frac{s(k)F_2 - F_1F_2 + \gamma_u(k-1)}{F_2^2 + \gamma} \tag{5.21}$$

虽然 F_1, F_2, s 都包含模型的将来输出，但是控制律还是可行的，因为这些将来输出都可以用 RBF 神经网络模型预测出来。

基于 RBF 神经网络的预测控制与内模控制如图 5.3 所示。

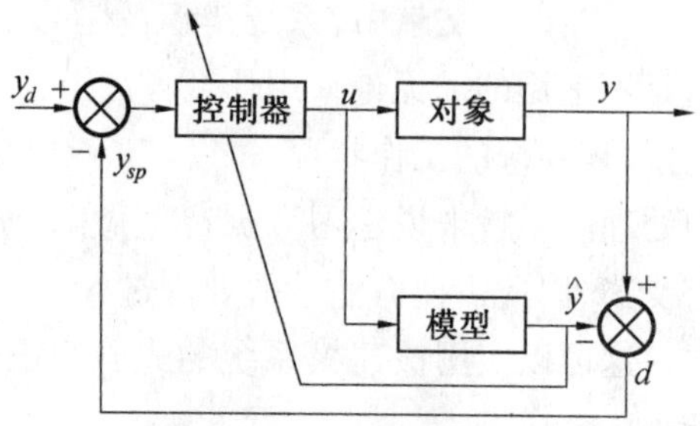

图 5.3　预测控制与内模控制模式

5.2　基于 RBF 神经网络调整的自适应模糊导引律

在第 4 章中，详细介绍了解析描述模糊制导律的原理，其中的参数 α_0, α_s 的解析表达式是通过大量仿真得到的，缺乏对大范围机动目标都适合的 α_0, α_s。因此，我们试图探索用神经网络的学习功能来自适应地调整 α[56]。

5.2.1　RBF 神经网络的学习算法

考虑 n 输入单输出具有 m 个隐含层单元的 RBF 神经网络结构[60,61]，如图 5.1 所示。

设 $\boldsymbol{X} = [x_1, \cdots, x_n]^{\mathrm{T}}$ 为网络的输入向量，径向基向量 $\boldsymbol{H} = [h_1, \cdots, h_m]^{\mathrm{T}}$，式中 h_i 为高斯型函数，即

$$h_i = \exp\left(-\frac{\| \boldsymbol{X} - \boldsymbol{C}_i \|^2}{2b_i^2}\right), i = 1,2,\cdots,m \tag{5.22}$$

其中，RBF 神经网络的第 i 个隐含层单元的中心向量为 $\boldsymbol{C}_i = [c_{i1}, c_{i2}, \cdots, c_{in}]^{\mathrm{T}}$，$i = 1,2,\cdots,m$。网络的扩展参数向量为 $\boldsymbol{B} = [b_1, b_2, \cdots, b_m]^{\mathrm{T}}$，$b_i$ 为第 i 个隐含层单元的扩展参数，且大于零，即为高斯型函数的基宽。

网络的权向量为

$$\boldsymbol{W} = [w_1, w_2, \cdots, w_m]^{\mathrm{T}}$$

RBF 神经网络的输出为

$$y_m(k) = w_1 h_1 + w_2 h_2 + \cdots w_m h_m \tag{5.23}$$

RBF 神经网络的性能指标为

$$J = \frac{1}{2} e^2(k) = \frac{1}{2}(y_{\text{out}}(k) - y_m(k))^2 \tag{5.24}$$

根据梯度下降法，输出权、隐含层单元中心及扩展参数的调整算法为

$$w_i(k) = w_i(k-1) + \eta e(k) h_i + \delta(w_i(k-1) - w_i(k-2)) \tag{5.25}$$

$$\Delta b_i = e(k) w_i h_i \frac{\| \boldsymbol{X} - \boldsymbol{C}_i \|^2}{b_i^2} \tag{5.26}$$

$$b_i(k) = b_i(k-1) + \eta \Delta b_i + \delta(b_i(k-1) - b_i(k-2)) \tag{5.27}$$

$$\Delta c_{ij} = e(k) w_i \frac{x_i - c_{ij}}{b_i^2}, \quad j = 1,2,\cdots,n \tag{5.28}$$

$$c_{ij}(k) = c_{ij}(k-1) + \eta \Delta c_{ij} + \delta(c_{ij}(k-1) - c_{ij}(k-2)) \tag{5.29}$$

其中，η 为学习速率，δ 为动量因子。

5.2.2 RBF 神经网络调整 α 的公式推导

采用增量式 α 控制器，控制算法为[56,61]

$$u = -\langle \alpha E + (1-\alpha) EC \rangle \tag{5.30}$$

$$\alpha(k) = \alpha(k-1) + \Delta\alpha \tag{5.31}$$

$\Delta\alpha$ 的调整采用梯度下降法

$$\Delta\alpha = -\eta \frac{\partial J}{\partial \alpha} \tag{5.32}$$

对于导弹导引系统，设 RBF 神经网络的输入为

$$\boldsymbol{X} = [e, ec, a_n, \alpha]^{\mathrm{T}} \tag{5.33}$$

其中 e、ec 分别为比例导引制导律的输出值及其微分，则

$$\Delta\alpha = -\eta \frac{\partial J}{\partial \alpha} = -\eta \frac{\partial J}{\partial y_m} \frac{\partial y_m}{\partial u} \frac{\partial u}{\partial \alpha} = \eta e(k) \frac{\partial y_m}{\partial u}(EC - E) \tag{5.34}$$

$\frac{\partial y_m}{\partial u}$ 为 Jacobian 阵，即为对象的输出对输入的灵敏度信息，可通过神经网络的辨识计算，由

于输出为导弹加速度，故 $u = a_n$。因此 Jacobian 阵算法为

$$\frac{\partial y_m}{\partial u} = \sum_{j=1}^{m} w_j h_j \frac{c_{j3} - x_3}{b_j^2} = \sum_{j=1}^{m} w_j h_j \frac{c_{j3} - u}{b_j^2} \tag{5.35}$$

所以

$$\Delta\alpha = -\eta \frac{\partial J}{\partial \alpha} = -\eta \frac{\partial J}{\partial y_m}\frac{\partial y_m}{\partial u}\frac{\partial u}{\partial \alpha} = \eta e(k) \sum_{j=1}^{m} w_j h_j \frac{c_{j3} - u}{b_j^2}(EC - E) \tag{5.36}$$

将上两式带入到式(5.31)中，得到 α 的调整公式为

$$\alpha(k) \approx \alpha(k-1) + \eta e(k) \sum_{j=1}^{m} w_j h_j \frac{c_{j3} - u}{b_j^2}(EC - E) \tag{5.37}$$

式中，E、EC 为 e、ec 模糊量化后的值，由于这里量化因子 $k_e = k_{ec} = 1$，所以数值上 $E = e$，$EC = ec$。式(5.37)可改写为

$$\alpha(k) \approx \alpha(k-1) + \eta e(k) \sum_{j=1}^{m} w_j h_j \frac{c_{j3} - u}{b_j^2}(ec - e) \tag{5.38}$$

实际中，由于 α 值只在区间[0,1]内，所以需要对 α 进行限幅。

RBF 神经网络调整 α 结构如图 5.4 所示。为了区分，α' 表示导弹的攻角。

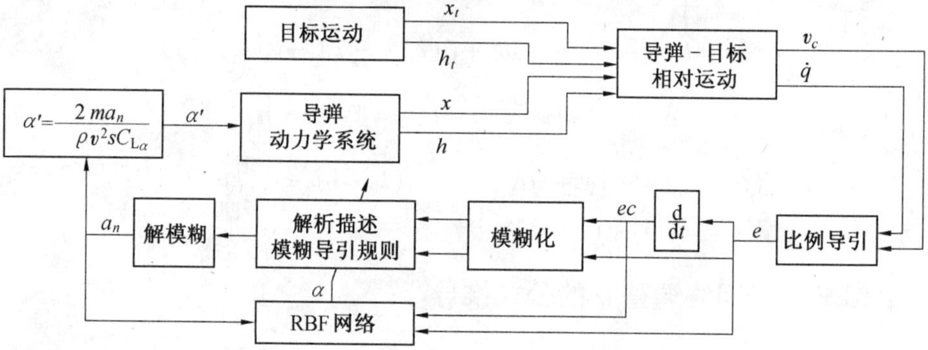

图 5.4 RBF 神经网络调整 α 的框图

5.3 基于模糊 RBF 神经网络辨识的自适应模糊导引律

在模糊系统中，模糊集、隶属函数和模糊规则的设计是建立在经验知识基础上的。这种设计方法存在一定的主观性。将学习机制引入到模糊系统中，使模糊系统能够通过不断学习来修改和完善隶属函数的模糊规则，这是模糊系统的发展方向[61]。

模糊系统与模糊神经网络既有联系又有区别。其联系表现为模糊神经网络在本质上是模糊系统的实现，其区别表现为模糊神经网络又具有神经网络的特性。神经网络与模糊系统的比较见表 5.1。

将神经网络的学习能力引入到模糊系统中，将模糊系统的模糊化处理、模糊推理、精确化计算通过分布式的神经网络来表示，是实现模糊系统自组织、自学习的重要途径。在

模糊神经网络中,神经网络的输入、输出节点用来表示模糊系统的输入、输出信号,神经网络的隐含节点用来表示隶属函数和模糊规则,利用神经网络的并行处理能力使得模糊系统的推理能力大大提高。

表 5.1　模糊系统与神经网络的比较

比较内容	模糊系统	神经网络
获取知识	专家经验	算法实例
推理机制	启发式搜索	并行计算
推理速度	低	高
容错性	低	非常高
学习机制	归纳	调整权值
自然语言实现	明确的	不明显
自然语言灵活性	高	低

模糊神经网络是将模糊系统和神经网络相结合而构成的网络。模糊神经网络在本质上是将常规的神经网络赋予模糊输入信号和模糊权值,其学习算法通常是神经网络学习算法或其推广。模糊神经网络技术已经获得了广泛的应用,当前的应用主要集中在模糊回归、模糊控制、模糊专家系统、模糊建模和模糊模式识别等领域。在神经网络中,RBF 神经网络是一种局部逼近网络,因而采用 RBF 神经网络可大大加快学习速度并避免局部极小问题,由于其实现简单、计算速度快,适合于实现控制。利用 RBF 神经网络构成的控制方案,可有效提高系统的精度、鲁棒性和自适应性。因此,本节利用 RBF 神经网络与模糊系统相结合,构成模糊 RBF 神经网络,直接来辨识自适应模糊制导律中的参数 α。

5.3.1　模糊 RBF 神经网络结构

如图5.5所示是模糊 RBF 神经网络结构。该网络由输入层、模糊化层、模糊推理层和输出层构成。

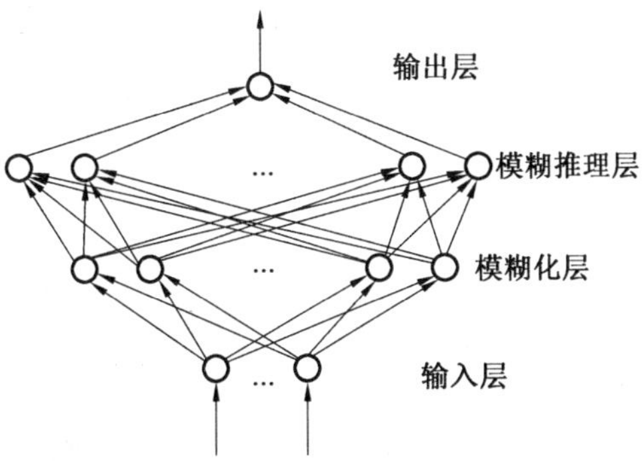

图 5.5　模糊 RBF 神经网络结构

模糊 RBF 神经网络中信号传播及各层的功能表示如下。

第一层:输入层

该层的各个节点直接与输入量的各个分量连接,将输入量传到下一层。对该层的每个节点 i 的输入输出表示为

$$f_1(i) = x_1 \tag{5.39}$$

第二层:模糊化层

采用高斯型函数作为隶属函数,c_{ij} 和 b_j 分别是第 i 个输入变量第 j 个模糊集合的隶属函数的均值和标准差,即

$$f_2(i,j) = \exp(net_j^2) \tag{5.40}$$

$$net_j^2 = -\frac{(f_1(i) - c_{ij})^2}{(b_j)^2} \tag{5.41}$$

第三层:模糊推理层

该层通过与模糊化层的连接来完成模糊规则的匹配,各个节点之间实现模糊运算,即通过各个模糊节点的组合得到相应的适用度。每个节点 j 的输出为该节点所有输入信号的乘积,即

$$f_3(j) = \prod_{j=1}^{N} f_2(i,j) \tag{5.42}$$

式中,$N = \prod_{i=1}^{N} N_i$,N_i 为输入层中第 i 个输入隶属函数的个数,及模糊化层节点数。

第四层:输出层

输出层为 f_4,即

$$f_4(l) = \boldsymbol{W} \cdot f_3 = \sum_{j=1}^{N} w(l,j) \cdot f_3(j) \tag{5.43}$$

式中,l 为输出层节点的个数,$\boldsymbol{W}$ 为输出层节点与第三层各节点的连接矩阵。

5.3.2 基于模糊 RBF 神经网络的辨识算法

RBF 神经网络辨识 α 的结构如图 5.6 所示。网络的输入为 $[K| \dot{r}| \dot{q}, a_n]$,输出为系数 α。为了区分,α' 表示导弹的攻角。

定义模糊 RBF 神经网络的性能指标为

$$J = \frac{1}{2} e(k)^2 \tag{5.44}$$

其中,$e(k)$ 为比例导引的输出。

网络的学习算法采用梯度下降法。

输出层的权值通过如下方式来调整

$$\Delta w(k) = -\eta \frac{\partial J}{\partial w} = -\eta \frac{\partial J}{\partial e} \frac{\partial e}{\partial y_m} \frac{\partial y_m}{\partial w} = \eta e(k) f_3 \tag{5.45}$$

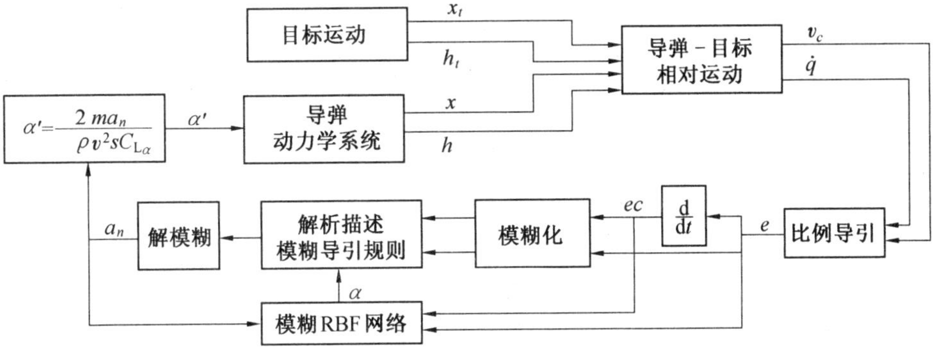

图5.6　RBF神经网络辨识α结构框图

则输出层的权值学习算法为

$$w(k)=w(k-1)+\Delta w(k)+\delta(w(k-1)-w(k-2)) \tag{5.46}$$

隶属函数参数通过如下方式调整

$$\Delta c_{ij}=-\eta\frac{\partial J}{\partial c_{ij}}=-\eta\frac{\partial J}{\partial net_j^2}\frac{\partial net_j^2}{\partial c_{ij}}=-\eta\gamma_j^2\frac{2(x_i-c_{ij})}{b_{ij}^2} \tag{5.47}$$

$$\Delta b_j=-\eta\frac{\partial J}{\partial b_j}=-\eta\frac{\partial J}{\partial net_j^2}\frac{\partial net_j^2}{\partial b_j}=\eta\gamma_j^2\frac{2(x_i-c_{ij})}{b_j^3} \tag{5.48}$$

式中

$$\gamma_j^2=\frac{\partial J}{\partial net_j^2}=-e(k)\frac{\partial y_m}{\partial f_3}\frac{\partial f_3}{\partial f_2}\frac{\partial f_2}{\partial net_j^2}=-e(k)wf_3 \tag{5.49}$$

隶属函数参数的学习算法为

$$c_{ij}(k)=c_{ij}(k-1)+\Delta c_{ij}(k)+\delta(c_{ij}(k-1)-c_{ij}(k-2)) \tag{5.50}$$

$$b_j(k)=b_j(k-1)+\Delta b_j(k)+\delta(b_j(k-1)-b_j(k-2)) \tag{5.51}$$

5.4　仿真结果及分析

仿真条件：导弹质量$m=600$ kg，燃料质量秒流量$m_c=20$，推力$T=100\ 000$ N，导弹初始位置$(x_0,h_0)=(0,0)$ m，导弹初始速度$v_0=500\ \text{m}\cdot\text{s}^{-1}$，目标初始速度$v_{t0}=400\ \text{m}\cdot\text{s}^{-1}$，目标初始位置$(x_{t0},h_{t0})=(7,10)$ km，目标分别以$70\ \text{m}\cdot\text{s}^{-2}$、$-70\ \text{m}\cdot\text{s}^{-2}$常值法向加速度和幅值为$110\ \text{m}\cdot\text{s}^{-2}$，频率为$0.5\ \text{rad}\cdot\text{s}^{-1}$的正弦法向加速度机动。导弹最大过载限幅为$\pm 13g$，自动驾驶仪为二阶模型$\omega_n=25\ \text{rad}\cdot\text{s}^{-1}$，$\xi=0.9$。

5.4.1　RBF神经网络调整的模糊导引律

在基于RBF神经网络调整的自适应模糊导引律（AFGLPSRBF）和解析描述的模糊导引律（DFLC）下，分别对三种不同的目标加速度、拦截轨迹、导弹法向加速度和视线角速率进行比较,其结果如图 5.7 ~ 5.10 所示。

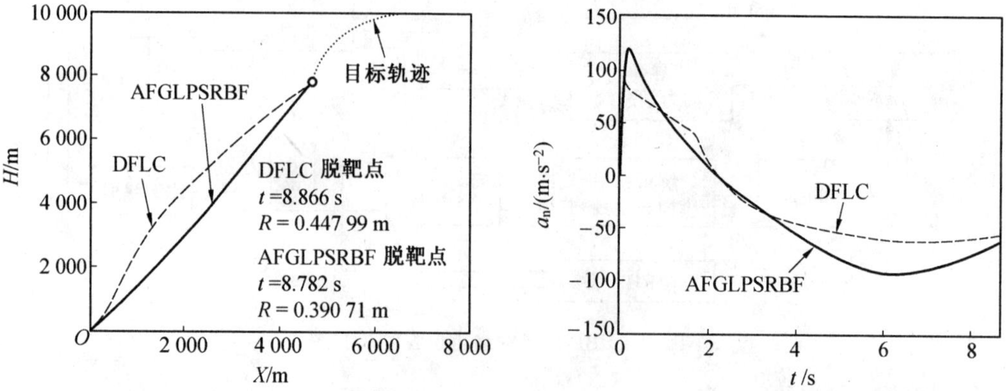

图 5.7　a_t = 70 m · s^{-2}时拦截轨迹和导弹法向加速度比较

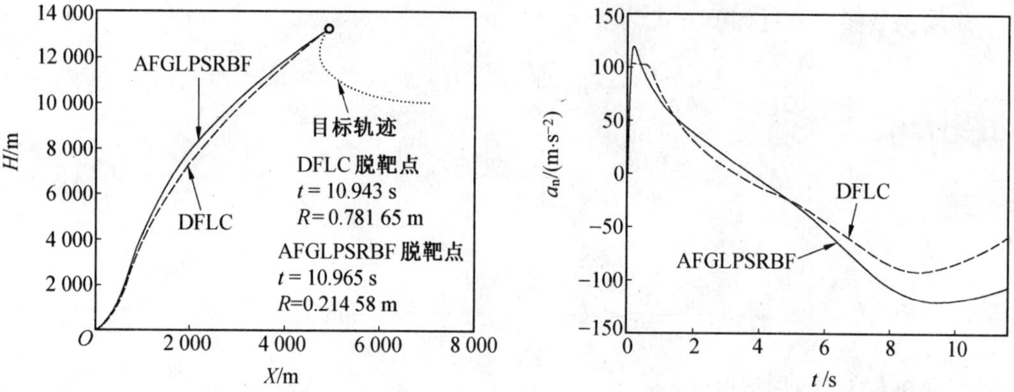

图 5.8　a_t = - 70 m · s^{-2} 时拦截轨迹和导弹法向加速度比较

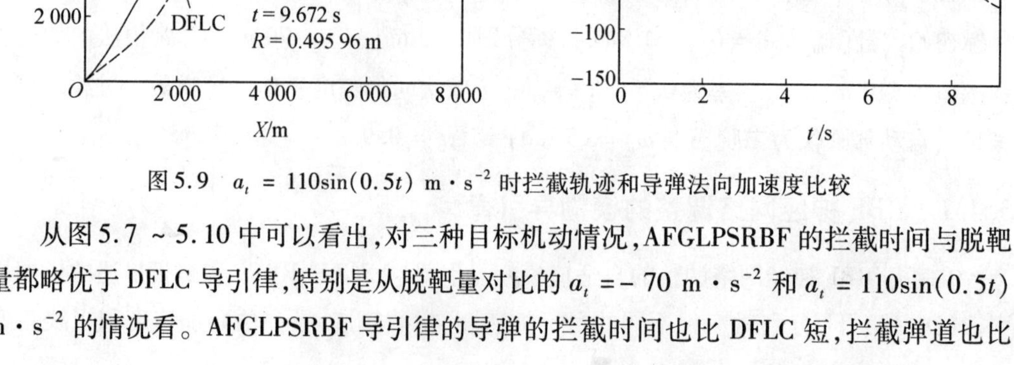

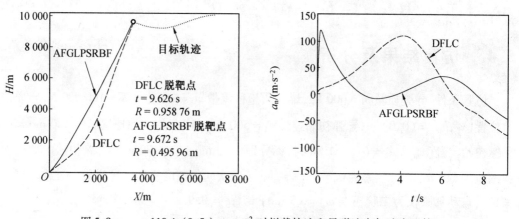

图 5.9　a_t = 110sin(0.5t) m · s^{-2} 时拦截轨迹和导弹法向加速度比较

从图 5.7 ~ 5.10 中可以看出,对三种目标机动情况,AFGLPSRBF 的拦截时间与脱靶量都略优于 DFLC 导引律,特别是从脱靶量对比的 a_t =- 70 m · s^{-2} 和 a_t = 110sin(0.5t) m · s^{-2} 的情况看。AFGLPSRBF 导引律的导弹的拦截时间也比 DFLC 短,拦截弹道也比

DFLC 较平直。从导弹法向加速度的对比中也可以看到,AFGLPSRBF 导引律的法向过载大于 DFLC 的法向过载。从视线角速率上看,虽然这两种导引律在制导过程中都向0点靠近,并稳定在零点附近较小的区域内,但是 AFGLPSRBF 稳定零点附近的速度较快。

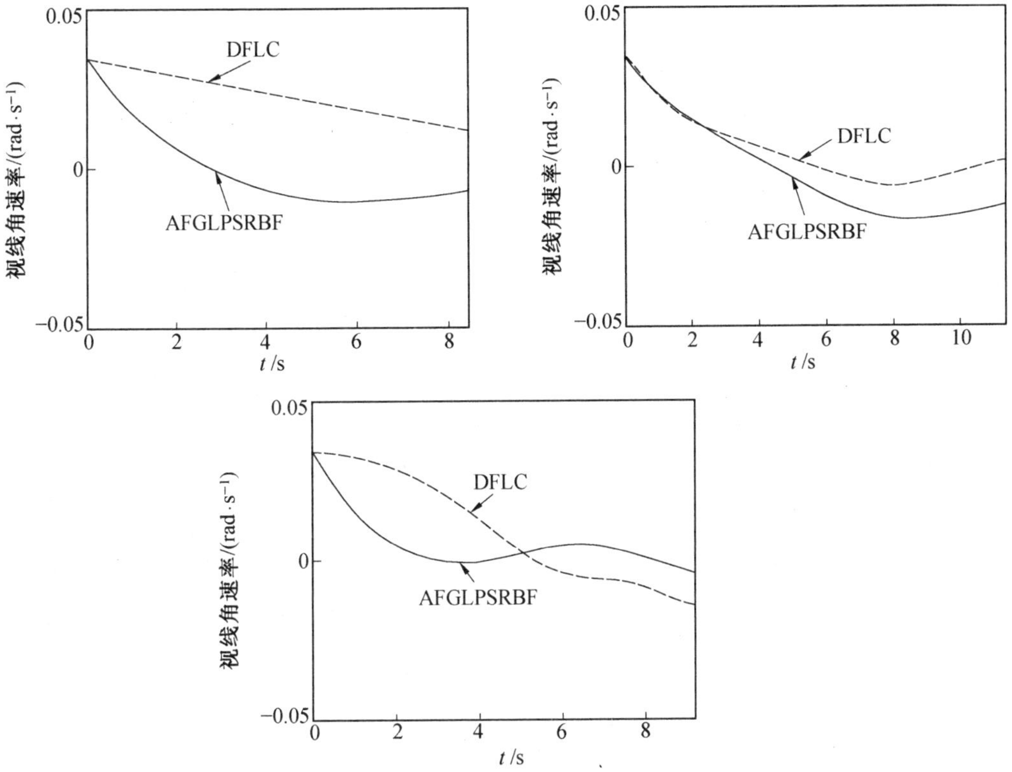

图 5.10　3 种情况下视线角速率比较

5.4.2　模糊 RBF 神经网络辨识的模糊导引律

在基于模糊 RBF 神经网络辨识的自适应模糊导引律(AFGLPIFRBF) 和解析描述的模糊导引律(DFLC) 下,分别对三种不同的目标加速度、拦截轨迹、导弹法向加速度和视线角速率进行比较,其结果如图 5.11 ~ 5.14 所示。

从图5.11 ~ 5.14 中可以看出,对 $a_T = 70\ \mathrm{m \cdot s^{-2}}$、$a_T = -70\ \mathrm{m \cdot s^{-2}}$ 和 $a_T = 110\sin(0.5t)\ \mathrm{m \cdot s^{-2}}$ 这三种目标机动情况,AFGLPIFRBF 的脱靶量与拦截都明显优于 DFLC 导引律,并且优于上一节的 AFGLPSRBF。AFGLPIFRBF 导引律的导弹的拦截时间也比 DFLC 短,拦截弹道也较平直。从导弹法向加速度的对比中也可以看到,AFGLPSFRBF 导引律的法向过载小于 DFLC 的法向过载,且小于目标机动,因此有利于导弹的全向拦截。从视线角速率上看,虽然这两种导引律都经过零点线,都稳定在零点附近较小的区域内,但是 AFGLPIFRBF 稳定零点附近的速度很快,且几乎没有波动,而 DFLC 的视线角速率波动较大。

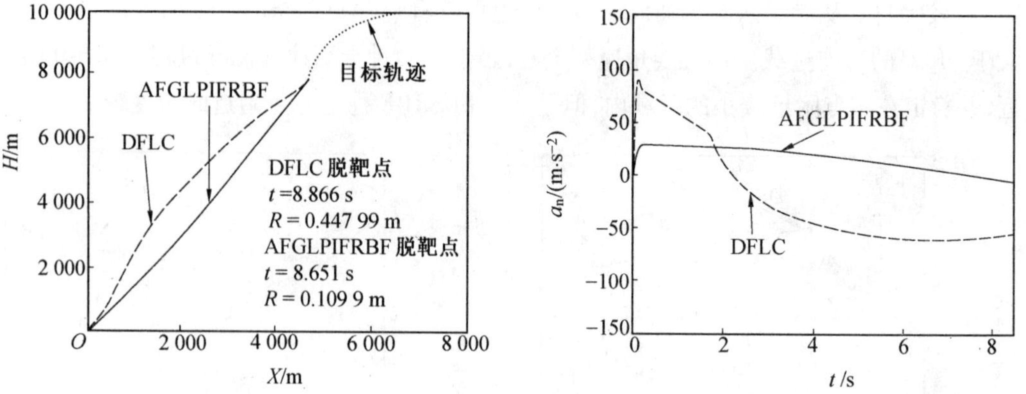

图 5.11 $a_T = 70\ \text{m}\cdot\text{s}^{-2}$时拦截轨迹和导弹法向加速度比较

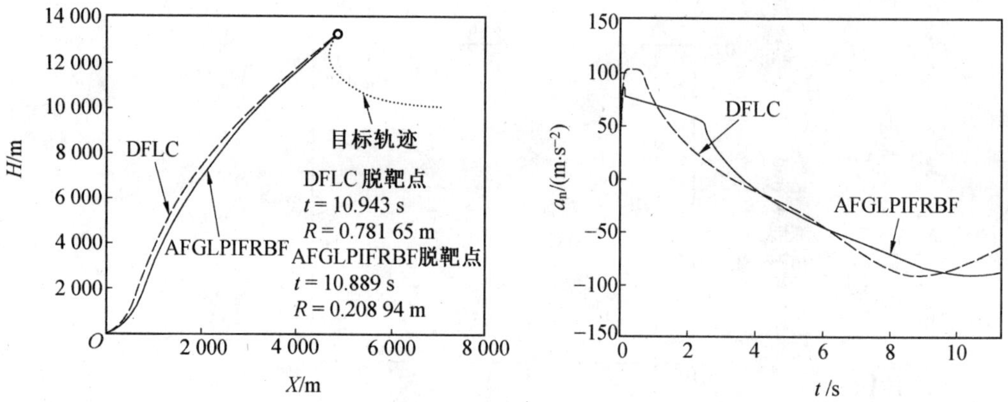

图 5.12 $a_T = -70\ \text{m}\cdot\text{s}^{-2}$ 时拦截轨迹和导弹法向加速度比较

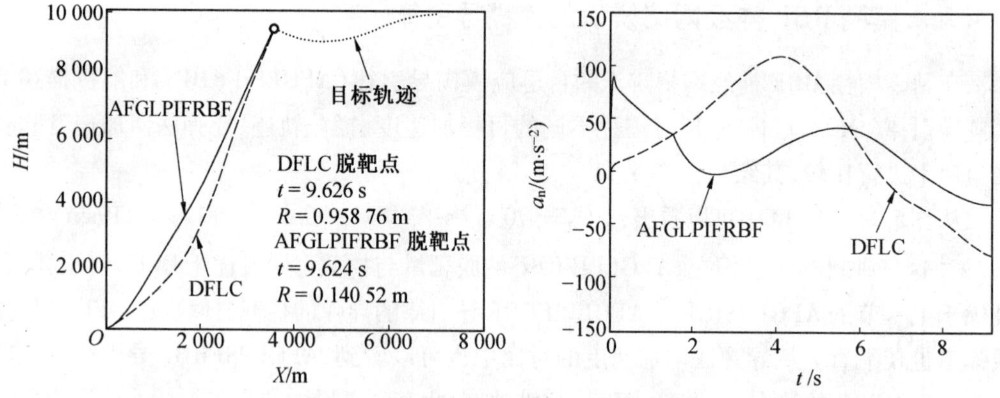

图 5.13 $a_T = 110\sin(0.5t)\ \text{m}\cdot\text{s}^{-2}$ 时拦截轨迹和导弹法向加速度比较

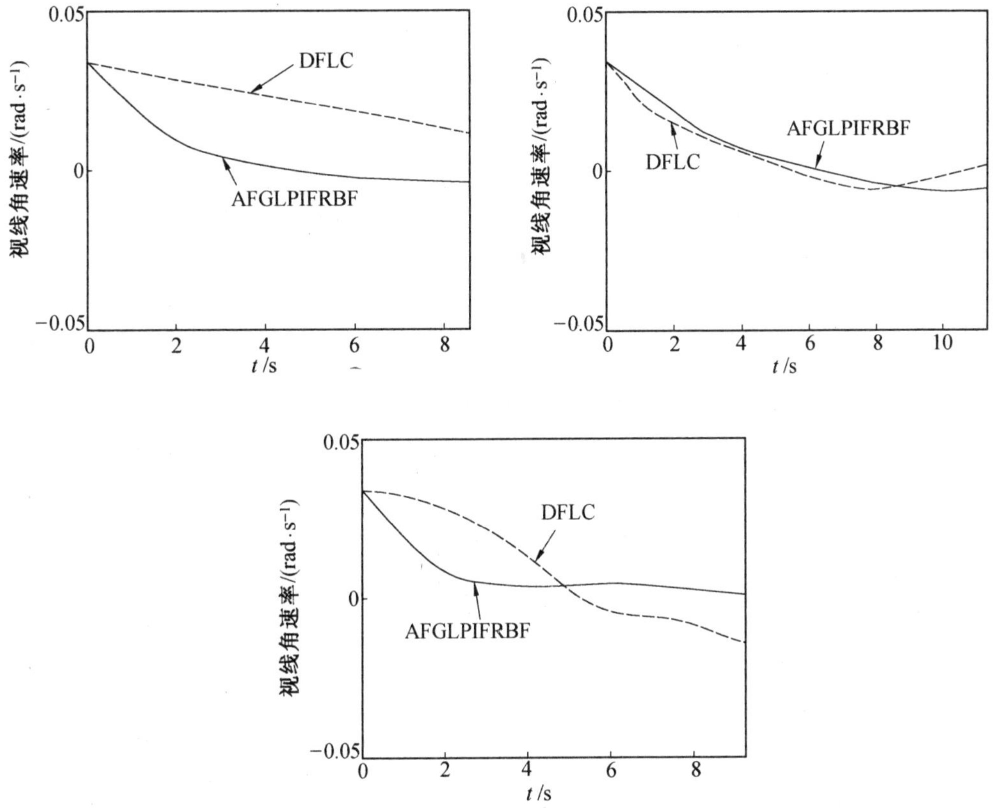

图 5.14　3 种情况下视线角速率比较

5.4.3　三种导引律的对比分析

为了量化分析这三种导引律的性能,我们做了性能分析对比表,如表 5.2 所示。表中 $|MD|$ 表示脱靶量,单位为 m;$|a_n|_{max}$ 表示法向加速度绝对值的最大值,单位为 $m \cdot s^{-2}$;$\sum a_n^2$ 为法向加速度的平方的积分,表征了导引系统所需要的控制能量,单位为 $m^2 \cdot s^{-4}$;$|MD| + \rho \sum a_n^2$ 表征模糊导引系统的总体性能指标,拦截时间的单位为 s。

从表 5.2 可以看出,对目标机动的三种情况而言,AFGLPSRBF 的脱靶量和拦截时间都优于 DFLC 的,但其所需要的法向加速度较之 DFLC 有所增加;对于本章所设计的另一种导引规律 AFGLPIFRBF,无论脱靶量、拦截时间还是法向过载都小于 DFLC 导引律。从 AFGLPSRBF 和 AFGLPIFRBF 的对比中可以看到,除在目标机动 $a_T = 110\sin(0.5t)\ m \cdot s^{-2}$ 情况下 AFGLPIFRBF 的所需法向加速度平方的积分劣于 AFGLPSRBF 之外,AFGLPIFRBF 的其他性能指标都要优于 AFGLPSRBF。从图 5.7 ~ 5.14 可以看出,AFGLPIFRBF 导引律拦截弹道也比 AFGLPSRBF 平直。

针对目标机动的 $a_T = 110\sin(0.5t)\ m \cdot s^{-2}$ 情况,AFGLPIFRBF 的所需法向加速度平方的积分稍微劣于 AFGLPSRBF 的。分析其中的原因并考虑到目标法向加速度为常数的情况（$a_T = 70\ \mathrm{m \cdot s^{-2}}$ 和 $a_T = -70\ \mathrm{m \cdot s^{-2}}$）的对比中，可以认为是由于目标法向加速度不为常数造成的。

通过表 5.2 和图 5.7 ~ 5.14 的对比研究可以看出，充分利用模糊控制和神经网络控制各自的优点能够显著改善导引性能，解决了传统导引律不能拦截大机动目标的问题。但神经网络制导律所需要的信息较之传统的导引律要多，这些信息在实际测量时难免有噪声，所以在实际导弹导引系统设计中要综合考虑这两方面的因素。

从表 5.2 中还可以发现，对于三种机动，AFGLPIFRBF 所需要的最大法向加速度小于或者与目标机动大小相当，因此有利于导弹实现全向反击。

表 5.2　DFLC，AFGLPSRBF 和 AFGLPIFRBF 导引律导引性能比较

机动情况/($\mathrm{m \cdot s^{-2}}$)	导引律	拦截时间	$\lvert MD \rvert$	$\lvert a_n \rvert_{max}$	$\sum a_n^2$	$\lvert MD \rvert + \rho \sum a_n^2$
$a_T = 70$	DFLC	8.866	0.448 0	90.04	3.0562e + 007	306.608
	AFGLPSRBF	8.782	0.390 7	119.8	4.1003e + 007	410.421
	AFGLPIFRBF	8.651	0.109 9	28.53	1.8210e + 007	182.210
$a_T = -70$	DFLC	10.943	0.781 7	103.8	4.6077e + 007	461.552
	AFGLPSRBF	10.965	0.214 6	119.9	7.4526e + 007	745.475
	AFGLPIFRBF	10.889	0.208 9	89.88	3.1778e + 007	317.989
$a_T = 110\sin(0.5t)$	DFLC	9.626	0.958 8	109.5	3.4042e + 007	341.379
	AFGLPSRBF	9.672	0.496 0	119.5	1.1232e + 007	112.816
	AFGLPIFRBF	9.624	0.140 5	90	1.6292e + 007	163.061

5.5　本章小结

本章基于 RBF 神经网络，提出了两种自适应模糊导引律。第一种导引律通过对 RBF 神经网络增量式 α 公式的推导，得到了 α 递推公式，并用于求解 α，然后用于调整解析描述模糊导引规则；第二种导引律直接用模糊 RBF 神经网络去辨识 α。仿真结果表明了，提出的这两种导引律的拦截时间与脱靶量均优于固定 α_0 及 α_s 的自适应模糊导引律。通过第一种导引律和第二种导引律的对比可以看出，利用模糊控制与神经网络控制的优点，能够有效提高导弹拦截性能。

第6章　模糊变结构制导律

现代导弹正向高精度、高速、远距离、大包络飞行和高机动性方向发展,这就要求在控制与制导技术方面要进一步改进,以提高机动能力、制导精度,更好地协调快速性与稳定性之间的矛盾,提高可靠性和抗干扰能力。目前,在导弹制导系统中广泛使用的制导规律几乎是20世纪中期形成的经典制导规律或其改进形式,已经很难满足现代武器发展的需求,应运而生的现代控制理论主要有变增益控制、鲁棒控制、自适应控制等。在制导律的设计中,导弹和目标的相对运动方程存在着强非线性交叉耦合。目前,人们常见的比例导引规律是基于导弹和目标的相对运动方程在碰撞线附近线性化这一基本假设前提下获得的,而在实际交战中这种假设条件往往不再成立。也就是说,目标在做大机动逃逸时,比例导引规律已经不能满足要求了。

变结构控制(Variable Structure Control,VSC)理论[62]对干扰和摄动具有某种完全自适应性的优点,并可以用来设计复杂对象的控制规律。由于滑动模态对摄动的不变性十分有益于控制系统设计,所以在近三十几年来,变结构理论得到了迅速发展。变结构控制设计比较简单,便于理解和应用,且具有很强的鲁棒性,使得变结构控制理论为导弹制导和控制提供了一条比较有效的解决途径。但变结构控制系统存在抖振的缺陷,阻碍了变结构控制的应用。因而,消除抖振而不影响鲁棒性是变结构系统设计的一项重要课题。文献[63]对变结构控制理论及消除抖振的常用方法进行了总结和概括。由于变结构控制的鲁棒性,使得它为导弹控制与制导提供了一条比较有效的解决途径。近十几年来,国内外对变结构控制在导弹寻的制导和目标拦截的应用方面做了大量研究工作,设计出许多基于变结构控制的制导律,有的已应用到了工程实际中。

6.1　变结构控制的基本原理

6.1.1　变结构系统的定义

变结构控制系统的概念渊源于分段二阶系统的相平面分析,早期的工作考虑的是线性二阶相变量(状态变量间存在导数关系)系统,是由前苏联的学者建立和完成的[62-68]。从那时起变结构控制发展成为包含广泛系统类型的一般性设计方法,包括非线性系统、多输入/多输出系统、离散系统、大系统及无限维系统和随机系统。另外,变结构控制的目的也从稳定性扩展到其他功能,如模型跟踪、自适应模型跟踪、模型可达、不确定系统等[62,63,66]。在早期的二阶系统的研究中,人们注意到尽管变结构控制增加了研究的复杂性,但同时也存在组合每个结构有用特性的可能性,而且变结构系统可能拥有每个结构中并不存在的新特性。如一个渐近稳定的系统可以包括两个结构,其中每个结构都不是渐近稳定的。正是这一点激发了人们早期对于变结构系统的兴趣[65]。这类例子经常出现在各类变结构控制的文献中,如[62 ~ 68],这里从略了。

我们这里定义的变结构系统是狭义的变结构控制系统,更确切地说,作为一种综合方法,要定义的是系统的变结构控制[62]。

对一般的时变非线性系统

$$\dot{\boldsymbol{x}} = \boldsymbol{f}(\boldsymbol{x},\boldsymbol{u},t) \tag{6.1}$$

其中,$\boldsymbol{x} \in R^n$,$\boldsymbol{u} \in R^m$,$t \in R$。我们需要确定切换函数向量$\boldsymbol{s}(\boldsymbol{x})$,$\boldsymbol{s} \in R^m$,其具有的维数一般情况下等于控制的维数。并且寻求变结构控制

$$u_i(\boldsymbol{x}) = \begin{cases} u_i^+(\boldsymbol{x}) & \text{当 } s_i(\boldsymbol{x}) > 0 \\ u_i^-(\boldsymbol{x}) & \text{当 } s_i(\boldsymbol{x}) < 0 \end{cases} \tag{6.2}$$

这里的变结构体现在$\boldsymbol{u}^+(\boldsymbol{x}) \neq \boldsymbol{u}^-(\boldsymbol{x})$,使得

(1) 满足可达条件:切换面 $s_i(\boldsymbol{x}) = 0$ 以外的相轨线将于有限时间内到达切换面;

(2) 切换面是滑动模态区,且滑动模态渐近稳定,动态品质良好。

显然,这样设计出来的变结构控制使得闭路系统全局渐进稳定,而且动态品质良好。由于滑动模态在变结构中的重要作用,所以又常称为滑动模态控制。

现在可以说变结构控制系统是一种综合方法,从数学的角度看,它是右端不连续的方程或方程组,不连续面即是切换面。

变结构系统最重要的品质是它的鲁棒性,在一定条件下,变结构控制系统的滑动模态对于系统参数摄动或外部扰动是不变的,而不仅仅是鲁棒的[62~66]。应当指出,可达模态不具有不变性[62,63]。

6.1.2 变结构系统的一般性质

下面的论述主要针对非线性系统

$$\dot{\boldsymbol{x}} = \boldsymbol{A}(\boldsymbol{x}) + \boldsymbol{B}(\boldsymbol{x})\boldsymbol{u} \tag{6.3}$$

其中,$\boldsymbol{x} \in R^n$,$\boldsymbol{u} \in R^m$,$t \in R$,并且矩阵$\boldsymbol{B}(\boldsymbol{x})$是非奇异的。这也是目前非线性系统变结构控制研究的主要类型,它对于状态向量$\boldsymbol{x}(\cdot)$是非线性的,而对于控制输入向量$\boldsymbol{u}(\cdot)$是线性的。另外,对于某些系统,它们对于控制并非线性,但能够通过可逆输入变换变成式(6.3)的形式[63]。我们的目的是找到:

(1) m 个切换函数,用向量 $\boldsymbol{s}(\boldsymbol{x})$ 表示;

(2) 变结构控制 $u_i(\boldsymbol{x}) = \begin{cases} \boldsymbol{u}_i^+(\boldsymbol{x}) & \text{当 } s_i(\boldsymbol{x}) > 0 \\ u_i^-(\boldsymbol{x}) & \text{当 } s_i(\boldsymbol{x}) < 0 \end{cases}$,使得可达模态满足可达条件,即有限时间内到达 $\boldsymbol{s}(\boldsymbol{x}) = 0$(切换面)。

上面叙述的物理意义如下:

(1) 设计切换面 $\boldsymbol{s}(\boldsymbol{x})=0$ 代表期望的系统动力学,它的阶次低于给定系统;

(2) 设计变结构控制律 $\boldsymbol{u}(\boldsymbol{x},t)$ 使得切换面外的任何状态 $\boldsymbol{x}$ 能于有限时间内到达切换面,在切换面上按照期望的动力学产生滑动模态,这样整个变结构系统是全局渐近稳定的。

由于变结构系统的微分方程在切换面上没有定义,这样方程的右端是非解析的,因为在这些面上解的存在性和唯一性不能被保证,所以必须首先在这些不连续的切换面上定义辅助的微分方程。文献[63]总结了5种方法:① 变换系统的模型到可控标准型(对单变量系统);② 通过两次坐标变换得到滑动模态的微分方程(对线性系统);③Fillipov 方法;④ 等价控制方法;⑤ 涉及右端不连续微分方程的一般动力学系统理论。

6.1.3　切换面和滑动模态不变性条件

切换函数:变结构控制系统的结构由向量函数 $\boldsymbol{s}(\boldsymbol{x})$ 的符号确定,就定义 $\boldsymbol{s}(\boldsymbol{x})$ 为切换函数。

切换函数 $\boldsymbol{s}(\boldsymbol{x})$ 通常有两种模型:一种是线性模型,一种是二次型模型。设计中更经常使用的是线性模型。而且对于一大类系统来说,设计线性切换表面可证明服从经典的控制器技术。这里采用 m 维线性切换函数形式为

$$\boldsymbol{s}(\boldsymbol{x})=\boldsymbol{C}\boldsymbol{x} \tag{6.4}$$

其中

$$\boldsymbol{s}(\boldsymbol{x})=[s_1(\boldsymbol{x}),s_2(\boldsymbol{x}),\cdots,s_m(\boldsymbol{x})]$$

$$\boldsymbol{C}=[c_1^{\mathrm{T}},c_2^{\mathrm{T}},\cdots,c_m^{\mathrm{T}}]^{\mathrm{T}}$$

$$s_i(\boldsymbol{x})=c_i^{\mathrm{T}}\boldsymbol{x}$$

每一个标量切换函数 $s_i(\boldsymbol{x})$ 描述了一个线性表面 $S_i=\{\boldsymbol{x}\mid s_i(\boldsymbol{x})=c_i^{\mathrm{T}}\boldsymbol{x}=0\}$,维数是 $n-1$,定义为切换面(也叫切换流形,另外,因为切换函数是线性的,也可以叫切换超平面)。

令 x_0 是系统在初始时刻 t_0 的初始状态,$x(t)$ 是 t 时刻的状态,S 是切换面,包含坐标原点 $x=0$。

滑动模态:对任意的 x_0 位于 S 上,如果对所有的 $t>t_0$,$x(t)$ 仍处于 S 上,那么 $x(t)$ 就叫做系统的滑动运动或滑动模态。

滑动表面:如果 S 上的每一点都是状态终点,也就是有状态轨迹从 S 的两侧到达它,那么切换面 S 叫做滑动表面。

任何两个切换面的交点仍然是切换面,只是维数降低一维,变成 $n-2$,同样3个以至 m 个切换面的交点也是切换面,维数相应地降低。这样切换面的总数是 2^m-1。所有切换面的交点叫做最终切换面,可表示为

$$S_E=\{\boldsymbol{x}\mid \boldsymbol{s}(\boldsymbol{x})=\boldsymbol{C}\boldsymbol{x}=\boldsymbol{0}\}=S_1\cap S_2\cap\cdots\cap S_m=\ker\boldsymbol{C}$$

在每个切换面上都可能存在一个由与切换面维数相同的微分方程描述的滑动模态,因此

可能存在2^m-1个不同的滑动模态，在S_E上的滑动模态叫最终滑动模态。因为所有的状态轨迹必须最终到达S_E，于是就存在系统状态初值x_0按照什么方式到达S_E的问题，即是所谓的递阶控制的模式。这里简要介绍三种模式。

1. 固定顺序切换

在这种模式中，当系统的状态在状态空间中运动时，滑动模态按照预先指定的顺序发生，如$x_0 \to S_1 \to (S_1 \cap S_2) \to (S_1 \cap S_2 \cap S_3) \to \cdots \to S_E$。这种模式在概念上是简单的，但有几个缺点，例如，暂态响应缓慢；所得的控制力通常过大，容易出现饱和；变结构控制的求解很困难。

2. 自由顺序切换

在这种模式中，系统从任何初始偏离开始无论先到达哪个切换流形S_{i1}就进入哪个流形上的$n-1$维的滑动模态，然后按其自然顺序，到达下个流形S_{i2}，就进入那个流形成为$(S_{i1} \cap S_{i2})$上的$n-2$维滑动模态，如此以至最后到达S_E，即$x_0 \to S_{i1} \to S_{i2} \to \cdots \to S_E$。这里顺序$(i_1, i_2, \cdots, i_m)$完全决定于初始状态$x_0$在状态空间中的位置。与固定顺序切换相比，这种切换更为合理，因为首先变结构控制的解容易确定；其次可达模态有较好的动态特性，暂态响应要快得多；再次所需的控制力通常较小，饱和的可能性也减少了。

3. 最终滑动模态切换

在这种模式中，变结构控制的设计只是为了使系统的状态进入最终切换流形S_E，至于其他切换面上可能存在也可能不存在滑动模态，我们不关心。这种模式的执行简单，控制容易做的平滑，然而它不能保证有好的暂态特性。

如果系统(6.3)可控，则$S_E = \ker \boldsymbol{C}$上滑动模态的动态特性完全决定于$\boldsymbol{C}$阵的设计和系统的状态方程，而与控制的选择无关。

这就是切换函数可与控制分开设计的理论依据。关于切换函数和控制律的设计将分别在后面部分中讲述。

对于由高阶线性或非线性微分方程表示的系统，滑动模态的微分方程能完全独立于系统的建模误差和外部扰动所带来的影响。这样，滑动模态对于建模误差或外部扰动是不变的（不仅是鲁棒的）。

系统(6.3)在受到参数摄动或外部扰动的影响下，能表示为

$$\dot{\boldsymbol{x}} = \boldsymbol{a}(\boldsymbol{x}) + \Delta\boldsymbol{a}(\boldsymbol{x},\boldsymbol{p},t) + [\boldsymbol{B}(\boldsymbol{x}) + \Delta\boldsymbol{B}(\boldsymbol{x},\boldsymbol{p},t)]\boldsymbol{u} + \boldsymbol{f}(\boldsymbol{x},\boldsymbol{p},t) \tag{6.5}$$

其中，$\boldsymbol{p}$是不确定参数向量，$\boldsymbol{f}$是外部扰动，$\Delta\boldsymbol{a}$和$\Delta\boldsymbol{B}$是系统摄动。

定理 如果条件

$$\begin{cases} \Delta\boldsymbol{a} = \boldsymbol{B}(\boldsymbol{x})\tilde{\boldsymbol{a}}(\boldsymbol{x},\boldsymbol{p},t) \\ \Delta\boldsymbol{B}(\boldsymbol{x},\boldsymbol{p},t) = \boldsymbol{B}(\boldsymbol{x})\tilde{B}(\boldsymbol{x},\boldsymbol{p},t) \\ \boldsymbol{f}(\boldsymbol{x},\boldsymbol{p},t) = \boldsymbol{B}(\boldsymbol{x})\tilde{\boldsymbol{f}}(\boldsymbol{x},\boldsymbol{p},t) \end{cases} \tag{6.6}$$

成立，那么方程(6.5)滑动模态对于状态空间中的$\Delta\boldsymbol{a}$、$\Delta\boldsymbol{B}$、$\boldsymbol{f}$是不变的。

证明 对$\boldsymbol{s}(\boldsymbol{x}) = 0$求导有

$$\frac{\partial s}{\partial x}[\boldsymbol{a}+\Delta\boldsymbol{a}+(\boldsymbol{B}+\Delta\boldsymbol{B})\boldsymbol{u}+\boldsymbol{f}]=0$$

代入条件(6.6)变成

$$\frac{\partial s}{\partial x}[\boldsymbol{a}+\boldsymbol{B}(\tilde{\boldsymbol{a}}+\tilde{\boldsymbol{f}})]+\frac{\partial s}{\partial x}\boldsymbol{B}(\boldsymbol{I}+\tilde{B})\boldsymbol{u}]=0$$

假定 $\boldsymbol{I}+\tilde{\boldsymbol{B}}$ 是非奇异的,那么可得到滑动模态等价控制为

$$\boldsymbol{u}_e=-(\boldsymbol{I}+\tilde{\boldsymbol{B}})^{-1}\left(\frac{\partial s}{\partial x}\boldsymbol{B}\right)^{-1}\frac{\partial s}{\partial x}[\boldsymbol{a}+\boldsymbol{B}(\tilde{\boldsymbol{a}}+\tilde{\boldsymbol{f}})]$$

将 $\boldsymbol{u}_e$ 和条件(6.6)代入方程(6.3)得到模态的微分方程为

$$\dot{\boldsymbol{x}}=\boldsymbol{a}+\boldsymbol{B}\tilde{\boldsymbol{a}}+\boldsymbol{B}(\boldsymbol{I}+\tilde{\boldsymbol{B}})\boldsymbol{u}_e+\boldsymbol{B}\tilde{\boldsymbol{f}}=\boldsymbol{a}-\boldsymbol{B}\left(\frac{\partial s}{\partial x}\boldsymbol{B}\right)^{-1}\frac{\partial s}{\partial x}\boldsymbol{a}$$

显然,它独立于 $\Delta\boldsymbol{a}$、$\Delta\boldsymbol{B}$、$\boldsymbol{f}$。

方程(6.6)称为匹配条件。匹配条件说明,状态空间中的不变性是因为系统的摄动和外部扰动能看做通过系统的控制通道进入系统或等价于 $\Delta\boldsymbol{a}$、$\Delta\boldsymbol{B}$、$\boldsymbol{f}$ 处于 $\boldsymbol{B}(\boldsymbol{x})$ 的列空间(值域)中。

因为切换面 $\boldsymbol{s}(\boldsymbol{x})=0$ 上的滑动模态中状态向量 $\boldsymbol{x}$ 的 m 个分量能表示成其他$(n-m)$个分量的函数,$\dot{\boldsymbol{x}}_2=s_1(\boldsymbol{x}_1)$,$\boldsymbol{x}_2$、$s_1\in R^m$,$\boldsymbol{x}_1\in R^{n-m}$。相应的滑动模态方程的阶数从 n 减少到 $n-m$。

等价控制的思想从几何上是容易理解的,在流形 $\boldsymbol{s}(\boldsymbol{x})=0$ 上的滑动模态轨迹和等价控制 $\boldsymbol{u}_e$ 是方程 $\dot{s}(\boldsymbol{x})=0$ 上的解表明,用连续的控制代替不连续控制使得状态速度向量处于正切流形上。等价控制可以看做不连续控制的均值。

关于扰动不变性条件,文献[62]中给出了一种几何解释,即扰动和滑动模态分别位于状态空间中的两个子空间中,这两个子空间互为正交补。

6.1.4　可达模态可达条件和可达空间

可达条件:使系统的状态向滑动表面运动并到达它的条件叫做可达条件(也叫滑动模态的存在条件[66])。

可达模态:在可达条件下的系统状态轨迹叫做可达模态[63]。

文献[62]中总结了三种可达条件,这里给予简要介绍。

1. 直接切换函数法

这是最早提出的可达条件,也是最常见的,即

$$\begin{cases}\dot{s}_i<0 & \text{当 } s_i(\boldsymbol{x})>0\\ \dot{s}_i>0 & \text{当 } s_i(\boldsymbol{x})<0\end{cases},\quad i=1,2,\cdots,m \tag{6.7}$$

或等价地表示为

$$s_i\dot{s}_i<0\quad i=1,2,\cdots,m$$

这个可达条件是全局的,但不能保证有限的可达时间。另外,对于多输入变结构控制

系统的应用非常困难,得到的变结构控制系统中单个的切换流形和它们的交点都是滑动流形[64]。

2. Lyapunov 函数法

选择 Lyapunov 函数

$$V(\boldsymbol{x},t)=\boldsymbol{s}^{\mathrm{T}}\boldsymbol{s} \tag{6.8}$$

得到全局可达条件

$$\dot{V}(\boldsymbol{x},t)<0 \quad 当\ s\neq 0 \tag{6.9}$$

或者

$$\boldsymbol{s}^{\mathrm{T}}\dot{\boldsymbol{s}}<0 \quad 当\ s\neq 0 \tag{6.10}$$

如果把式(6.9)修改为

$$\dot{V}(\boldsymbol{x},t)<-\varepsilon \quad 当\ s\neq 0 \tag{6.11}$$

能够保证有限的可达时间,这里 ε 是个正数。应用这个方法得到的变结构控制系统中,只有所有单个切换流形的交点是滑动流形,而单个切换流形可能属于也可能不属于滑动流形,也就是导致最终滑动模态切换模式。

3. 可达律方法

可达律方法的思想是直接指定切换函数的动力学。令切换函数的动力学由下面的微分方程描述

$$\dot{\boldsymbol{s}}=-\boldsymbol{Q}\mathrm{sgn}(\boldsymbol{s})-\boldsymbol{K}\boldsymbol{f}(s) \tag{6.12}$$

其中 $\boldsymbol{Q}=\mathrm{diag}[q_i,\cdots,q_m],q_i>0;\boldsymbol{K}=\mathrm{diag}[k_i,\cdots,k_m],k_i>0$

$$\mathrm{sgn}(\boldsymbol{s})=[\mathrm{sgn}(s_1),\cdots,\mathrm{sgn}(s_m)]^{\mathrm{T}},\quad \boldsymbol{f}(\boldsymbol{s})=[f_1(s_1),\cdots,f_2(s_m)]^{\mathrm{T}}$$

标量函数 f_i 满足条件

$$s_if_i(s_i)>0 \quad 当\ s\neq 0 \quad i=1,2,\cdots,m \tag{6.13}$$

$\boldsymbol{Q}$ 和 $\boldsymbol{K}$ 阵的不同选择可指定状态 s 不同趋近速率并且产生可达律的不同结构。

(1) 等速可达律

$$\dot{\boldsymbol{s}}=-\boldsymbol{Q}\mathrm{sgn}(\boldsymbol{s}) \tag{6.14}$$

这个方法迫使切换变量以常速率 $|\dot{s}_i|=q_i$ 到达切换流形 S 是最简单的可达规律,但是如果 q_i 选得太小,到达时间过长;q_i 过大,则因为到达切换面时速度较大,产生严重的抖振。

(2) 指数可达律

$$\dot{\boldsymbol{s}}=-\boldsymbol{Q}\mathrm{sgn}(\boldsymbol{s})-\boldsymbol{K}\boldsymbol{s} \tag{6.15}$$

此可达律比等速可达律多了速率项 $-\boldsymbol{K}s$,使得趋近 S 的动态品质大为改善,趋近过程变快,而引起的抖振却可大大削弱,并能保证有限的到达时间。

(3) 幂次可达律

$$\dot{s}_i=-k_i|s_i|^{\alpha}\mathrm{sgn}(s_i) \quad 0<\alpha<1 \quad i=1,2,\cdots,m \tag{6.16}$$

这个方法在状态远离切换流形 S 时,使趋近速度增加;而当状态接近 S 时,降低趋近速度。此方法能保证有限的到达时间。另外,因为不含 $-\boldsymbol{Q}\mathrm{sgn}(s)$ 项,完全消除了抖振。

可达律方法不但建立了可达条件,而且指定了系统在可达模态的动力学特性,另外,简化了变结构控制的求解并减少了抖振。

这三种可达条件在其他文献中多有述及,详见文献[62,64 ~ 66]。

为了更好地理解可达模态的动力学,文献[62] 中提出了可达空间的概念。对于有 m 维输入的 n 阶系统,切换函数向量 $\boldsymbol{s}(\boldsymbol{x})$ 是 m 维的,定义 m 维的可达空间 R^m,其坐标是 m 个标量切换函数 s_i。这样,可达律方程代表了可达模态在可达空间而不是原始状态空间中的动力学。

我们已经指出,变结构控制的目的在于寻求控制 $\boldsymbol{u}(x)$ 使得 R^n 空间中的流形 S_E 渐近稳定。滑动模态的动态特性由切换函数 $\boldsymbol{s}(\boldsymbol{x})$ 的设计确定。对向量 $\boldsymbol{s}(\boldsymbol{x})$ 求导,并代入方程(6.3) 有

$$\dot{\boldsymbol{s}}(\boldsymbol{x}) = \frac{\partial s}{\partial x}\dot{\boldsymbol{x}} = \frac{\partial s}{\partial x}(\boldsymbol{a}(\boldsymbol{x}) + \boldsymbol{B}(\boldsymbol{x})\boldsymbol{u}) \tag{6.17}$$

这样,系统(6.3) 对于子空间 S_E 的稳定性问题转化为上式对原点的稳定性问题。显然,可达空间中渐近稳定的可达模态动力学能确保状态空间中的可达模态对于流形 S_E 是渐近稳定的。给定 $f(s)$,对方程(6.17) 积分产生解 $\boldsymbol{s}(t)$,它描述了 R 空间中的唯一轨迹,这个轨迹由可达律的设计完全确定并且产生关于可达模态的一些重要信息。由于可达律的简单形式,我们指定可达空间 R 中可达模态的动态特性是很容易的。但因为状态非线性微分方程的复杂性,使得在状态空间 R^n 中指定可达模态的动力学变得非常困难。可达空间表示显示出,由于可达律的形式,过程状态的超调不可能很大,这就削弱了抖振。另外,因为可达律的使用,减少了可达模态对系统摄动和外部扰动的敏感性。

应该指出,可达模态在可达空间中的不变性并不意味着在状态空间中也具有不变性。但是,它给出了状态空间中暂态过程品质的间接控制并导致更鲁棒的系统。另外,只有应用可达律的方法设计变结构控制,才能保证可达空间中的不变性。

6.1.5　滑动模态的抖振

从理论角度,在一定意义上,由于滑动模态可以按需要设计,而且系统的滑模运动与控制对象的参数变化和系统的外干扰无关,因此滑模变结构控制系统的鲁棒性要比一般常规的连续系统强。然而,滑模变结构控制在本质上的不连续开关特性将会引起系统的抖振。对于一个理想的滑模变结构控制系统,假设"结构" 切换的过程具有理想开关特性(即无时间和空间滞后),系统状态测量精确无误,控制量不受限制,则滑动模态总是降维的光滑运动而且渐近稳定于原点,不会出现抖振。但是对于一个现实的滑模变结构控制系统,这些假设是不可能完全成立的。特别是对于离散系统的滑模变结构控制系统,都将会在光滑的滑动模态上叠加一个锯齿形的轨迹。于是,在实际上,抖振是必定存在的,而且消除了抖振也就消除了变结构控制的抗摄动和抗扰动的能力,因此,消除抖振是不可能

的，只能在一定程度上削弱它到一定的范围。抖振问题成为变结构控制在实际系统中应用的突出障碍。

抖振产生的主要原因有：

(1) 时间滞后开关。在切换面附近，由于开关的时间滞后，控制作用对状态的准确变化被延迟一定的时间；又因为控制量的幅度是随着状态量的幅度逐渐减少的，所以表现为在光滑的滑动模态上叠加一个衰减的三角波。

(2) 空间滞后开关。开关滞后相当于在状态空间中存在一个状态量变化的"死区"。因此，其结果是在光滑的滑模面上叠加了一个等幅波形。

(3) 系统惯性的影响。由于任何物理系统的能量不可能是无限大，因而系统的控制力不能无限大，这就使系统的加速度有限；另外，系统惯性总是存在的，所以使得控制切换伴有滞后，这种滞后与时间滞后效果相同。

(4) 离散系统本身造成的抖振。离散系统的滑动模态是一种"准滑动模态"，它的切换动作不是正好发生在切换面上，而是发生在以原点为顶点的一个锥形体的表面上。因此有衰减的抖振，而且锥形体越大，则抖振幅度越大。该锥形体的大小与采样周期有关。

总之，抖振产生的原因在于，当系统的轨迹到达切换面时，其速度是有限大，惯性使运动点穿越切换面，从而最终形成抖振，叠加在理想的滑动模态上。对于实际的计算机采样系统而言，计算机的高速逻辑转换以及高精度的数值运算使得切换开关本身的时间及空间滞后影响几乎不存在，因此开关的切换动作所造成控制的不连续性是抖振发生的本质原因。

在实际系统中，由于时间滞后开关、空间滞后开关、系统惯性、系统延迟及测量误差等因素，使变结构控制在滑动模态下伴随着高频振动，抖振不仅影响控制的精确性、增加能量消耗，而且系统中的高频未建模动态很容易被激发起来，破坏系统的性能，甚至使系统产生振荡或失稳，损坏控制器部件。因此，关于控制信号抖振消除的研究成为变结构控制研究的首要工作。

因为抖振总是有害的，人们在消除和削弱抖振影响方面作了许多努力，下面总结几种消除或减少抖振的方法。

国内外针对滑模控制抗抖振问题的研究很多，许多学者都从不同的角度提出了解决方法。目前这些方法主要有以下几种。

1. 滤波方法

通过采用滤波器，对控制信号进行平滑滤波，是消除抖振的有效方法。文献[88]为了消除离散滑模控制的抖振，设计了两种滤波器：前滤波器和后滤波器，其中前滤波器用于控制信号的平滑及缩小饱和函数的边界层厚度，后滤波器用于消除对象输出的噪声干扰。文献[89]在边界层内，对切换函数采用了低通滤波器，得到平滑的信号，并采用了内模原理，设计了一种新型的带有积分和变边界层厚度的饱和函数，有效地降低了抖振。文献[90]利用机器人的物理特性，通过在控制器输出端加入低通滤波器，设计了虚拟滑模控制器，实现了机器人全鲁棒变结构控制，并保证了系统的稳定，有效地消除了抖振。文献[91]设计了带有滤波器的变结构控制器,有效地消除了控制信号的抖振,得到了抑制高频噪声的非线性控制器,实现了存在非建模动态的电液伺服电机的定位控制。文献[92]为了克服未建模动态特性造成的滑动模态抖振,设计了一种新型滑模控制器,该控制器输出通过一个二阶滤波器,实现控制器输出信号的平滑,其中辅助滑动模面的系数通过滑模观测器得到。文献[93]提出了一种新型控制律。该控制律由3部分构成,即等效控制、切换控制和连续控制。在控制律中采用了两个低通滤波器,其中通过一个低通滤波器得到切换项的增益,通过另一个低通滤波器得到等效控制项,并进行了收敛性和稳定性分析,有效地抑制了抖振,实现了多关节机器手的高性能控制。

2. 消除干扰和不确定性的方法

在常规滑模控制中,往往需要很大的切换增益来消除外加干扰及不确定项,因此外界干扰及不确定项是滑模控制中抖振的主要来源。利用观测器来消除外界干扰及不确定性成为解决抖振问题研究的重点。文献[94]为了将常规滑模控制方法应用于带有较强外加干扰的伺服系统中,设计了一种新型干扰观测器,通过对外加干扰的前馈补偿,大大地降低了滑模控制器中切换项的增益,有效地消除了抖振。文献[95]在滑模控制中设计了一种基于二元控制理论的干扰观测器,将观测到的干扰进行前馈补偿,减小了抖振。文献[96]提出了一种基于误差预测的滑模控制方法,在该方法中设计了一种观测器和滤波器,通过观测器消除了未建模动态的影响,采用均值滤波器实现了控制输入信号的平滑,有效地消除了未建模动态造成的抖振。文献[97]设计了一种离散的滑模观测器,实现了对控制输入端干扰的观测,从而实现对干扰的有效补偿,相对地减小了切换增益。

3. 遗传算法优化方法

遗传算法是建立在自然选择和自然遗传学机理基础上的迭代自适应概率性搜索算法,在解决非线性问题时表现出很好的鲁棒性、全局最优性、可并行性和高效率,具有很高的优化性能。文献[98]针对非线性系统设计了一种软切换模糊滑模控制器,采用遗传算法对该控制器增益参数及模糊规则进行离线优化,有效地减小了控制增益,从而消除了抖振。针对不确定性伺服系统设计了一种积分自适应滑模控制器,通过该控制器中的自适应增益项来消除不确定性及外加干扰,如果增益项为常数,则会造成抖振。为此,文献[99]设计了一种实时遗传算法,实现了滑模变结构控制器中自适应增益项的在线自适应优化,有效地减小了抖振。文献[100]采用遗传算法进行切换函数的优化,将抖振的大小作为优化适应度函数的重要指标,构造一个抖振最小的切换函数。

4. 降低切换增益方法

由于抖振主要是由于控制器的不连续切换项造成,因此减小切换项的增益,便可有效地消除抖振。文献[101]根据滑模控制的 Lyapunov 稳定性要求,设计了时变的切换增益,减小了抖振。文献[102]对切换项进行了变换,通过设计一个自适应积分项来代替切换项,实现了切换项增益的自适应调整,有效地减小了切换项的增益。文献[103]针对一类带有未建模动态系统的控制问题,提出了一种鲁棒低增益变结构模型参考自适应控制新方法,使系统在含未建模动态时所有辅助误差均可在有限时间内收敛为零,并保证在所有情况下均为低增益控制。文献[104]提出了采用模糊神经网络的切换增益自适应调节算法,当跟踪误差接近于零时,切换增益接近于零,大大降低了抖振。

5. 扇形区域法

文献[105]针对不确定非线性系统,设计了包含两个滑动模面的滑动扇区,构造连续切换控制器使得在开关面上控制信号是连续的。文献[106]采用滑动扇区法,在扇区之内采用连续的等效控制,在扇区之外采用趋近律控制,很大程度地消除了控制的抖振。

6. 基于神经网络降低抖振

文献[107]采用神经网络实现了对线性系统的非线性部分、不确定部分和未知外加干扰的在线估计,实现了基于神经网络的等效控制,有效地消除了抖振。文献[108]提出了一种新型神经网络滑模控制方法,采用两个神经网络分别逼近等效滑模控制部分及切换滑模控制部分,无需对象的模型,有效地消除了控制器的抖振。该方法已成功地应用于机器人的轨迹跟踪。文献[109]利用神经网络的逼近能力,设计了一种基于 RBF 神经网络的滑模控制器,将切换函数作为网络的输入,控制器完全由连续的 RBF 函数实现,取消了切换项,消除了抖振。文献[110]将滑模控制器分为两部分:一部分为神经网络滑模控制器,另一部分为线性反馈控制器。利用模糊神经网络的输出代替滑模控制中的切换函数,保证了控制律的连续性,从根本上消除了抖振。

7. 基于模糊系统降低抖振

根据经验,以降低抖振来设计模糊规则,可有效地降低滑模控制的抖振。模糊滑模控制柔化了控制信号,即将不连续的控制信号连续化,可减轻或避免一般滑模控制的抖振现象。模糊逻辑还可以实现滑模控制参数的自调整。在常规的模糊滑模控制中,控制目标从跟踪误差转化为滑模函数,模糊控制器的输入不是$(e,\dot{e})$而是$(s,\dot{s})$,通过设计模糊规则,使滑模面为零,可消除滑模控制中的切换部分,从而消除抖振。文献[111]采用等效控制、切换控制和模糊控制 3 部分构成模糊滑模控制器,在模糊控制器中,通过模糊规则的设计,降低了切换控制的影响,有效地消除了抖振。文献[112]利用模糊控制对系统的不确定项进行在线估计,实现切换增益的模糊自调整,在保证滑模到达条件满足的情况下,尽量减小切换增益,以降低抖振。文献[113]建立了滑模控制的抖振指标,以降低抖振来设计模糊规则,模糊规则的输入为当前的抖振指标大小,模糊规则的输出为边界层厚度变化,通过模糊推理,实现了边界层厚度的自适应调整。文献[114]提出了一种基于模糊逻辑的连续滑模控制方法,使用了连续的模糊逻辑切换代替滑模控制的非连续切换,避免了抖振。

8. 连续性方法

在许多变结构的设计中,控制包含具有继电特性的项。因为理想的继电特性在实际上不可能执行,所以一种自然的消除抖振的方法是将继电型不连续面光滑化。一种办法是用饱和特性代替继电特性,这样在状态空间中就引入了围绕切换面的边界层。在边界层内控制被选作切换函数的连续近似,实质上是在切换面附近造成高增益。连续性的后

果是失去了滑动模态,因而也就失去了不变性,系统拥有的鲁棒性是边界层宽度的函数。另一种连续性方法是用极小-极大类控制 $u = \dfrac{c^{T}x}{|c^{T}x| + \delta}$ 代替,这里小正数 δ 使控制 u 连续。这种方法实际上也是使光滑了的控制在切换面附近具有高增益特性。连续性方法消除高频抖振是以牺牲不变性为代价。如果边界层厚度或正数 δ 选得足够小,那么仍可保持高度的鲁棒性,但在控制器上大的时间滞后需要厚的边界层或较大的 δ。在极端情况下,能导致大幅低频振动并且系统可能不再拥有任何变结构行为。

9. 采用可达律方法

抖振可以通过调节可达律 $\dot{s}_i = -q_i \text{sgn}(s_i) - k_i s_i$ 的参数 q_i 和 k_i 来减小。在相轨线接近切换面时,$s_i \approx 0$,所以 $|\dot{s}_i| \approx q_i$。如果增益 q_i 选得较小,在状态轨迹接近切换面时,运动速率减少了,结果抖振幅度减小了。然而 q_i 不能选为零,因为这样到达时间将是无穷大,系统不再是滑动模态控制系统。

另外,文献[68]还介绍了一种渐近观测器方法。渐近观测器能作为高频分量的分路器,因而并没有激发未建模动力学。这里就不再介绍了。

抖振是变结构控制在许多实际控制系统中获得广泛应用的严重障碍。消除或减少抖振仍然是重要的和具有挑战性的问题。

10. 其他方法

文献[115]针对滑模变结构控制中引起抖振的动态特性,将抖振看成叠加在理想滑模上的有限频率的振荡,提出了滑动切换面的优化设计方法。即通过切换面的设计,使滑动模态的频率响应具有某种希望的形状,实现频率整形。该频率整形能够抑制滑动模态中引起抖振的频率分量,使切换面为具有某种“滤波器”特性的动态切换面。文献[116]设计了一种能量函数。该能量函数包括控制精度和控制信号的大小,采用LMI(Linear Matrix Inequality)方法设计滑动模面,使能量函数达到最小,实现了滑动模面的优化,提高了控制精度,消除了抖振。

6.1.6　切换函数的设计方法

对于非线性系统来说,滑动模态的分析和寻找相应的切换函数是十分困难的。为了研究非线性系统中滑动模态的稳定性,通常是使用状态变换将系统微分方程变成几个可能的标准型之一。文献[62]总结了三种标准型:简约型;可控标准型;输入输出解耦型。这里仅介绍常用的简约型。

假定系统(6.3)能通过状态变换 $\boldsymbol{y} = \boldsymbol{g}(\boldsymbol{x})$ 变成如下的简约型

$$\dot{\boldsymbol{y}}_1 = a_1(y) \quad \text{dim-}y_1 = n - m$$

$$\dot{\boldsymbol{y}}_2 = \boldsymbol{a}_2(\boldsymbol{y}) + \boldsymbol{B}^*(\boldsymbol{y}) \quad \text{dim-}y_2 = m$$

其中,$\boldsymbol{y}^{T} = [\boldsymbol{y}_1^{T}, \boldsymbol{y}_2^{T}]$,$B^*(\boldsymbol{y})$ 对所有 $\boldsymbol{y}$ 非奇异,理论上,在切换流形上 $s(\boldsymbol{x}) = s(\boldsymbol{g}^{-1}(\boldsymbol{y})) = 0$,解出 $\boldsymbol{y}_2 = \boldsymbol{w}(\boldsymbol{y}_1)$,那么滑动模态方程为

$$\dot{\boldsymbol{y}}_1 = \boldsymbol{a}_1[\boldsymbol{y}_1, \boldsymbol{w}(\boldsymbol{y}_1)]$$

这样在切换面上，变结构系统的阶数从n减少到$n-m$。可用Lyapunov第二法保证上式滑动模态的稳定性。

另外，文献[62,63]介绍了滑动模态等价方法，下面简述这个方法。

考虑系统为

$$\dot{\boldsymbol{x}}=\boldsymbol{a}_s(\boldsymbol{x})+\boldsymbol{B}_s(\boldsymbol{x})\boldsymbol{u} \tag{6.18}$$

其中，dim-$x=n$，dim-$u=m$。系统(6.18)可以是线性或非线性的，但通常比系统(6.3)简单。令(6.3)和(6.18)有相同的切换流形$\boldsymbol{s}(\boldsymbol{x})=0$。

定理 考虑系统(6.3)和(6.18)，如果条件

$$\begin{aligned}\boldsymbol{a}(\boldsymbol{x})-\boldsymbol{a}_s(\boldsymbol{x})&=\boldsymbol{B}_s(\boldsymbol{x})\tilde{\boldsymbol{a}}(\boldsymbol{x})\\ \boldsymbol{B}(\boldsymbol{x})-\boldsymbol{B}_s(\boldsymbol{x})&=\boldsymbol{B}_s(\boldsymbol{x})\tilde{B}(\boldsymbol{x})\end{aligned} \tag{6.19}$$

成立，只要$\frac{\partial s}{\partial x}\boldsymbol{B}(\boldsymbol{x})$和$\frac{\partial s}{\partial x}\boldsymbol{B}_s(\boldsymbol{x})$是非奇异的，那么系统(6.3)和(6.18)的滑动模态是相同的。这两个系统叫做滑动模态等价系统。

证明 方程(6.3)对切换流形$\boldsymbol{s}(\boldsymbol{x})=0$求导有

$$\dot{s}(\boldsymbol{x})=\frac{\partial s}{\partial x}a(\boldsymbol{x})+\boldsymbol{B}(\boldsymbol{x})\boldsymbol{u}=0$$

解出滑动模态等价控制

$$\boldsymbol{u}_e=-\left(\frac{\partial s}{\partial x}\boldsymbol{B}(\boldsymbol{x})\right)^{-1}\frac{\partial s}{\partial x}\boldsymbol{a}(\boldsymbol{x})$$

代入(6.3)得到滑动模态运动方程

$$\dot{\boldsymbol{x}}=\boldsymbol{a}(\boldsymbol{x})-\boldsymbol{B}(\boldsymbol{x})\left(\frac{\partial s}{\partial x}B(\boldsymbol{x})\right)^{-1}\frac{\partial s}{\partial x}\boldsymbol{a}(\boldsymbol{x}) \tag{6.20}$$

相似地，对简化系统(6.18)，等价控制下的滑动模态是

$$\dot{\boldsymbol{x}}=\boldsymbol{a}_s(\boldsymbol{x})-B_s(\boldsymbol{x})\left(\frac{\partial s}{\partial x}\boldsymbol{B}_s(\boldsymbol{x})\right)^{-1}\frac{\partial s}{\partial x}\boldsymbol{a}_s(\boldsymbol{x}) \tag{6.21}$$

现在只需证明式(6.20)和(6.21)是相同的。从条件(6.19)有

$$\begin{aligned}\boldsymbol{a}(\boldsymbol{x})&=\boldsymbol{a}_s(\boldsymbol{x})+\boldsymbol{B}_s(\boldsymbol{x})\tilde{\boldsymbol{a}}(\boldsymbol{x})\\ \boldsymbol{B}(\boldsymbol{x})&=\boldsymbol{B}_s(\boldsymbol{x})+\boldsymbol{B}_s(\boldsymbol{x})\tilde{B}(\boldsymbol{x})\end{aligned}$$

把上式代入方程(6.20)得到

$$\dot{\boldsymbol{x}}=\boldsymbol{a}_s(\boldsymbol{x})+\boldsymbol{B}_s(\boldsymbol{x})\tilde{a}(x)-\{\boldsymbol{B}_s(\boldsymbol{x})[I+\tilde{\boldsymbol{B}}(\boldsymbol{x})]\}\left\{\frac{\partial s}{\partial x}\boldsymbol{B}_s(\boldsymbol{x})[I+\tilde{\boldsymbol{B}}(\boldsymbol{x})]^{-1}\right\}^{-1}\cdot$$
$$\frac{\partial s}{\partial x}[\boldsymbol{a}_s(\boldsymbol{x})+\boldsymbol{B}_s(\boldsymbol{x})\tilde{\boldsymbol{a}}(\boldsymbol{x})] \tag{6.22}$$

假定$I+\tilde{B}(x)$是非奇异的，由方程(6.22)得到

$$\dot{\boldsymbol{x}}=\boldsymbol{a}_s(\boldsymbol{x})-\boldsymbol{B}_s(\boldsymbol{x})\left(\frac{\partial s}{\partial x}\boldsymbol{B}_s(\boldsymbol{x})\right)^{-1}\frac{\partial s}{\partial x}\boldsymbol{a}_s(\boldsymbol{x})$$

与(6.21)相同。

条件(6.19)也叫做匹配条件。这样对非线性系统(6.3)的切换函数设计问题就退

化为对简化系统(6.18)设计切换函数。在最简单的情况下,简化系统(6.18)是线性的。关于线性系统切换函数的设计方法已有成熟的理论,如极点配置、二次型最优、特征结构配置等。这里仅用极点配置的方法设计线性简化系统的切换函数。

考虑线性系统(6.18)和线性切换流形方程如下

$$\begin{aligned}\dot{\boldsymbol{x}} &= \boldsymbol{A}_s\boldsymbol{x} + \boldsymbol{B}_s\boldsymbol{u} \\ \boldsymbol{s}(\boldsymbol{x}) &= \boldsymbol{C}_s\boldsymbol{x} = 0\end{aligned} \tag{6.23}$$

矩阵 $\boldsymbol{B}_s$ 列满秩,矩阵 $\boldsymbol{C}_s$ 行满秩。对于系统(6.23),如果 $(\boldsymbol{A}_s,\boldsymbol{B}_s)$ 是可控对,那么可用非奇异线性变换将它化为简约型。这里假定式(6.23)已具有简约形式。即有下列划分

$$\boldsymbol{x} = \begin{bmatrix}\boldsymbol{x}_1 \\ \boldsymbol{x}_2\end{bmatrix} \quad \boldsymbol{C}_s = [\boldsymbol{C}_1 \quad \boldsymbol{C}_2] \quad \boldsymbol{A}_s = \begin{bmatrix}\boldsymbol{A}_{11} & \boldsymbol{A}_{12} \\ \boldsymbol{A}_{21} & \boldsymbol{A}_{22}\end{bmatrix} \quad \boldsymbol{B}_s = \begin{bmatrix}\boldsymbol{0} \\ \boldsymbol{B}_2\end{bmatrix}$$

其中,$\text{dim-}x_1 = n - m$,$\text{dim-}x_2 = m$,$\boldsymbol{B}_2$ 和 $\boldsymbol{C}_2$ 是 $m \times m$ 非奇异矩阵。取变换

$$\begin{bmatrix}\boldsymbol{x}_1 \\ \boldsymbol{s}\end{bmatrix} = \begin{bmatrix}\boldsymbol{I} & \boldsymbol{0} \\ \boldsymbol{C}_1 & \boldsymbol{C}_2\end{bmatrix}\begin{bmatrix}\boldsymbol{x}_1 \\ \boldsymbol{x}_2\end{bmatrix}$$

那么式(6.23)变为

$$\dot{\boldsymbol{x}}_1 = (\boldsymbol{A}_{11} - \boldsymbol{A}_{12}\boldsymbol{C}_2^{-1}\boldsymbol{C}_1)x_1 + \boldsymbol{A}_{12}\boldsymbol{C}_2^{-1}\boldsymbol{s}$$

$$\dot{\boldsymbol{s}} = [(\boldsymbol{C}_1\boldsymbol{A}_{11} + \boldsymbol{C}_2\boldsymbol{A}_{21}) - (\boldsymbol{C}_1\boldsymbol{A}_{12} + \boldsymbol{C}_2\boldsymbol{A}_{22})\boldsymbol{C}_2^{-1}\boldsymbol{C}_1]\boldsymbol{x}_1 + (\boldsymbol{C}_1\boldsymbol{A}_{12} + \boldsymbol{C}_2\boldsymbol{A}_{22})\boldsymbol{C}_2^{-1}s + \boldsymbol{C}_2\boldsymbol{B}_2\boldsymbol{u}$$

在切换流形 $\boldsymbol{s}(x) = 0$ 上,有下面的微分方程成立

$$\dot{\boldsymbol{x}}_1 = (\boldsymbol{A}_{11} - \boldsymbol{A}_{12}\boldsymbol{C}_2^{-1}\boldsymbol{C}_1)\boldsymbol{x}_1$$

只要匹配条件(6.19)满足,那么上式微分方程不但描述了线性简化系统(6.23)的滑动模态,还描述了原始非线性系统(6.3)的滑动模态,其阶数从 n 减少到 $n - m$。

如果 $(\boldsymbol{A}_s,\boldsymbol{B}_s)$ 是可控对,则 $(\boldsymbol{A}_{11},\boldsymbol{A}_{12})$ 也是可控对,也就是滑动模态是可控的。由线性系统理论可知,系统 $(\boldsymbol{A},\boldsymbol{B})$ 可控的充要条件是系统可由状态反馈 $\boldsymbol{u} = \boldsymbol{K}\boldsymbol{x}$ 任意配置极点,使 $(\boldsymbol{A} - \boldsymbol{B}\boldsymbol{K})$ 具有任意的极点集合,故存在 $m \times (n - m)$ 阵 K 使得 $(\boldsymbol{A}_{11} - \boldsymbol{A}_{12}\boldsymbol{k})$ 的极点集 $\sigma(\boldsymbol{A}_{11} - \boldsymbol{A}_{12}\boldsymbol{k}) = \Lambda$ 等于预先给定的极点集 Λ。于是可得 $\boldsymbol{C}_2^{-1}\boldsymbol{C}_1 = \boldsymbol{K}$,由此得到

$$\boldsymbol{C}_s = [\boldsymbol{C}_1 \quad \boldsymbol{C}_2] = [\boldsymbol{C}_2\boldsymbol{K} \quad \boldsymbol{K}] = \boldsymbol{C}_2[\boldsymbol{K} \quad \boldsymbol{I}_m]$$

其中,非奇异阵 $\boldsymbol{C}_2$ 是任意的,如果取 $\boldsymbol{C}_2 = I_m$,则唯一确定了 $\boldsymbol{C} = [\boldsymbol{K} \quad \boldsymbol{I}_m]$。这样就完成了切换函数的设计。

6.1.7　控制律的设计

变结构控制律的设计受两个因素影响:1)滑动模态进入模式的选择;2)控制律的结构是否预先指定。在变结构控制的设计中,控制的结构可以是自由的,也可以是预先指定的。不管哪种情况,目的都是要满足可达条件。有时候,预先指定控制的结构,然后确定控制器增益的值以满足期望的可达条件,非常方便。关于控制的结构在文献[62,63]中有详细的阐述,这里从略了。而在控制结构自由的方法中,通过约束切换函数到前述的三种可达条件之中的一种,求得控制律。最常用的是满足直接切换函数法,用这种方法求控

制通常要解大量的不等式,求解困难,用逐项优超方法不断强化条件,因而所得的控制非常保守。Lyapunov 函数法也作为一种综合方法用来求变结构控制,尤其是对于不确定性系统。关于这两种方法就不介绍了。下面介绍用可达律求变结构控制的方法。

考虑系统(6.3),求切换函数 $\boldsymbol{s}(\boldsymbol{x})$ 沿可达模态的导数有

$$\dot{s} = \frac{\partial s}{\partial x}\boldsymbol{A}(\boldsymbol{x}) + \frac{\partial s}{\partial x}\boldsymbol{B}(\boldsymbol{x})\boldsymbol{u} \tag{6.24}$$

可达律方程由(6.12)给出,这样有

$$\dot{s} = \frac{\partial s}{\partial x}\boldsymbol{A}(\boldsymbol{x}) + \frac{\partial s}{\partial x}\boldsymbol{B}(\boldsymbol{x})\boldsymbol{u} = -\boldsymbol{Q}\mathrm{sgn}(s) - \boldsymbol{K}\boldsymbol{f}(s) \tag{6.25}$$

容易得到变结构控制为

$$u = -\left[\frac{\partial s}{\partial x}\boldsymbol{B}(\boldsymbol{x})\right]^{-1}\left[\frac{\partial s}{\partial x}\boldsymbol{A}(\boldsymbol{x}) + \boldsymbol{Q}\mathrm{sgn}(s) + \boldsymbol{K}\boldsymbol{f}(s)\right] \tag{6.26}$$

这样就完成了控制律的设计。可达律方法指定了可达模态的动态特性,简化了变结构控制的求解过程,另外,还减少了抖振。

6.2 变结构制导律的研究现状

6.2.1 滑模制导律

Brierley 等人[38] 最早将变结构理论应用于导弹制导中,将滑模控制应用于空-空导弹的目标拦截问题,设计了以比例导引为基础的滑模面。滑模面定义为:$s = -N_{sm}\dot{q} - \delta_z$,式中 N_{sm} 为滑模导航比,δ_z 为舵偏角。作者在讨论了滑动模态的存在性和趋近律之后,对滑模制导律(Sliding Model Guidance,简称 SMG)进行了仿真,并与比例导引律的仿真结果进行了比较。结果表明滑模制导律对控制动力学中的不确定性等模型参数的变化具有鲁棒性;并且,当执行机构出现故障时,比例导引律无法完成任务(脱靶量为 1 871.734 m),而滑模制导律的脱靶量为 1.46 m。这充分说明了滑模制导律的性能明显优于比例导引律。为了削弱抖振,文中采取了给滑模面增加“厚度”的措施,修正之后的控制器具有饱和特性。“厚度”越大,控制就越平滑,但理想滑模面所具有的优点如对参数不确定的鲁棒性就越会被削弱。上述的滑模制导律是变结构制导律的一种常用制导策略。

6.2.2 切换偏置比例导引律

Babu 等人[37,69] 将目标机动作为一类有界干扰,利用变结构控制理论推导出对目标高速机动具有强鲁棒性的制导律——切换偏置比例导引律(SBPN)。拦截问题中 $\dot{q} = 0$ 代表了理想的拦截条件,因此文中选择滑模面为 $s = \dot{q}$。为了使系统轨迹尽快进入滑模面,在设计趋近律时构造 Lyapunov 函数 $V = s^2/2$。为了满足到达条件,需要满足 $\dot{V} = s\dot{s} < 0$,经推导得导弹的加速度指令为

$$a_m = \frac{1}{\cos(\theta_m - q)}[-NR\dot{q} + W\mathrm{sgn}(\dot{q})]$$

式中　sgn(·)—— 符号函数。

在制导律的推导过程中，做了如下的假设：① 目标和导弹的速度为常数，而且导弹的速度大于目标的速度；② 目标加速度 a_t 的大小是有界的；③ 自动驾驶仪和导引头的动态过程可以忽略。

SBPN 可以视为是一种具有时变制导增益和一个切换偏置项的比例导引律，其突出的特点是：不需要显式地估计目标机动，只需要知道目标加速度的界限即可。当滑模条件满足，系统稳定于滑动模态时，加速度指令中的切换偏置项起到了估计目标加速度的作用。这时，SBPN 可以视为具有制导增益 $2/\cos(\theta_m - q)$ 的增广比例导引律(APN)。

在 SBPN 中，制导律参数的选择是很重要的。除了目标机动，系统中还存在其他的未建模动态。例如，导弹速度的变化、被忽略的导引头以及跟踪回路的动态特性等。如果能够估计它们的界限，可以将它们也包含在切换偏置项增益中。制导律中偏置项增益 W 的确定需满足两个条件：在不引起过大的加速度的情况下应该尽量大，使系统状态能够快速到达滑模面；在滑动模态阶段应尽量小，以减小抖振。另外，为了削弱抖振，文中采用了饱和非线性函数 $x/(|x| + \delta)$ 来代替符号函数 sgn(x)，式中 δ 为小正实数。

为了对比，仿真时考虑了比例导引律(PN) 和增广比例导引律(APN)。仿真结果表明，SBPN 的性能优于 PN，与 APN 类似，但 SBPN 不需要准确知道目标加速度的信息，与 PN 一样易于实现。为了证明 SBPN 的鲁棒性，对导弹速度变化的情况进行了仿真。结果显示，在上述情况下 SBPN 的加速度指令几乎保持不变，表现了很强的鲁棒性。但是，SBPN 存在两个缺点：一是在目标高速机动和有较大的导引初始误差时，需要较大的增益使视线角速率轨迹到达并且沿着滑模面运动；二是与 PN 一样，SBPN 也没有考虑导弹速度变化引起的气动阻力的影响。

6.2.3　SWAR 制导律

为了克服 SBPN 存在的缺点，Babu，Sarma 和 Swamy[70] 又研制了另一滑模制导律，称 SWAR(Switched Acceleration Rate) 制导律。其开关面包括射程，视线角速率及其微分和射程的变化率。这种开关面的选取允许视线角速率逐渐衰减，而不是立刻为零。这个一阶开关面(以视线角速率和射程作为基本变量) 可以部分补偿没有明确建模的自动驾驶仪动态特性和系统延迟。基于此滑动面，产生连续的加速度制导律，从而降低了抖振。其实质是在基本 PN 的基础上，附加一项补偿目标加速度和其他未建模动态。

SWAR 可看做是动态制导律。其中，指令加速度变化率为控制输入量，因为明确考虑了气动阻力的影响，从制导律中可看出，需知道射程和视线角的二次微分。由于不能直接测量到，采用基于滑模理论的估计方案 —— 滑模辨识器(SMC) 来估计这些量，这也是 Babu 等创新之处。

描述导弹和目标拦截运动的模型本质上是非线性的，传统的估计导弹目标相对运动状态的方法,是基于推广卡尔曼滤波器 EKF(Extended Kalman Filter),其鲁棒特性没有保证。而滑模辨识器本质非线性,对未建模动态有鲁棒性,因此,Babu 等采用滑模辨识器来估计视线角和射程的二次微分。滑模辨识器与 EKF 的主要区别是前者明确考虑了干扰的影响,并对其做了补偿;而后者将干扰当做过程噪声,这是 SMC 滑模辨识器优于传统 EKF 的主要原因。

仿真中采用了 6 自由度的一般短程战术空对空刚体导弹拦截模型,执行机构认为具有足够宽的频带,对 PN 和 SWAR 制导律进行了确定性仿真和随机仿真。结果表明,SWAR 性能优于 PN。

6.2.4 具有终端约束的变结构制导律

一般来说,自寻的制导武器的主要目标是产生合适的指令以使脱靶量最小。但在一些情况下,比如,带有定向导引头的导弹和水下飞行器,为了取得恰当的穿透,要求它们有合适的姿态角。再如,拦截导弹摧毁弹道导弹,需要头对头直接撞击。这不仅要有零脱靶量,还要有期望的着角,传统的 PN 及 Babu 等人的制导律不能保证获得期望的着角。

Kim 和 Grider 第一次推导出带有着角约束的最优和次最优制导律[71]。Lee 和 Ryoo[72] 等推导出反坦克和反舰导弹的带着角约束的实时制导算法。另外,他们还将制导律与高阶自动驾驶仪配合,研究了高度控制。在上述工作中,都假设目标速度很慢(与追踪者导弹相比),因此,在反坦克和反舰中是有效的。但当目标速度相对较高时,由初始条件决定的制导律可能有很窄的发射范围。

随着变结构理论的发展,Byung 和 Jang[73] 等人提出用滑动模型控制方法修正比例导引律,使其在跟踪高速机动目标时能保证零脱靶量和期望着角,而且制导律形式简单,易在自寻的系统中实现。为保证零脱靶量和期望着角需选择合适的开关面,导引误差一般体现在导引律中,零脱靶量是它的目标,通过使导引误差为零而使其为零。因为期望的视线角可由期望的着角计算出来,所以通过使视线角(LOS)误差即 $|q-q_d|$ 为零可使着角满足要求。导引误差和视线误差角共同构成制导误差,制导目标是使二者同时为零。所以,开关面同时包含这两个因素。为了描述角约束,定义了函数 $\theta_d(t)$,末端角约束可以表示为 $\theta_m(t_f)=\theta_d(t_f)$。滑模平面的定义考虑了目标不机动和目标机动两种情况。

目标不机动时滑动平面选择为

$$s=\dot{q}(t)+\frac{\lambda V_m}{R(t)}(q(t)-q_d) \tag{6.27}$$

式中 q_d——常数,$\lambda>0$。

趋近律设计采用了 Lyapunov 函数

$$V=\frac{s^2}{2} \tag{6.28}$$

经推导,得到导弹的加速度指令形式为

$$a_m=\left[(\lambda V_m+K-2\dot{R})\dot{q}+\frac{(K-\dot{R})\lambda V_m(q-q_d)}{R}+\omega\operatorname{sgn}(s)\right]\Big/\cos\eta_m \tag{6.29}$$

式中　$K > 0, \omega > 0$。

目标机动时可以分两种情况考虑：目标随机机动和目标固定机动。当目标随机机动时，选择滑动平面为

$$s = \dot{q}(t) + \frac{\lambda V_m}{R(t)}(q(t) - q_d(t))$$

趋近律同上；当目标固定机动时，也就是目标的机动可以用式 $a_t = c \cdot V_t$ 表示，式中 c 为常数，这时选择的滑模平面为

$$s = \dot{q}(t) - \dot{q}_d(t) + \frac{\lambda V_m}{R(t)}(q(t) - q_d(t))$$

加速度指令的推导同上。对三种情况都进行了仿真，结果表明应用该制导律不但能够得到非常好的命中精度，而且有理想的期望着角，即 $|q - q_d| \to 0$。

6.2.5　最优滑模制导律

D. Zhou 等将最优控制理论和滑模变结构控制理论相结合，设计了一种基于视线角速率的最优滑模制导律(OSMGL)。文中将目标加速度视为有界干扰，首先假设外界干扰 $w_q = 0$，也就是说先考虑目标不机动情形，选取拦截时间、拦截精度与控制能量为线性二次型性能指标，应用最优控制理论得到导弹所需控制量为

$$u^* = N(t)x = \frac{3R^3(t)\dot{R}(t)}{R^3(t_f) - R^3(t)}x$$

式中　$R(t)$—— 导弹-目标相对距离；

t_f—— 末制导终止时刻。

为了拦截机动目标，将最优控制与滑模制导相结合，选取视线角速率为滑模面 $s = \dot{q}$，经推导得到最优滑模制导律

$$u = N(t)x + \varepsilon \mathrm{sgn}(x)$$

作者选取 Lyapunov 函数 $V = s^2/2$，证明了当 $t \to \infty$ 时 $V(t) \to 0$，保证了系统的稳定。作者认为在末制导的绝大部分时间内，$R(t) \gg R(t_f)$，因此 $N(t) \approx -3\dot{R}(t)$。特别是，如果 $R(t_f) \to 0$，那么 $N(t) \to -3\dot{R}(t)$，这意味着 $N(t)x$ 是比例导航项。在实际应用中，$R(t_f)$ 难以实时获得或验前估计出来，所以可选 $N(t) = -3\dot{R}(t)$。在整个制导过程中，$\dot{R}(t)$ 变化不大。另外，由于滑模制导律对参数摄动有鲁棒性，所以可以使用 $\dot{R}(t)$ 的估计值，如可以取 $\hat{\dot{R}}(0) = \mathrm{const}$。这里 $\hat{\dot{R}}(0)$ 代表 $\hat{\dot{R}}(t)$ 在末制导初始时刻的估计值。这样，在实际应用中，最优滑模制导律可以简写为 $u = -3\hat{\dot{R}}(0)x + \varepsilon \mathrm{sgn}(x)$，实际应用中可以用 $\frac{x}{|x| + \delta}$ 来代替符号函数 $\mathrm{sgn}(x)$。

6.2.6　全局滑模变结构控制

导弹传统的变结构控制系统运动包括两个阶段：到达阶段和滑动阶段。在到达阶段，

系统状态由任意初始位置向滑模面 $s=0$ 靠近;在滑动阶段,系统状态进入滑模面并沿着滑模面运动。该阶段控制的目的是保证 $s=0$,并使此时的等效运动具有期望的性能。变结构控制系统的鲁棒性仅体现在滑动阶段,而在到达阶段系统的动态特性对于参数摄动和外部干扰的影响是十分敏感的。因此,有人提出了全局滑模变结构控制,该控制方法使系统状态在运动的初始时刻就位于滑模面上,从而在整个控制过程中都能保证系统的强鲁棒性。

设位置指令为 $r(t)$,定义误差信号为

$$e(t)=x(t)-r(t) \tag{6.30}$$

则全局滑模面可写为

$$s(t)=\dot{e}(t)+ce(t)-f(t) \tag{6.31}$$

式中 $f(t)$—— 为了达到全局滑模面设计的函数。

另一种积分型全局滑模面设计方法是将滑模面设计为

$$s(t)=\dot{e}(t)+k\int_0^t e(\tau)-e(0)\quad (k>0) \tag{6.32}$$

系统状态在运动的初始时刻就位于该滑模面上,不需要到达阶段。当系统在滑模面上运动时,$s(t)=\dot{s}(t)=0$,则系统误差的等效动态由式 $\dot{e}(t)=-ke(t)$ 确定,为指数收敛的。

6.2.7 变结构制导律的发展方向

上述6种变结构制导律研究的仿真结果均表明,与传统制导律相比它们不仅鲁棒性强,而且易于实现,充分地显示出其优越性。但变结构控制存在着抖动和需要已知不确定参数上下界等问题。因此,如何消除抖动而又不影响鲁棒性,是应用变结构制导设计时必须考虑的问题。

模糊控制无需建立对象的精确数学模型,因此将模糊逻辑推理引入变结构制导律,有助于削弱抖振。而神经网络具有自学习的能力,可以将神经网络的学习用于变结构制导律,提高其自适应能力。但如何设计神经网络的快速学习算法是制约其能否实际应用的一个重要因素。

综上所述,将变结构制导与模糊逻辑推理、神经网络系统等相融合,使它们优势互补的设计思想,为进一步开展变结构智能自适应制导律的研究提供了新途径。

6.3 模糊变结构制导律的设计

由上述分析可知,变结构控制理论对外部干扰和参数摄动具有较强的鲁棒性,因此采用滑模变结构控制是解决导弹制导问题较好的途径。本节提出了一种新型基于非线性系统变结构控制理论[62,74~76]的导引律。该导引律仅利用了目标加速度的界限,不需要精确测出目标加速度的值,故对目标机动具有较强的鲁棒性。通过选择合适的滑模面,该导引

律获得了较小的脱靶量以及拦截时间。

6.3.1　变结构控制在非线性系统中的应用

对于一个非线性系统

$$\dot{\eta}=f_1(\eta,\xi)+\delta_\eta(\eta,\xi) \tag{6.33}$$

$$\dot{\xi}=f_a(\eta,\xi)+G_a(\eta,\xi)[u+\delta_\xi(\eta,\xi,u)] \tag{6.34}$$

式中　δ_η,δ_ξ—— 干扰量；

u—— 控制量；

f_1,f_a,G_a—— 系统已知变量。

设计滑模面 $\xi=\varphi(\eta)$ 使系统

$$\dot{\eta}=f_1(\eta,\varphi(\eta))+\delta_\eta(\eta,\varphi(\eta)) \tag{6.35}$$

具有所要求的性能。引入变量 s

$$s=\xi-\varphi(\eta) \tag{6.36}$$

如果能使 $s=0$，那么就可得 $\xi=\varphi(\eta)$，从而使系统满足要求。变结构控制就是让系统进入滑模面后使 $s,\dot{s}=0$，从而系统停留在滑模面上。对式(6.36)求导，并代入式(6.34)、(6.35)后，可得

$$\dot{s}=f_a(\eta,\xi)+G_a(\eta,\xi)[u+\delta_\xi(\eta,\xi,u)]-\frac{\partial\varphi}{\partial\eta}[f_1(\eta,\xi)+\delta_\eta(\eta,\xi)] \tag{6.37}$$

假设控制量输入表达式为

$$u=u_{eq}+G_a^{-1}(\eta,\xi)v \tag{6.38}$$

其中，u_{eq} 是系统无干扰时，维持系统在滑模面上的等效控制，v 是干扰量。令 $\dot{s}=0$，由方程(6.37)可得

$$u_{eq}=G_a^{-1}(\eta,\xi)\left[-f_a(\eta,\xi)+\frac{\partial\varphi}{\partial\eta}f_1(\eta,\xi)\right] \tag{6.39}$$

将式(6.38)、(6.39)带入方程(6.37)，可得

$$\dot{s}=v+\Delta(\eta,\xi,v) \tag{6.40}$$

其中

$$\Delta(\eta,\xi,v)=G_a(\eta,\xi)\delta_\xi[\eta,\xi,u_{eq}+G_a^{-1}(\eta,\xi)v] \tag{6.41}$$

设式(6.41)中的 $\Delta(\eta,\xi,v)$ 满足不等式

$$\|\Delta(\eta,\xi,v)\|_\infty\leqslant\rho(\eta,\xi)+d\|v\|_\infty \tag{6.42}$$

其中，$\rho(\eta,\xi)$ 为一连续函数且满足 $\rho(\eta,\xi)\geqslant0$；d 为常数且 $d\in[0,1]$，利用式(6.42)可以解出干扰量 v 的值。将式(6.40)改写为

$$\dot{s}_i=v_i+\Delta_i(\eta,\xi,v),\quad i=1,\cdots,p \tag{6.43}$$

设 v_i 具有

$$v_i=-\frac{\beta(\eta,\xi)}{1-d}\mathrm{sgn}(s_i),i=1,\cdots,p \tag{6.44}$$

形式，其中 sgn(·) 为符号函数；$\beta(\eta,\xi)$ 为连续函数满足

$$\beta(\eta,\xi) \geqslant \rho(\eta,\xi) + b, b = \text{const} > 0 \tag{6.45}$$

取 Lyapunov 函数 $V = \sum_{i=1}^{p} \frac{1}{2} s_i^2$，对时间求导并将式(6.43)、(6.44)代入，得到

$$\dot{V} = \sum_{i=1}^{p} \dot{V}_i = \sum_{i=1}^{p} s_i \dot{s}_i = \sum_{i=1}^{p} [s_i \dot{v}_i + s_i \Delta_i(\eta,\xi,v)] \leqslant$$
$$\sum_{i=1}^{p} \left[-\frac{\beta(\eta,\xi)}{1-d} |s_i| + \rho(\eta,\xi) |s_i| + d\frac{\beta(\eta,\xi)}{1-d} |s_i| \right] =$$
$$\sum_{i=1}^{p} [-\beta(\eta,\xi) |s_i| + \rho(\eta,\xi) |s_i|] \leqslant \sum_{i=1}^{p} -b |s_i| \tag{6.46}$$

从式(6.45)可知 $b > 0$，故 $\dot{V} < 0$，即系统能够稳定。

6.3.2 目标-导弹相对运动模型

为了研究导引规律，选取某一时间区间 Δt 起始时刻的视线坐标系（$Ox_3y_3z_3$）作为末制导过程中目标-导弹相对运动的参考坐标系[41]，如图 6.1 所示。原点 O 取为导弹当前时刻的质心，x_3 轴取为导弹初始视线角方向，y_3 轴与 x_3 轴垂直且指向上为正，z_3 轴由右手定则确定。在 Δt 内，此参考系仅随导弹平动，这样末制导过程中相对运动可以解耦成纵向平面 Ox_3y_3 内的运动和侧向平面 Ox_3z_3 内运动。

以纵向平面内的运动为例，设在 Δt 内，视线倾角的增量为 $\tilde{q}(t)$（为简化，用 $\tilde{q}(t)$ 表示 $\tilde{q}_y(t)$），则

$$\sin \tilde{q}(t) = \tilde{y}_3(t)/R(t) \tag{6.47}$$

式中 $R(t)$—— 导弹与目标之间的相对距离；

$\tilde{y}_3(t)$——Δt 时间内 Oy_3 方向上的相对位移。

若 Δt 足够小，则 $\tilde{q}(t)$ 为小量，故可近似为

$$\tilde{q}(t) = \frac{\tilde{y}_3(t)}{R(t)} \tag{6.48}$$

将式(6.48)对时间两次微分，得到

$$\ddot{\tilde{q}}(t) = -a_1(t)\tilde{q}(t) - a_2(t)\dot{\tilde{q}}(t) + c(t)\ddot{\tilde{y}}_3(t) \tag{6.49}$$

其中

$$a_1(t) = \frac{\ddot{R}(t)}{R(t)}; a_2(t) = \frac{2\dot{R}(t)}{R(t)}; c(t) = \frac{1}{R(t)}; \tag{6.50}$$

$$\ddot{\tilde{y}}_3(t) = -a_{my3}(t) + a_{ty3}(t) \tag{6.51}$$

$a_{my3}(t)$ 与 $a_{ty3}(t)$ 分别为导弹和目标机动加速度在 Oy_3 方向上的分量。将式(6.51)代入式(6.49)可得

$$\ddot{\tilde{q}}(t) = -a_1(t)\tilde{q}(t) - a_2(t)\dot{\tilde{q}}(t) - c(t)a_{my3}(t) + c(t)a_{ty3}(t) \tag{6.52}$$

为了便于设计制导律，取状态变量 $x_1=\tilde{q}(t)$，$x_2=\dot{\tilde{q}}(t)$，那么由式(6.52)可得状态方程

$$\begin{bmatrix}\dot{x}_1\\ \dot{x}_2\end{bmatrix}=\begin{bmatrix}0 & 1\\ -a_1(t) & -a_2(t)\end{bmatrix}\begin{bmatrix}x_1\\ x_2\end{bmatrix}+\begin{bmatrix}0\\ -c(t)\end{bmatrix}u+\begin{bmatrix}0\\ c(t)\end{bmatrix}f \tag{6.53}$$

式中　$u=a_{my3}(t)$—— 控制量；

$f=a_{ty3}(t)$—— 干扰量。

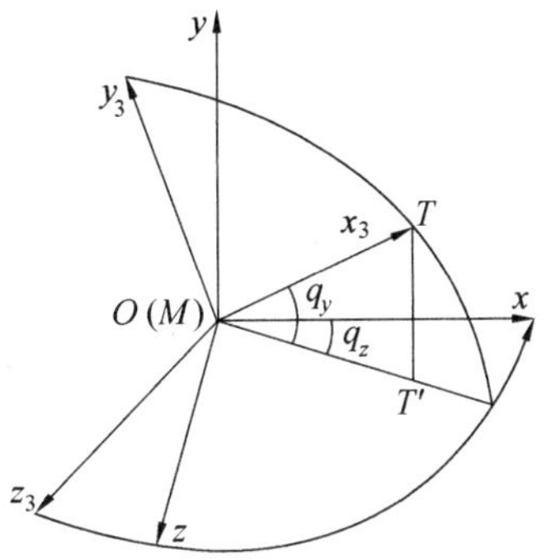

图 6.1　视线坐标系

6.3.3　制导律的设计

式(6.52)与式(6.33)、(6.34)比较后可得到如下关系

$$\eta=\tilde{q},\xi=\dot{\tilde{q}}, \tag{6.54}$$

$$f_1=\dot{\tilde{q}},\quad f_a=-a_1(t)\tilde{q}(t)-a_2(t)\dot{\tilde{q}}(t),G_a=-c(t) \tag{6.55}$$

$$\delta_\eta=0,\delta_\xi=-a_{ty3}(t) \tag{6.56}$$

由式(6.36)知滑模面 $s=\xi-\varphi(\eta)=\dot{\tilde{q}}(t)-\varphi(\tilde{q}(t))$，这里采用比例导引律，根据准平行接近原理，$\dot{\tilde{q}}(t)$ 在制导过程中趋于零，故

$$\varphi(\tilde{q}(t))=0 \tag{6.57}$$

由式(6.38)可以得出控制量为

$$u=u_{eq}+G_a^{-1}(\eta,\xi)\boldsymbol{v}=u_{eq}-\frac{\boldsymbol{v}}{c(t)} \tag{6.58}$$

将式(6.54)、(6.55)代入式(6.39)可得到上式中 u_{eq}

$$u_{eq}=-\frac{1}{c(t)}\left[a_1(t)\tilde{q}(t)+a_2(t)\dot{\tilde{q}}(t)+\frac{\mathrm{d}\varphi}{\mathrm{d}q}\dot{q}\right] \tag{6.59}$$

下面将确定干扰量 $\boldsymbol{v}$。将式(6.54)代入式(6.41)得到

$$\boldsymbol{\Delta}=c(t)\cdot a_{ty3}(t) \tag{6.60}$$

目标的加速度分量 $a_{ty3}(t)$ 无法精确得到，但它的界限可以确定为 $|a_{ty3}(t)|\leqslant k$，故有

$$|\boldsymbol{\Delta}|\leqslant k\cdot c(t) \tag{6.61}$$

式(6.61)与式(6.42)比较后可得：$\rho=k\cdot c(t)$，$d=0$，将 $\rho=k\cdot c(t)$ 代入式(6.45)得到

$$\beta(\tilde{q}(t),\dot{\tilde{q}}(t)) > k \cdot c(t) \tag{6.62}$$

假定式(6.62)中的$\beta(\tilde{q}(t),\dot{\tilde{q}}(t))$有如下形式

$$\beta(\tilde{q}(t),\dot{\tilde{q}}(t)) = a_3 + g(\tilde{q}(t),\dot{\tilde{q}}(t)) \tag{6.63}$$

其中,$a_3 > k \cdot c(t)$,$g(\tilde{q}(t),\dot{\tilde{q}}(t)) \geqslant 0$,选择不同的$g(\tilde{q}(t),\dot{\tilde{q}}(t))$函数形式便得到不同的制导律。将式(6.63)代入式(6.44)得

$$v = -[a_3 + g(\tilde{q}(t),\dot{\tilde{q}}(t))]\mathrm{sgn}(\dot{\tilde{q}}(t) - \varphi(\tilde{q})) \tag{6.64}$$

由式(6.58)、(6.59)、(6.64)可得控制量的表达式为

$$u = -\frac{\left[a_1(t)\tilde{q}(t) + a_2(t)\dot{\tilde{q}}(t) + \frac{\dot{q}\mathrm{d}\varphi}{\mathrm{d}\tilde{q}}\right]}{c(t)} + \frac{[a_3 + g(\tilde{q}(t),\dot{\tilde{q}}(t))]\mathrm{sgn}[\dot{\tilde{q}}(t) - \varphi(\tilde{q})]}{c(t)} \tag{6.65}$$

由$s = \dot{\tilde{q}}(t) - \varphi(\tilde{q}(t))$可得

$$\dot{s} = \ddot{\tilde{q}}(t) - \dot{\tilde{q}} \cdot \frac{\mathrm{d}\varphi}{\mathrm{d}\tilde{q}} \tag{6.66}$$

将式(6.62)、(6.65)代入式(6.66)得

$$\dot{s} = c(t)a_{ty3}(t) - [a_3 + g(\tilde{q}(t),\dot{\tilde{q}}(t))]\mathrm{sgn}(\dot{\tilde{q}}(t) - \varphi(\tilde{q})) \tag{6.67}$$

由式(6.62)、(6.63)可得$a_3 + g(\tilde{q}(t),\dot{\tilde{q}}(t)) > |a_{ty3}(t)| \cdot c(t)$,代入式(6.66)后可知若$s = \dot{\tilde{q}}(t) - \varphi(\tilde{q}) > 0$则$\dot{s} < 0$;若$s < 0$则$\dot{s} > 0$,因而满足可达条件。

由式(6.63)及其分析可知,$g(\tilde{q}(t),\dot{\tilde{q}}(t))$取值不同,便得到不同的制导律控制量的表达形式。这里为了简单,直接取$g(\tilde{q}(t),\dot{\tilde{q}}(t)) = 0$,并将由式(6.57)得到的滑模面$\varphi(\tilde{q}) = 0$代入式(6.65)得

$$u = -\left\{[a_1(t)\tilde{q}(t) + a_2(t)\dot{\tilde{q}}(t)] + a_3\mathrm{sgn}\left[\frac{\dot{\tilde{q}}(t)}{\varepsilon}\right]\right\}\Big/ c(t) \tag{6.68}$$

在末制导过程中$\dot{R}(t)$变化不大,而且滑模变结构制导律对系统参数摄动具有鲁棒性,所以可认为$\dot{R}(t) \approx \dot{R} = \mathrm{const}$,$\ddot{R}(t) = 0$,代入式(6.68)得

$$u = -2\dot{R}(t)\dot{\tilde{q}}(t) + \frac{a_3\mathrm{sgn}\left(\frac{\dot{\tilde{q}}(t)}{\varepsilon}\right)}{c(t)} \tag{6.69}$$

由$a_3 > k \cdot c(t)$及$|a_{ty3}(t)| < k$知,当$k > \max|a_{ty3}|$并取合适值时,最终得到控制量u的表达式为

$$u = -2\dot{R}(t)\dot{\tilde{q}}(t) + k \cdot \mathrm{sgn}\left(\frac{\dot{\tilde{q}}(t)}{\varepsilon}\right) \tag{6.70}$$

6.3.4　模糊变结构制导律

在实际应用中,变结构制导律即式(6.70) 中增益参数 k 很难确定,通过引入模糊规则来确定参数 k 的大小,不仅可以增强控制系统对不确定性干扰的鲁棒性,还可减弱一般变结构控制系统的抖振现象[41,56]。从控制经验可知,如果目标加速度的绝对值 $|a_{ty3}(t)|$ 较大的话,则需要加大变结构项的控制作用,使系统状态较快趋于滑动模态,这时可增大 k 的取值;而如果目标加速度的绝对值 $|a_{ty3}(t)|$ 较小的话,则需要减小 k 的取值,否则会引起较大的抖振,对弹体有危害,如果控制规则较好,则可以完全消除抖振。主要步骤如下:

第一,用解析重构法求得 a_{ty3} 的近似估计值 $\hat{a}_{ty3}$

$$\hat{a}_{ty3} = a_{my3} + 2\dot{R}(t)\dot{q}(t) - \dot{R}(t)(t_f - t)\ddot{q} \tag{6.71}$$

其中,t_f 为末制导段时间。

第二,把 $|\hat{a}_{ty3}|$ 乘上量化因子,得到模糊化输入变量 $\tilde{a}_{ty3}$,将其模糊子集定义为 {0 1 2 3 4 5 6}。定义语言输入变量 $\tilde{a}^*_{ty3} = \{ZO\ VS\ SM\ ME\ LA\}$,其中 ZO 代表零,VS 代表非常小,SM 代表小,ME 代表中,LA 代表大。

第三,采用如下的模糊规则

R_1:IF $\tilde{a}^*_{ty}$ is ZO, THEN $\tilde{k}^*$ is ZO.

R_2:IF $\tilde{a}^*_{ty}$ is VS, THEN $\tilde{k}^*$ is ZO.

R_3:IF $\tilde{a}^*_{ty}$ is SM, THEN $\tilde{k}^*$ is SM.

R_4:IF $\tilde{a}^*_{ty}$ is ME, THEN $\tilde{k}^*$ is ME.

R_5:IF $\tilde{a}^*_{ty}$ is LA, THEN $\tilde{k}^*$ is LA.

其中,$\tilde{k}^*$ 是语言输出变量,定义域是 $\{ZO\ SM\ ME\ LA\}$,$\tilde{k}$ 是模糊量化变量,它的模糊子集为 {0 1 2 3 4 5 6 7}。

第四,用重心法解模糊得到精确量 k,代入式(6.70) 中,得到控制量。

6.4　仿真结果及分析

假设目标分别以 $3g$, $-7g$ 法向加速度机动;导弹初始位置 $(x_0, h_0) = (0,0)$ m;导弹初始速度 $v_0 = 500\ \text{m}\cdot\text{s}^{-1}$;目标初始速度 $v_{t0} = 400\ \text{m}\cdot\text{s}^{-1}$;目标初始位置 $(x_{t0}, h_{t0}) = (7,10)$ km。将本章的滑模制导律(Sliding Model Guidance, SMG)、模糊滑模制导律(Fuzzy Sliding Model Guidance, FSMG) 与比例导引律(Proportional Navigation Guidance, PNG):$u_{PNG} = k_1|\dot{R}|\dot{q}$(比例系数 k_1 取为 4) 相比较,仿真结果如图 6.2,6.3 所示。

由图 6.2 可知,$a_{ty3} = 3g$ 时采用 PNG 制导律的拦截时间为 8.849 s,脱靶量为 0.618 08 m;采用 SMG 制导律的拦截时间为 8.685 s,脱靶量为 0.081 237 m;采用 FSMG 制导律的拦截时间为 8.568 s,脱靶量为 0.075 863 m,优于 SMG 和 PNG;当 $a_{ty3} = -7g$ 时,采用 PNG 的

脱靶量为69.871 4 m,已不满足拦截要求,而采用SMG、FSMG的脱靶量分别为0.874 78 m、0.867 14 m,显示出变结构项对目标机动的强鲁棒性。由图6.3可知,采用PNG时,视线角速率在拦截末端会出现发散现象,导致较大脱靶量;采用SMG时,视线角速率在0附近发生明显的抖振(实际上是导弹的抖振),抖振过大可能会影响弹上机构的正常工作;采用FSMG时,视线角速率稳定在0附近较小的领域内,所以不会发生抖振。

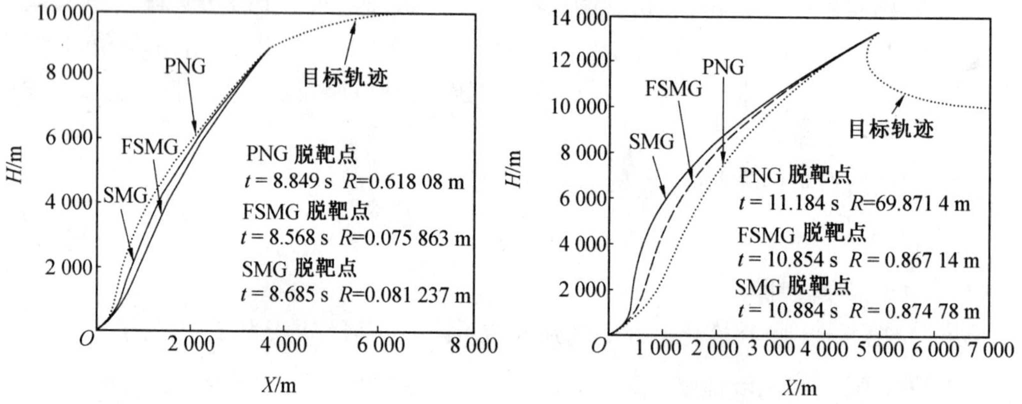

图6.2 $a_{ty3} = 3g$ 及 $a_{ty_3} = -7g$ 时的拦截时间与脱靶量

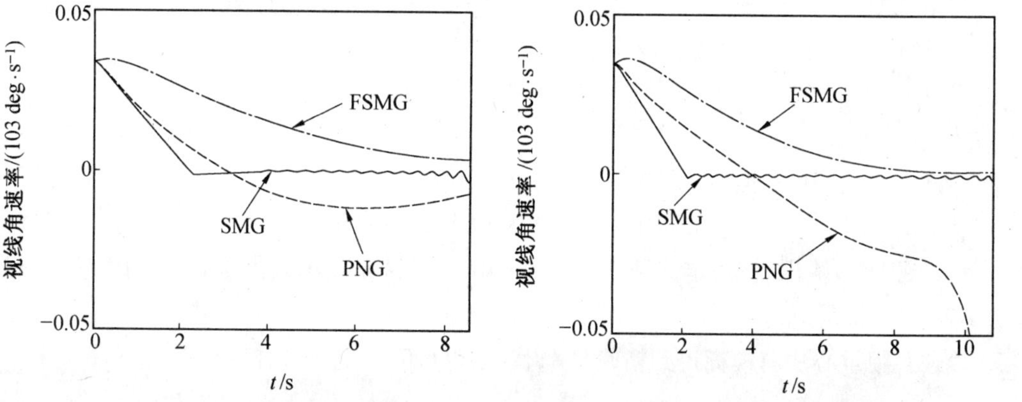

图6.3 $a_{ty_3} = 3g$ 及 $a_{ty_3} = -7g$ 时视线角速率变化

6.5 本章小结

本文首先分析了变结构控制理论的基本原理,并简要地分析了国内外对变结构制导律的研究现状;接着以非线性系统变结构控制理论为基础,在导弹-目标相对运动模型上应用非线性变结构控制理论提出了新型变结构制导律,最后应用模糊控制技术来自动改变变结构项的强度,以达到削弱抖振的目的,形成模糊变结构制导律。该制导律不需要精确测量目标加速度,对目标机动有很好的鲁棒性;实现上只需测量视线角速率,易于工程实现。仿真结果表明,变结构制导律性能优于比例导引律,模糊变结构制导律性能优于变结构制导律。

第 7 章　神经网络滑模制导律

变结构制导(Variable Structure Guidance, VSG)理论对外部干扰和参数摄动具有较强的鲁棒性,近些年在该方面的研究较多,设计出了很多制导律。但变结构导引律的最大缺点是需要对目标机动性大小进行估计,从而调整变结构项的强度。若变结构项强度过大,会造成视线角速率抖动,抖动过大会影响弹上机构的正常工作,另一方面也使脱靶量增加;变结构项强度过小,不能有效拦截目标。

近些年来,神经网络的兴起和快速发展为导弹制导问题提供了全新的方法。其中小脑模型关节控制器(Cerebellar Model Arithmetic Computer, CMAC)神经网络、径向基函数(Radial Basis Function, RBF)神经网络与一般的神经网络相比,具有更好的非线性逼近能力、快速学习能力,适合于复杂动态环境下的非线性实时控制[56,158]。因此,本章将CMAC、RBF与变结构控制理论相结合,应用于神经网络滑模制导律设计。

7.1　CMAC 神经网络简介

7.1.1　引言

小脑模型神经网络[56~61]是Albus在Eccles小脑时空模型的基础上,于1975年提出的一种模拟人类的小脑的学习结构的小脑模型关节控制器,简记为CMAC。因此,它具有很强的记忆与输出泛化能力。最早的Albus CMAC是基于表格查询(Table lookup)式输入输出技术的局部逼近网络,是一种查表技术传感器,信息的存储与恢复模拟小脑的联想记忆与回想(Recall)。其简单结构模型如图7.1所示。

CMAC的基本思想是:在输入空间中给出一个状态,从存储单元中找到对应于该状态的地址,将这些存储单元中的内容求和得到CMAC的输出;将此响应值与期望输出值进行比较,并根据学习算法来修改这些已激活的存储单元的内容。CMAC的设计可分为三步:

(1)量化(概念映射 $U \rightarrow A$)。在输入层对 N 维输入空间进行划分,每一输入都降落到 N 维网格基的一个立方体单元内。

(2)地址映射(实际映射 $A \rightarrow A'$)。采用除余数法,将输入样本映射至概念存储器的地址,除以一个数,得到的余数作为实际存储器的地址值,即将概念存储器中的 C 个单元映射到实际存储器的 C 个地址。

(3)CMAC输出($A' \rightarrow y$)。将输入映射到实际存储器的 C 个单元,每个单元存储着相应的权值,CMAC的输出为 C 个实际存储单元加权之和。

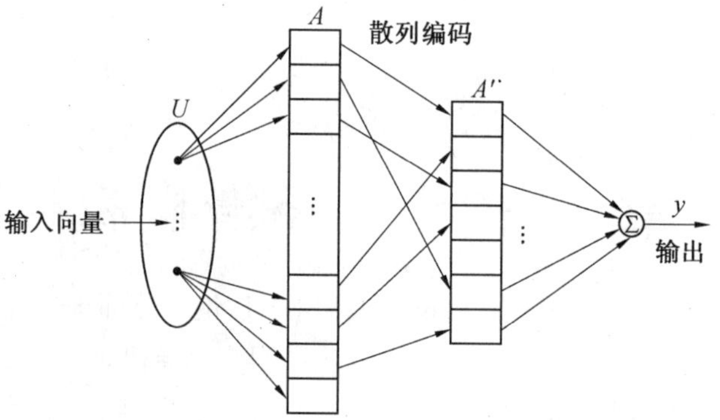

图 7.1　CMAC 神经网络结构

输入空间由所有可能的输入向量 $\boldsymbol{x}_i$ 组成，CMAC 网络将其接受到的任何输入通过感知器 M 映射到一个很大的虚拟联想存储器 A 中的 C 个点。在输入空间相近的两个输入向量，它们的 C 个点在存储器 A 中有部分重叠的单元；距离越近，重叠越多。反之，若在输入空间远离的两个输入向量，它们的 C 个点在 A 中没有重叠。为了减少实际存储空间，常采用散列编码（Hash-coding）技术，将存储器映射到一个小得多的物理可实现的存储器 A'。那么，任何 CMAC 网络的输入将激活 A' 中 C 个真实的位置，而这些位置所存储的权被相加得到输出向量 $\boldsymbol{y}$。M 称为量化感知器，C 称为感知野。CMAC 实现的输出满足范化（Generalization）及二分（Dichotomy）原理：相近输入产生相近输出，不相近输入产生无关输出。

CMAC 算法利用联想记忆和先进的查表技术且有神经网络感知器的特点，收敛速度很快，被证明可有效地用于非线性函数逼近、通过静态映射实现动态建模、控制系统的设计等，如被用在机器人控制、精馏塔控制、压电刀架控制、机械系统控制、车辆智能警报系统、信号处理、燃料供给系统控制、打印机色彩校准等中。

基于神经网络的控制（NN – based Control）称为神经网络控制，简称神经控制（Neuro control）。Neuro control 首先 H. Tolle 与 Ersu 于 1992 年正式提出，是智能控制的一个崭新的研究方向，可能成为智能控制的"后起之秀"。CMAC 神经控制的研究，首先是提高 CMAC 神经网络本身性能研究，其途径有改善 CMAC 结构、学习算法，及其性能与参数的关系；其次是基于 CMAC 的特点，进行控制策略的研究。

7.1.2　CMAC 神经网络的优越性

神经计算和神经控制主要应用神经网络的函数逼近能力，若从这个角度看，神经网络可分为全局逼近神经网络和局部逼近神经网络。如果网络的一个和多个连接权系数或自适应可调参数在输入空间的每一点对任何一个输出都有影响，则称该神经网络为全局逼近网络，如 BP 网。对每个输入输出对，网络的每一个连接权均需进行调整，从而导致全局逼近网络速度很慢的缺点。这个缺点对于控制来说是不能容忍的。若对输入空间的某个局部区域，只有少数几个连接权影响网络的输出，则称该网络为局部逼近网络。对于每个输入输出数据对，只有少量的连接权需要进行调整，从而使局部逼近网络具有学习速度快的优点，这一点对于控制来说是至关重要的。CMAC、B 样条、RBF 以及某些模糊神经网络是局部逼近网络。理论上，三层以上的 BP 网络能够逼近任何一个非线性函数。但由于 BP 网络是全局逼近网络，每一次样本学习都需要重新调整网络的所有权值，收敛速度慢，易陷入局部极小，很难满足控制系统的实时性要求。CMAC 比其他神经网络的优越性体现在：

(1) 它是基于局部学习的神经网络，它把信息存储在局部结构上，使每次修正的权限少，在保证函数非线性逼近性能的前提下，学习速度快，适合于实时控制。

(2) 具有一定的泛化能力，即所谓相近输入产生相近输出，不同输入给出不同输出。

(3) 作为非线性逼近器，它对学习数据出现的次序不敏感。

(4) 由于相连空间中只有少数几个元素为 1，其余均为 0，因此在一次训练中只有少数的连接权需要改变，计算量较小。

由于 CMAC 所具有的上述优越性能，使它比一般神经网络具有更好的非线性逼近能力，更适合于复杂动态环境下的非线性实时控制。

7.1.3　CMAC 神经网络的结构

1. 单个 CMAC 结构

Albus CMAC 结构简单，易于硬件实现且提出最早，应用较普遍。但这种网络的权系数存储空间随 CMAC 的输入维数的增大而急剧增加，是应用上的一大困难。一般的解决方法是采用散列编码方法。研究结果表明，该方法在学习时存在碰撞问题，即要么学习速度下降，要么学习发散。杂凑编码法并不能提高 CMAC 的逼近能力。许多研究人员试图采用其他方法来解决高维数问题（其他类型的神经网络也面临同样问题）。为了避免学习冲突，David 和 Kwon 给出了一种领域顺序（Neighbor Sequential）法，在整个学习期间，每个记忆单元对应的权系数只调整一次。Eldracher 等人采用自适应编码技术，以提高 CMAC 的函数逼近能力。

Chiang 和 Lin 在原有的 CMAC 原理和结构的基础上，提出了基于广义基函数的 CMAC（C-L CMAC），可以说是 CMAC 研究的一大突破。这种网络把输入空间量化成离散状态，并选取一定数量的超立方体，每个超立方体包含许多离散状态，每个离散状态具有记忆细胞的功能，用来存储信息。CMAC 可看做基函数网络（Basis Function Network），CMAC 与径向基函数网络和小波网络不同之处。除了基函数类型不同外，CMAC 每个基函数被定义在局部区域上（如超立方体上），对给定的输入数据点计算网络输出时，首先确定包含该点的超立方体，然后计算定义在这些超立方体上的基函数的线性组合，把它作为 CMAC 的输出。CMAC 通过基函数簇及其线性组合的权系数向量来实现关联记忆，样本学习时只修正权系数。它的优越之处在于当基函数采用可微函数时，可记忆系统的微分信息，而传统的 Albus CMAC 可看做是基函数为 1 的网络，不能学习所逼近函数的导数，但我们研究发现它的收敛速度比 Albus CMAC 大大降低。

2. 多 CMAC 结构

由于:1) 单个 CMAC 用于逼近复杂非线性函数时,泛化能力和记忆精度有时不能满足要求;2) 同其他网络一样,都存在高维输入问题,即当 CMAC 输入向量的维数较高时,权系数变得十分庞大,给网络学习和实际应用带来困难。因此,许多研究人员致力于多 CMAC 结构的探讨。Huang 提出了层叠(Cascade)CMAC 结构,以改善单个 CMAC 非线性映射的精度,应用于打印机彩色校准。用多个低维输入 CMAC 按某种规律组合在一起,相当于一个高维输入 CMAC。Tham 提出了一种 H－CMAC(Hierarchical CMAC) 结构,可有效地减少存储空间,用于快速学习复杂非线性函数。Lin 和 Li 提出多 CMAC 结构,每个小的 CMAC 的输入是系统输入空间的子集,把一个高维 CMAC 化为若干个低维 CMAC。

7.1.4 CMAC 学习算法

1. 权系数修正算法

Park 和 Mlizter,Wong 和 Side 用不同的方法证明了 Albus 算法的收敛性。欧阳楷等人的研究结果表明,较大的泛化误差是由于传统的 CMAC 输出的计算方法不完全恰当、学习算法粗糙引起的,指出必须改进学习算法与信息存储方法。刘惠等指出 Albus 算法在批量学习时的缺陷并提出了改进算法;Lin 和 Kim 提出了自适应评价学习(Adaptive Critic Learning),这种学习结构包含两个 CMAC 模块:作用(Active) 模块和评价(Critic) 模块。基于由评价模块获得的知识,作用模块学习控制技术。Chiang 与 Lin 给出了 C－CMAC 学习算法,并给出了算法收敛的条件。

2. 自组织与竞争学习

早期的 CMAC 的空间的量化是不变的。为了有效地利用神经元的记忆功能,利用自组织的概念,出现了许多通过自组织实现神经元聚类策略及算法。Nie 和 Linkens 提出了模糊 CMAC(FCMAC),按学习样本输入向量与关联单元(A ssociation Cells) 的匹配度决定关联单元的获胜及增减。Gao 等、Chow 和 Menozzi 提出按输入向量与神经元的距离最短标准,来确定获胜者,使神经元的位置向输入样本移动,从而提高样本的学习精度,但同时往往会降低网络的泛化能力。

7.1.5 CMAC 神经控制

神经控制是指在控制系统中采用神经网络这一工具对难以精确描述的复杂的非线性对象进行建模,或充当控制器,或优化计算,或进行推理,或故障诊断等,以及同时兼有上述某些功能的适当组合。将这样的系统统称为基于神经网络的控制系统,称这种控制方式为神经网络控制,是实现智能控制的重要形式。

自 1960 年 Widrow 和 Hoff 率先把神经网络用于自动控制研究以来,对这一课题的研究很艰难地取得一些进展。Kilmer 与 McCulloch 等根据脊椎动物神经网状结构的原理,提出 KMB 模型并应用于美国的阿波罗登月计划。1964 年 Widrow 和 Smith 完成了基于神经网络控制应用的最早例子。20 世纪 60 年代末到 80 年代中期，神经网络控制与整个神经网络一样，处于低潮，研究成果很少。80 年代后期以来随着人工神经网络研究的复苏和发展，对神经控制的研究也十分活跃。

经过数十年的研究，已揭示出人脑的结构和功能特征，实际上为一个控制器。事实上，神经中枢系统对上臂、手臂和体姿的控制，其表现是如此的完美，不管需完成的任务多么复杂，人脑并不需要操作对象与环境的定量数学模型，也无需求解任何微分方程。生物神经网络控制系统这种对不确定复杂精确和近似问题的控制能力，是大多数传统控制方法所难以达到的。近几年来，神经网络在控制领域的应用正向广度和深度发展，出现了许多神经控制方法，应用在过程控制中。其动力主要来自两个方面：一是处理的系统越来越复杂；二是实现的设计目标越来越高。对于控制界，神经网络具有很大的吸引力不但是由于神经网络技术和计算机技术的发展为神经控制提供了技术基础，而且还由于神经网络具有一些适合于控制的特性和能力，这些特性和能力包括：① 神经网络对信息的并行处理能力和快速性适于实时控制和动力学控制；② 神经网络本质的非线性特性为非线性控制带来新的希望，使控制策略可不依赖于对象的解析模型；③ 神经网络可通过训练获得学习能力，能够解决那些用数学模型或规则描述难以处理或不能处理的控制过程；④ 神经网络具有很强的适应能力和信息综合能力，因而能够同时处理大量的不同类型的控制输入，解决输入信息之间的互补性和冗余性问题，实现信息融合处理。这特别适用于复杂系统、大系统和多变量系统的控制。

传统的基于模型的控制方式，是根据被控对象的数学模型及对控制系统的性能指标来设计控制器，并对控制规律加以数学解析描述；模糊控制是基于专家经验和知识总结出若干条模糊控制规则，构成描述具有不确定性复杂对象的模糊关系，通过被控系统输出误差及误差变化和模糊关系的推理合成获得控制量，从而对系统控制。这两种控制方式都具有显示表达知识的特点，而神经网络不善于显示表达知识，但是它具有很强的逼近非线性函数的能力，即非线性映射能力。把神经网络用于控制正是利用它的这个独特优点。

从神经控制的定义，可以看出神经网络在自动控制中的作用可分为：

(1) 在无解析模型的各种控制结构中充当对象输出的预测器(predictor)。许多情况下，对象的动态模型可看做从输入及状态空间到输出空间的静态映射，由对象测量的外部输入输出数据对来构造预测器。

(2) 在反馈控制系统中直接充当控制器的作用。

(3) 在传统控制系统中起优化计算作用。

(4) 在与其他智能控制方法(如模糊控制)相结合时，可构成模糊神经控制或神经模糊控制。

(5) 在与专家控制及遗传算法等相融合中为其提供非参数化、模型优化、参数推理模型及故障诊断等。

神经网络在控制中的应用可分为两类：一类是所有的学习离线进行。众所周知，神经网络能逼近任意光滑的非线性函数,控制器可学习不变的对象动态特性,然后应用到被控对象。这种方法适用于对象特性不变的情况。另一类是神经控制器基于历史控制量的作用,通过在线学习来提高控制性能。

CMAC 特别适用于神经控制,主要因为:一是局部逼近,学习速度快,满足在线学习的要求;二是我们研究发现,CMAC 包含了模糊逻辑推理。特别是基于广义基函数的 CMAC,它本身就是一种模糊逻辑系统。输入空间的量化,可看做是选择模糊子集的过程,而定义在量化空间上的基函数可看做是模糊子集的隶属函数。CMAC 的学习过程就是寻找模糊逻辑规则的过程。

1. 神经网络建模

CMAC 作为万能逼近器,可用来建立系统的输入输出模型,它们或者作为被控对象的正向或逆动力学模型,或者建立控制器的逼近模型,或者用以描述性能评价估计器。

状态空间表达式可以完全描述线性系统的全部动态行为,也可给出非线性系统的一般但却难以分析和设计的表达式。除此以外,对于线性系统,传递函数矩阵提供了定常系数的黑箱式输入输出。在时域中,利用自回归滑动平均模型(ARMA),通过各种参数估计方法,也可给出系统的输入输出描述。但对于非线性系统,基于非线性自回归滑动平均模型(NARMA),却难以找到一个恰当的参数估计方法,传统的非线性控制系统辨识方法,在理论和研究和实际应用中都存在极大的困难。

相比之下,神经网络在这方面显示出明显的优越性。由于神经网络具有通过学习逼近任意非线性映射的能力,将神经网络应用于非线性系统的建模与辨识,可以不受非线性模型的限制,而且便于给出工程上易于实现的学习算法。近年来,信息提取(Data mining)技术的研究日益活跃,从大量的输入输出数据中提取过程的动态信息,从而建立起系统的动态模型,是一类十分重要的信息提取与集成。通过多变量一次建模,可获得每个变量的阶跃响应,为设计预测控制器、系统分析等提供必需的数据资料。

应用研究表明,CMAC 的学习快速性还特别适合于在线建模与校正。

2. 神经软测量技术

在过程控制中,存在一个重要的问题就是,许多工业过程的输出变量由于受工艺和技术的限制,难以检测出来。例如精馏塔的产品浓度、发酵罐的菌体浓度等,只能通过物理或化学分析的方法得到,而这些分析方法往往需要很大的时间间隔才完成一次,以至于这些测量值不满足采样定理,所以所能得到的过程的输入输出数据是离散的。这给过程的控制和监测带来很大困难。为了解决这个问题,有两种方法:一是间接测量,利用辅助可测变量估计推测难以测量的变量,如推断控制;二是用在线分析仪。前者有效实用,后者投资大,且测量有较大滞后,在控制性能要求较高的场合往往难以满足要求。另一类是工业过程本身的输出变量与历史的输入输出变量之间没有必然的因果关系。例如某钢铁厂冷轧分厂的发货预报系统要求根据生产计划对产品的成材率进行预报,提前完成成品的运输调度,以减少产品的库存时间。在这个系统中,输入是原材料,而输出是成材,很显然在不同生产时间内，输入变量是相互独立的，而输出变量也是相互独立的。因此，在建立成材率预报模型时，所能得到的生产历史数据只是一批离散的输入输出数据。

软测量的基本思想是根据比较容易测量的过程辅助变量，即二次变量，来估计不可测的过程主要输出变量。软测量模型经历了线性到非线性这样一个过程，线性软测量模型的建立一般在 Kalman 滤波理论基础上。这类方法对模型误差和测量误差很敏感，很难处理非线性严重的过程，如精馏塔系统就很难采用线性软测量模型。非线性软测量可以采用统计回归法建模，也可采用基于严格机理的方法建模，而模糊模式识别法也是一类方法。还有一类非常重要的非线性软测量模型建立的方法就是神经网络法，因为神经网络具有并行计算可学习和容错特点，可根据对象的输入输出数据直接建模，不需要对象太多的先验知识，而且可以建立在线校正的学习算法。软测量模型的在线校正涉及校正算法的有效性和快速性问题。一般有效性取决于校正数据的选取，而快速性取决于算法本身，因此 CMAC 的快速学习的特点特别适合于软测量。

神经软测量模型实际上是一种基于神经网络的静态模型。CMAC 神经网络动态建模和稳态建模的区别在于：CMAC 作为动态模型时，CMAC 的输入是具有动态特性的输入输出序列，CMAC 的期望输出为对应于这一序列的过程输出。CMAC 作为静态模型时，它的输入是过程某一输入，CMAC 的期望输出为过程在这一输入下的稳态输出。软测量技术主要包括 4 个方面：① 二次测量变量的选择；② 数据处理；③ 软测量模型的建立；④ 软测量模型的在线校正。二次变量的选择对软测量非常重要，因为不可测的主要变量需要由这些二次变量推断出来。二次变量的选择包括以下 3 个主要方面：① 类型的选择。选择的方法往往从间接质量指标出发。例如，精馏塔产品的软测量一般采用踏板温度，化工中反应器中的产品软测量采用反应器管壁温度。② 数量选择。在软测量中，最优二次变量数目是很难确定的问题，因此在实际应用时要根据系统的机理和需要确定最小数目，然后结合具体过程增加二次变量的数目。③ 检测点的选取。可采取奇异值分解的方法，也可采用工业控制仿真软件确定。

3. 神经控制系统的设计

设计合适的控制器涉及三个方面：一是选择恰当的控制器结构及参数。有的参数要离线确定，有的则要通过学习得到。二是获得被控对象的有关信息。在许多传统的控制器设计时，可知道对象的输入输出数据满足已知的微分方程。许多极端的情况是对被控对象的了解很少，但可得到外部输入输出数据。三是给定某种控制系统的性能指标。

CMAC 神经控制器的参数离线确定。一般包括网络的结构（包括输入维数，输入空间的量化方法和量化级数，基函数等），在线学习算法的参数。那么，实际权值甚至网络结构就可在线学习，而且，并不具体指明被控对象。

目前神经控制的分类尚无统一的标准。暂分为：

(1) 神经网络专家系统控制。专家系统善于表达知识和逻辑推理，将二者相结合发挥各自的优势，就会获得更好的控制效果。

(2)神经逆动态控制。设系统的逆动态模型存在,通过训练神经网络,获得系统的逆动态模型。

(3)CMAC神经网络模糊逻辑控制。CMAC神经网络与模糊逻辑结合起来构成模糊CMAC(F - CMAC),利用神经网络的自组织和竞争学习功能,获得模糊逻辑规则,使CMAC与模糊逻辑的优势结合起来,具有较好的控制效果。

(4)神经网络模型参考自适应控制。将神经网络同模型参考自适应控制相结合,就构成了神经网络模型参考自适应控制。其系统结构形式和线性系统的模型参考自适应控制是相同的,只是通过CMAC给出对象的辨识模型。

(5)神经网络自校正控制。由于神经网络的非线性函数的映射能力,使得它可以在自校正控制系统中充当未知系统函数逼近器。

(6)神经网络内模控制。用两个神经网络,一个是神经控制器,一个是神经网络状态估计器,神经控制器前串有一个线性滤波器。神经网络状态估计器用于充分逼近对象的动态模型,神经控制器不是直接学习被控对象的逆动态模型,而是以充当状态估计器的神经网络模型(内部模型)作为学习对象,间接地学习被控对象的逆动态特性。

(7)神经网络预测控制。通过离线学习实际系统的输入输出数据,CMAC可逼近被控对象的动态特性,在控制时,CMAC可作为输出预测器,用以预测未来输出,从而实现预测控制。有两种方式:一是由评价函数和CMAC预测器直接设计控制器,只用一个CMAC;二是CMAC控制器和CMAC预测器结构,即双CMAC结构,这种方法计算量较大。

此外,还有一些特殊的控制方案解决某类非线性系统的控制问题,如仿射非线性系统,带死区的非线性系统,Brunowskii非线性系统等。

7.1.6 需要解决的问题

一种好的神经网络理论必须遵循如下准则:① 完成网络的设计任务(Perform network design task);② 学习鲁棒性(Robustness in learning);③ 学习快速性(Quickness in learning);④ 学习有效性(Efficiency in learning);⑤ 学习范化性(Generalization in learning)。

在近30多年来,神经控制的研究,无论从理论到应用都取得了许多可喜的进展。但也必须看到,人们对生物神经系统的研究与了解还很欠缺,所使用的形式神经网络模型无论从结构,还是网络规模都是真实神经网络的极简单模拟。因此,神经控制的研究还很原始,完整系统的理论体系,大量富有挑战性的理论问题尚未解决,真正在线应用成功的实例也待进一步推广。CMAC神经控制研究的目标是在降低计算量的情况下,寻找快速全局收敛的学习算法,以及基于CMAC寻找具有很强鲁棒性的全局稳定的控制策略,并且在实际应用中易于实现。鉴于目前CMAC神经控制的研究现状,有以下几个方面的问题亟待解决。

(1)高维输入记忆单元(权系数)的剧增问题。前述的几种试图解决这个问题的方法缺乏理论依据。

(2)控制系统鲁棒性。目前神经控制的研究侧重于研究没有干扰或神经网络预测器误差时的学习算法的收敛性与控制系统稳定性,而忽略了鲁棒性。事实上,神经控制的鲁棒性是极其重要的,特别是用在过程控制中。同时,鲁棒性也是神经控制的弱点。

(3) 快速有效学习算法的研究。

(4)CMAC 输入维数的的确定。如何恰当地确定 CMAC 的输入维数,是值得研究的课题。

(5) 神经控制系统的能控性、能观性及稳定性。

(6) 神经控制算法的研究,特别是研究适合神经网络分布式并行计算特点的快速学习算法;对成熟的网络模型与学习算法研制相应的神经控制专用芯片。

7.2　神经网络滑模变结构控制

7.2.1　引言

滑模变结构控制(Sliding Mode Variable Structure Control,SMVSC) 是一种能用来实现线性和非线性系统鲁棒控制的方法。由于滑模变结构系统中的滑动模态对系统参数摄动及外部干扰具有不变性,即它与系统的摄动性及外界干扰无关。这种理想的鲁棒性受到世界范围的极大关注并得到了迅速发展。SMVSC 最主要的特点是反馈信号不连续,在状态空间中一个或多个平面间不断地切换。在实际应用中,单纯采用SMVSC存在一定的不足和缺陷[117,118]。首先,存在抖振问题。这是由滑模带内的高频切换引起的控制器输出的高频振荡现象。高频抖振可能会激起系统的未建模动态特性,使得系统不稳定。其次,SMVSC 容易受到测量噪声的影响,因为控制器的输入依赖于一个接近于 0 的被测变量的符号。再次,需要较大的控制信号以克服参数的不确定性。最后,在计算等效控制上还存在一定的困难。

人工神经网络(Artificial Neural Network,ANN) 是在现代神经生物学研究基础上提出的模拟生物进化过程以反映人脑形象思维功能的计算结构,在外界输入样本的刺激下不断改变网络的连接权值乃至拓扑结构,以使网络的输出不断地接近期望的输出。其最大的优点在于具有较强的学习能力和高度的并行运算能力,能充分逼近任意复杂的非线性关系并具有较强的鲁棒性和容错性。

滑模变结构控制存在的不足,促使其与神经网络控制相结合,以使系统在保持对摄动和外部干扰强鲁棒性的同时,尽量消除抖振的发生。

7.2.2　常规神经网络和滑模变结构控制的结合

神经网络滑模变结构控制(Integration of conventional neural network and SMVSC, NN - SMVSC) 在提高和改善滑模变结构系统性能方面的理论和方法,主要有以下几个方面。

1. 利用 NN 实现滑模变结构控制的等效控制

文献[119] 在以往用 NN 学习机器人操作手的逆动态特性等方法的基础上,用两个神经网络分别来实现 SMVSC 中等效控制和附加控制的设计,其结构为图 7.2 所示。文中提出了两个相似性：

（1）当系统处于滑动模态时，SMVSC 中的等效控制和机器人操作手的逆动态特性具有相似效果。

（2）当系统偏离滑平面时，SMVSC 中的校正量，即附加控制，与所提出的神经元控制器结构特性具有相似性。

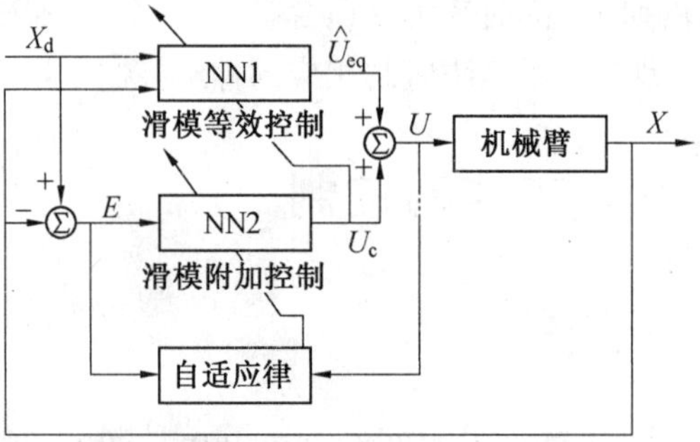

图 7.2 用 NN 实现滑模变结构控制的等效控制与附加控制

基于第一个相似性，用一个两层前馈神经网络 NN1 来实现等效控制，通过最小化校正量的均方差自适应调整网络权值。当系统到达滑动模态时，校正量将趋近于 0，而在趋近阶段，等效控制和 NN1 输出的误差则反映在一个非零的校正量上。神经网络设计的一个主要问题是如何确定网络的层数、每层神经元的数量及其层间的连接关系。该文的优点在于，对于 NN1，每层神经元的数量及其神经元之间的连接关系，直接由 SMVSC 的设计决定。

随着科学技术的高速发展，对控制精度的要求越来越高，相应的控制装置越来越多地采用数字装置来实现，控制信号经固定的时间采样，使得连续系统 SMVSC 的许多优点无法得到继承。在离散情况下，滑动模态的性质、存在及到达条件都发生了变化，因此许多文献提出了专门针对离散时间系统 NN - SMVSC 的研究。Fang Y 等分析了反向传播（BP）算法训练前馈神经网络的缺陷：首先，BP 算法收敛速度较慢，其在线学习与自适应能力不能满足实时应用的要求，也不能保证均方差收敛于 0；其次，只有在所有样本都有效的时候，用 BP 算法训练网络才是可行的；再次，前馈神经网络模型虽能反映复杂的非线性映射，但它仅是统计型映射，在不考虑延迟的情况下，它不能反映动态映射，而 SMVSC 恰是一个动态过程。因此，文献［120］用具有很好动态系统建模能力的递归神经网络（RNN）在线学习离散滑模控制律中的等效控制，用实时迭代算法训练网络，在保证系统稳定的同时也得到了良好的实时特性，利用较少的迭代次数就可使误差收敛。文献［121］把文献［120］中的方法扩展到未知非线性系统，用一个线性神经网络来近似系统等效的线性化模型参数。另外，文献［122］基于两个级联的控制器，神经元滑模控制器和离散滑模控制器，实现对系统力矩和负载位置的控制。其中 ADAL I NE 线性神经元滑模控制器作用于外环，给内环的离散滑模控制器提供一个必要的参考信号。文献［123］针对离散时间系统，用一个前馈神经网络的输出实现滑模变结构控制系统的目标控制律，性能指标取为网络输出和理想控制律之差的函数，且该方法适用于高阶系统。

利用神经网络得到等效控制，关键在于使滑平面收敛；算法的选择必须使系统能够渐近稳定，因此需要证明系统的稳定性。另外，神经网络类型的选取也很重要，不恰当的神经网络可能会导致训练次数增加，甚至无法收敛。

2. 利用 NN 实现滑模变结构控制的附加控制

基于文献[119]中的第二个相似性，该文用神经网络 NN2 学习实现 SMVSC 中的校正量，网络的权值是 SMVSC 的增益及滑平面参数。这样不仅可以使系统在偏离滑平面时补偿 NN1 的学习误差，而且可以利用 NN2 的网络权值具有自适应学习的能力使 SMVSC 的相关参数具有自适应性，从而优化控制信号，削弱系统抖振。NN - SMVSC 具有以下优点[3]：

（1）具有在线学习能力，控制信号的学习和计算同时进行。

（2）不存在轨迹跟踪性能的退化，能有效降低抖振。

（3）不需要计算惯量矩阵或逆矩阵来估计等效控制。

（4）用于学习附加控制的神经网络结构的选择（例如网络层数、每层神经元数、神经元间的连接关系等）由滑模控制器的设计决定。

（5）用于学习附加控制的神经网络的初始权值不是随机产生的，而是可以用 SMVSC 的相关初始参数来设计，避免了初始权值选择和学习的盲目性。

（6）滑模变结构控制的鲁棒特性，可以进一步增强 NN 控制器的鲁棒性。

滑模变结构控制系统的状态包括两个阶段：能达阶段和滑动阶段。系统只有在滑动阶段才具有对参数摄动和外界干扰的鲁棒性。因此，文献[124]基于全程滑模控制方案，使控制系统一开始就处于所设计的滑动模态上并将其保持，消除了能达阶段。同时，文中引入的神经元控制项可以实现对滑模切换控制的补偿控制。当存在扰动或参数摄动时，通过网络权值的学习，可以使偏离的状态轨迹自动收敛到滑平面上，有效降低系统抖振。

3. 利用 NN 等效实现系统的数学模型

神经网络具有通过学习逼近任意复杂的非线性关系的能力，将神经网络应用于非线性系统的建模与辨识，可不受非线性模型类的限制，而且便于给出工程上易于实现的学习算法。文献[125]提出一种基于神经网络的自适应滑模控制策略，用一个三输入二输出的前馈神经网络逼近被控对象的输入输出线性化模型以实现系统的线性控制，同时用滑模控制补偿网络的逼近误差。文献[126]致力于减小 SMVSC 有界层的厚度，降低切换增益消除抖振，提出用一个多层前馈神经网络实现系统非线性函数的未知部分，从而设计了一种基于混合模型的神经网络自适应滑模控制方案，提高了 SMVSC 策略的性能，其结构图如图 7.3 所示。

由前述内容可知，前馈神经网络在自适应学习能力和在线非线性映射关系方面存在一定的缺陷，目前很多专家学者把焦点转移到了高斯基神经网络和动态神经网络等方面。文献[127]基于两个径向基神经网络（RBFNN）对未知非线性系统建模，用一个滑模控制项消除了神经网络逼近误差的影响。文献[128]基于 Hopfield 动态神经网络在线辨

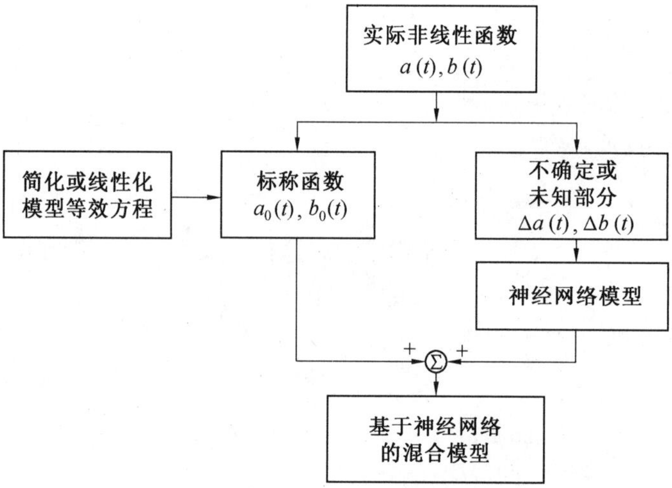

图 7.3　基于神经网络的混合模型

识非线性系统,用滑模控制项补偿因动态神经网络与非线性系统不匹配而存在的模型误差。该方法的优点在于减小了抖振,保证了系统较好的跟踪性能,即使在有模型误差或反馈量不连续的情况下,所提出的改进的辨识算法仍能保证辨识误差以指数速度收敛于零,但是由于限制条件较多,不适合广泛应用。

以上讨论都是利用神经网络对被控对象进行辨识,设计相应的滑模控制器补偿网络的建模误差,降低抖振,增强系统的鲁棒性。在传统的 SMVSC 中,如果不确定性上界或外部扰动很大,则需要很大的切换增益,会引起较大的系统抖振。为此,文献[129]用一个 RBFNN 对由参数变化、摩擦、外部扰动及控制器等引起的不确定性进行建模,设计了一个带时变切换增益的 SMVSC 有界层方案,解决了系统的不确定性问题,提高了系统的跟踪性能,有效降低了控制输入的幅值。

4. 利用 NN 自适应调整滑模变结构控制系统参数

传统 SMVSC 有较大抖振的一个重要原因是,在实际设计中对模型不确定性和扰动的估计是静态的,往往用固定常值作为其上界估计以确保滑动模态的稳定性。当系统状态远离滑平面时,不确定性和扰动的较大估计对系统危害不大,但是当系统状态接近滑平面时,继续使用较大的不确定性和扰动的估计就会使系统产生大幅度的抖振。因此,文献[130]用一个多层 RNN 实时估计控制律切换增益来减小抖振,增强了系统的鲁棒性。文献[131]用神经网络在线学习调整滑模控制律中的参数,消除了控制律对系统参数上下界的依赖,同时离线训练网络权值,大大提高了在线计算速度。

由于传统的滑平面是非动态的,它仅是状态空间的一个超平面。因此,在进入滑平面之前,系统的运动仍然受参数变化和外部干扰的影响。为了缩短到达滑平面的时间,文献[132]提出一种基于神经网络时变滑平面的滑模控制器方法,以实现运动过程中的全程滑模控制,如图 7.4 所示。

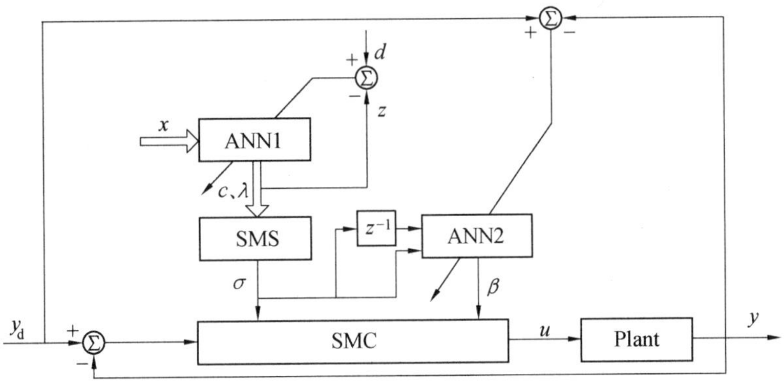

图7.4　神经网络滑模鲁棒控制系统结构图

选取滑模面 $\sigma(x,t)=e^{(n-1)}+\sum_{i=1}^{n-1}c_i(t)e^{(i-1)}+\lambda(t)=0$，其中 $c_i(t)$、$\lambda(t)$ 为连续时变函数，它们由 NN1 实现。输入数据为 x，设其目标输出为 d，实际输出为 z。文中所提出的变学习率优化学习算法，不仅提高了神经网络的收敛速度，而且避免了常规 BP 算法存在的缺陷。该文的另外一个特点是，当模型失配和未建模动态特性的存在使系统轨迹偏离滑平面，附加控制 $u_{sw}=\beta\text{sgn}(s)$ 可以使系统轨迹趋近滑平面，而 NN2 在线实时调整参数 β，有效降低了系统抖振。另外，文献[119]中以 SMVSC 的参数作为 NN2 的权值，也正是利用神经网络权值具有自适应学习的能力来调整控制器参数的过程。

7.2.3　自适应神经网络滑模变结构控制

NN－SMVSC 在趋近非线性系统的滑模流形与消除抖振的有效性方面已经得到了广泛的认同，自适应 NN－SMVSC 是随着自适应滑模变结构控制的发展而发展起来的，它是解决参数不确定或时变参数系统控制问题的一种新型控制策略。文献[127]把神经网络的输出和误差滤波信号引入到网络权值的自适应修正规则和滑模控制增益的调整中，从而避免了递归训练过程，有效保证了系统的收敛。文献[133]针对现代控制领域中存在的非线性系统控制困难的问题，通过自适应滑模控制器来减小系统的跟踪误差，增强系统的鲁棒性。文献[134]用 RBFNN 自适应学习系统不确定性的上界，用神经网络的输出自适应调整控制律的切换增益，保证了滑平面渐近稳定。但是，当系统不确定性的幅值较大时，会引起控制量的幅值较大，甚至超过限定的范围，并有可能激起系统抖振。

近年来，许多学者对离散系统的自适应 NN－SMVSC 也进行了深入研究。文献[135]在传统 SMVSC 的基础上重新阐述了准滑动模态的定义，并提出一个新的切换函数，有效降低了系统抖振，带自适应项的 SMVSC 算法有效地提高了控制器的性能。文献[136]用一个三层前馈神经网络作为非线性离散系统未知动态特性的函数估计器，并提出一种新的自适应律调整神经网络的结构偏差。文献[137]考虑到 BP 网络的种种缺陷，充分利用 SMVSC 和自适应控制策略的优势，设计了一个简单的无模型 RBFNN 控制器来近似滑动输入 s 和控制律 u 之间的非线性映射关系，根据滑模趋近条件 $s\cdot\dot{s}<0$，用梯度下降法最小

化 $s\cdot\dot{s}$ 得到的自适应规则调整 RBFNN 隐层和输出层之间的权值。通过控制器参数的调整，使系统具有在线学习能力，可以处理系统时变特性和非线性不确定性。Lyapunov 稳定性分析表明所提出的 RBFNN 控制器是稳定的，系统输出误差将收敛到一个误差邻域内。

7.2.4 基于模糊神经网络的滑模变结构控制

模糊神经网络(FNN)结合了模糊控制与神经网络控制两者的优势，不仅具有神经网络自学习和快速并行处理的能力，而且具有模糊控制系统能够充分利用先验知识、以较少的规则数来表达知识的优势，避免了神经网络不能很好地利用已有经验知识，往往将初始权值取为零或随机数使网络训练时间变长或者陷入非要求的局部极值的缺点，也避免了模糊控制由于缺乏自学习和自适应能力，给控制器参数的学习和调整带来的困难。

文献[138]在滑模变结构控制方法的基础上，用 T-S 模糊神经网络学习系统的不确定动态特性，根据实际系统的输入输出数据在线自适应调整 FNN 的参数。文献[139]用 FNN 的连续输出等效 SMVSC 中的不连续信号，在不影响系统鲁棒性的前提下完全消除了抖振。该方法中，设计控制器时不需要知道系统不确定性和扰动的上界，因此可以很好地应用到实际控制中。但是该方法结构和算法复杂，控制性能也有待提高。

文献[140]提出一种基于动态逆的方法解决非线性系统的控制问题，用 FNN 等价动态逆，动力学指令则由滑模产生条件 $s\cdot\dot{s}$ 获得，但这使得系统只是无限逼近滑平面，而不能在有限时间内到达滑平面。文献[141]提出当系统状态到达滑动模态，采用 SMVSC，可以保证系统轨迹在期望的滑平面上运动；而在趋近滑动模态段或者受不确定性影响使得系统状态偏离滑平面时，附加一个自适应神经模糊控制项，可以强迫系统状态返回并保持在期望平面上，从而克服扰动影响，减小系统抖振。

文献[142]提出用一个以$(s,\dot{s})$为输入的递归模糊神经网络(RFNN)有界观测器估计不确定性的上界，所设计的时变滑平面可以实现系统状态的全程滑模控制。该文的一个突出特点是控制律采用滑模等效控制保证系统的跟踪性能，采用校正控制抑制不确定性。另外，u_c 是一个计算转矩控制器，用来消除系统模型中的非线性特性。文献[143]分别用递归模糊神经网络辨识器(RFNN I)和控制器(RFNNC)实现对伺服系统的辨识和控制，根据滑模条件 $s\cdot\dot{s}<0$ 设计的滑模调节器用来在线调整 RFNNC 输出的增量，从而调整 RFNNC 中的参数。该文所提出的方法融合了 RFNN 和 SMVSC 各自的优点，RFNN 的连续输出代替了 SMVSC 设计中的不连续符号函数，且不需要知道不确定性上界，有效降低了系统抖振。

7.2.5 基于滑模变结构系统理论的神经网络自适应学习

SMVSC 策略在处理不确定性和不精确性方面的优势，使得它在训练计算机智能系统方面得到了广泛的应用。在上述文献中，都是利用神经网络具有自适应学习的能力而致力于改善和提高滑模变结构系统(SMVSS)的性能。同样，SMVSS 本身具有的强鲁棒性也可以用来提高神经网络的性能[144~150]。文献[144]利用 SMVSC 方法在线训练神经网络，利用滑平面的符号来控制误差平面上 BP 算法解的轨迹。

文献[145]直接利用 SMVSS 理论，对一种所谓的“动态滤波权值神经元”，用一阶线性时变系统代替网络权值，根据 SMVSC 方法中到达条件 $s \cdot \dot{s} < 0$ 得到的自适应律调整时变神经元中所谓的“时间常数”和“增益”。这种滑模控制策略推导出的自适应算法不仅通用性强而且简单易行，具有不受未知外部扰动影响的鲁棒性。文献[146]间接利用 SMVSS 理论，在梯度下降法的基础上提出一种新的滑模训练算法，通过最小化评价函数，强迫可调参数收敛到一个稳定状态解。该方法分别用两个评价函数来测试学习性能及其在参数空间的稳定性，从而得到两个不同的参数调整信号，这两个信号以某种比例方式合成一个表达式，用于参数的更新。

文献[147]根据模型误差和误差的一阶导数设计 Elman 网络隐层和输出层的滑平面函数，并在保证跟踪性能且滑平面滑动的条件下在线更新权值和滑平面参数的选择范围。理想情况下，滑平面参数应该越大越好，以保证快速收敛，但实际上它与调整权值的相关系数间存在一个折中问题，这就要依赖于系统参数变化的幅值。文献[148]进一步把这种基于 SMVSC 理论的鲁棒学习算法应用到控制器和建模的过程中，不同于文献[147]，该方法利用离散滑动模态的存在条件来获取相关参数的选择范围。

7.2.6　关于神经网络滑模变结构控制的其他问题

除了以上描述的问题以外，关于神经网络和滑模变结构控制相结合还有其他诸多方面的内容，它们体现了控制理论的交叉融合。文献[149]直接针对交流永磁直线伺服系统，提出一种将非线性神经网络控制和滑模控制相结合构成的双自由度控制策略。文中基于带积分项的滑平面，利用等效控制方法设计滑模控制器来实现 $C_1(s)$，保证系统输出跟踪给定输入信号；用神经网络实现双自由度控制系统的输出反馈控制器 $C_2(s)$，对扰动进行部分补偿从而削弱滑平面附近状态的抖振，提高伺服系统的稳定精度。

文献[150]提出一种综合集成滑模控制器的设计方法。一方面，用遗传算法调整切换函数参数，保证构造出一个最佳切换函数，使系统具有良好的动态性能和较宽的鲁棒区域；另一方面，用一个三层神经网络在线调整控制器参数，通过一种变学习率学习算法，最小化性能指标函数，从而克服了由不确定性引起的系统轨迹偏离切换函数的现象。

对于具有输入滞后的离散非线性系统，滞后效应会使得系统的准滑模控制不理想，单纯采用准滑模控制不能消除系统的滞后效应。因此，文献[151]提出了一种基于神经网络预测技术的准滑模控制器的设计方法，设计了一个 d 步超前神经网络预测器，事先给系统一个超前 d 步的控制量从而消除滞后。

7.3　CMAC 与滑模变结构复合控制的新型制导律

基于 CMAC 神经网络的导弹制导律正受到国内外学者的重视。Chih-Min Lin 和

Ya-Fu Peng 将自适应 CMAC 应用于瞄准线指令(CLOS)导弹系统的制导律设计[34];Z. Jason Geng 和 Claire L. McCullough 将 CMAC 与模糊逻辑相结合,将其应用于 BTT 导弹制导律设计[33];C. C. Lin 和 F. C. Chen 应用 CMAC 与常规反馈控制器相结合,用来补偿导弹非线性、未建模动态[77];张友安等将 CMAC 与鲁棒自适应控制相结合,有效地解决了导弹系统模型不确定性问题[78]。

本节将 CMAC 与变结构控制相结合,并将其应用于导弹制导中,设计出一种新型导引律。变结构制导律实现较简单、制导精度高;CMAC 神经网络对复杂不确定性问题有自学习、自适应能力,且算法简单。将两者结合可以发挥各自的长处,实现数学模型精度的提高,并且得到的制导律比较简单,能够解决复杂的精确制导问题。其中变结构控制器实现反馈控制,保证系统稳定,即保证实现角速率在制导过程中不发散;CMAC 神经网络实现前馈控制,以保证系统的控制精度,减小脱靶量。

7.3.1 滑模变结构制导律

导弹-目标相对模型,在 6.3.2 节已经描述,这里省略。根据准平行接近原理,希望 $\dot{q}$ 在制导过程中趋于零,选取滑动模态

$$s = R(t)\dot{q}(t) \tag{7.1}$$

我们选取对时变参数具有自适应能力的趋近律

$$\dot{s} = -k\frac{|\dot{R}(t)|}{R(t)}s - \varepsilon \operatorname{sgn} s, k = \text{const} > 0, \varepsilon > 0 \tag{7.2}$$

上式的物理意义是当 R 较大时,适当放慢趋近速度,而当 $R \to 0$ 时,趋近速度迅速上升,从而保证 $\dot{q}$ 不发散,提高命中精度。

把式(7.1)改写作 $s = R(t)x_2$ 代入式(7.2)并注意到 $R(t) > 0$,则得到

$$R(t)\dot{x}_2 = [-k|\dot{R}(t)| - \dot{R}(t)]x_2 - \varepsilon \operatorname{sgn} x_2 \tag{7.3}$$

将式(6.37)代入(7.3)并考虑到 $\dot{R}(t) < 0$,得到

$$u = (k+1)|\dot{R}(t)|x_2 - \ddot{R}(t)x_1 + \varepsilon \operatorname{sgn} x_2 + f \tag{7.4}$$

末制导过程中 $\dot{R}(t)$ 变化较小,我们可以认为 $\dot{R}(t) = \text{const}$, $\ddot{R}(t) = 0$,另外,实际应用中干扰 f 可能无法得到,故易实现变结构制导律为

$$u = (k+1)|\dot{R}(t)|x_2 + \varepsilon \operatorname{sgn} x_2 \tag{7.5}$$

将 $u = a_{my3}$ 和 $x_2 = \dot{q}(t) = \dot{q}(t)$ 代入式(7.5)即可得

$$a_{my3} = (k+1)|\dot{R}(t)|\dot{q}(t) + \varepsilon \operatorname{sgn} \dot{q}(t) \tag{7.6}$$

7.3.2 CMAC 与 VSG 复合控制制导律

CMAC 与 VSG 复合控制制导律结构如图 7.5 所示。CMAC 采用有导师的学习算法。每一控制周期结束时,计算出相应的 CMAC 输出 u_c 并与总控制输入 u 相比较,修正权重,进入学习过程。学习的目的是使总控制输出与 CMAC 的输出之差最小。经过 CMAC 的学

习，使系统的总控制输出主要由 CMAC 产生。该系统的控制算法为

$$u_c(k) = \sum_{i=1}^{c} \boldsymbol{\omega}_i \boldsymbol{a}_i \tag{7.7}$$

$$u(k) = u_c(k) + u_v(k) \tag{7.8}$$

式中，$\boldsymbol{a}_i$ 为二进制选择向量，c 为 CMAC 网络的泛化参数，$u_c(k)$ 为 CMAC 产生相应的输出，$u_v(k)$ 为变结构导引律产生的输出。

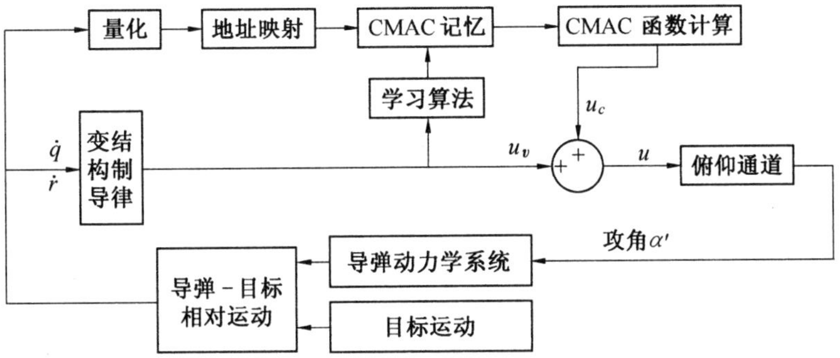

图 7.5　CMAC 与 SVC 复合控制制导律方框图

每一控制周期结束时，CMAC 输出 $u_c(k)$ 与总控制输出 $u(k)$ 相比较，修正权重，进入学习过程。学习的目的是使总控制输出与 CMAC 的输出之差最小，即使系统的总控制输出主要由 CMAC 控制器产生。

CMAC 的调整指标为

$$E(k) = \frac{1}{2}(u(k) - u_c(k))^2 \cdot \frac{\boldsymbol{a}_i}{c} \tag{7.9}$$

$$\Delta\omega(k) = \eta \frac{u(k) - u_c(k)}{c} \cdot \boldsymbol{a}_i = \eta \frac{u_v(k)}{c} \cdot \boldsymbol{a}_i \tag{7.10}$$

$$\omega(k) = \omega(k-1) + \Delta\omega(k) + \alpha(\omega(k) - \omega(k-1)) \tag{7.11}$$

式中，η 为网络学习速率，$\eta \in (0,1)$；α 为惯性量，$\alpha \in (0,1)$。

当系统开始运行时，置 $\omega = 0$，此时 $u_c = 0$，$u = u_v$，此时的制导律为变结构导引律，通过 CMAC 的学习，使变结构导引律产生的输出控制量 $u_v(k)$ 逐渐减小，CMAC 产生的输出控制量 $u_c(k)$ 逐渐逼近控制器总输出 $u(k)$。

通过 CMAC 和变结构的复合控制实现前馈反馈控制，其特点为：

（1）小脑模型神经网络控制器实现前馈控制，实现被控对象的逆动态模型；

（2）变结构控制器实现反馈控制，保证系统的稳定，且抑制扰动。

CMAC 控制算法虽然是由变结构控制器的输出训练的，但并不是变结构控制器的简单复制。加入变结构控制器是为了评判 CMAC 控制器的性能，增强系统的稳定性，抑制扰动。变结构单独控制时，变结构增益 k 的值在很大程度上决定着控制效果，而采用变结构加 CMAC 控制时效果不依赖于 k 的值，k 的值只要在一个合理的范围内即可。

7.4 自适应 RBF 神经网络滑模制导律

自从 20 世纪 50 年代提出比例导引律后，由于其实现简单，能有效对付低速小机动目标，因而获得了较快的发展，先后出现了纯比例导引（PPN）、真比例导引（TPN）以及扩展比例导引（APN）等。但到了 80 年代，高速、大机动目标的出现，使得传统的比例导引律不能达到满意的拦截效果。

自适应控制对参数不确定或未知的系统具有较好的控制效果。近些年，基于观测器的自适应制导律[79]、非线性自适应制导律[80]、带干扰抑制的自适应制导律[81]等得到较快发展，它们在对付高速大机动目标时的拦截精度与拦截时间优于传统制导律。但是它们的形式都比较复杂，不利于工程实现。

变结构控制（Variable Structure Control）理论对外部干扰和参数摄动具有较强的鲁棒性，因此采用滑模变结构控制是解决导弹制导问题较好的途径。但变结构制导律需要测量目标机动的上限值，而在实际导弹拦截系统中，目标机动的上界值一般很难预先测量，因此限制了其应用。

RBF 神经网络（RBFNN）由于具有良好的逼近非线性光滑函数的能力而被广泛应用到控制系统设计中。Lu 和 Basa[82] 使用 RBF 提出一种系统辨识算法；Chen[83] 应用 RBFNN 来模仿一些未知的非线性函数，推导出一种反馈线性化控制律；文献[84]利用 RBF 神经网络对非线性对象进行自适应逆控制，控制器由两个 RBF 神经网络组成，分别实现对被控对象的辨识与控制。Abedi[85] 考虑了目标机动和导弹动态不确定性，使用 RBF 神经网络来自适应的补偿模型的非线性。RBF 神经网络的权值采用 Lyapunov 理论来设计，另外还采用了自适应补偿器来测量误差和外界干扰。

本节设计了一种新奇的自适应 RBF 滑模控制器（Adaptive RBFNN Sliding Model Controller，ARBFSM），综合了变结构控制、自适应算法以及 RBFNN 的优点，并将其应用导弹制导律的设计中。控制策略是设计特定的滑模面，然后将滑模面作为 RBFNN 的输入变量，输出量即为导弹加速度。采用自适应算法实时在线调整 RBF 神经网络的连接权值，从而使得系统最终到达滑模面，完成制导。仿真结果表明了该制导律的有效性。

7.4.1 导弹-目标运动方程

将式（6.48）重写如下

$$\tilde{q}(t)=\frac{\tilde{y}_3(t)}{R(t)} \tag{7.12}$$

将（7.12）式对时间三次微分，得到

$$\dddot{\tilde{q}}(t)=-k_2\ddot{\tilde{q}}(t)-(k_1+\dot{k}_2)\dot{\tilde{q}}(t)-\dot{k}_1\tilde{q}+\dot{k}_3\ddot{\tilde{q}}_3(t)+k_3\dddot{\tilde{y}}_3(t) \tag{7.13}$$

其中

$$k_1 = \frac{\ddot{R}(t)}{R(t)};k_2 = \frac{2\dot{R}(t)}{R(t)};k_3 = \frac{1}{R(t)};\ddot{\tilde{y}}_3(t) = -a_{my3}(t) + a_{ty3}(t) \tag{7.14}$$

$a_{my3}(t)$ 与 $a_{ty3}(t)$ 分别为导弹和目标机动加速度在 oy_3 方向上的分量。将式(7.14)代入式(7.13)可得

$$\dddot{\tilde{q}}(t) = a_1\ddot{\tilde{q}}(t) + a_2\dot{\tilde{q}}(t) + a_3\tilde{q} + a_4 + u(t) + u_d(t) \tag{7.15}$$

式中,$a_1 = -k_2$,$a_2 = -(k_1 + \dot{k}_2)$,$a_3 = -\dot{k}_1 a_4 = -k_3\dot{a}_{my3}(t)$,$u_d(t) = k_3(\dot{a}_{ty3}(t) + a_{ty3}(t))$,$u(t) = \dot{k}_3 a_{my3}(t)$。

选取状态变量 $x_1 = \dot{\tilde{q}}(t)$,$x_2 = \ddot{\tilde{q}}$,则式(7.15)可表示为

$$\begin{cases} \dot{x}_1 = x_2 \\ \dot{x}_2 = f(t) + u(t) + u_d(t) \end{cases} \tag{7.16}$$

式中,$f(t) = a_1\ddot{\tilde{q}}(t) + a_2\dot{\tilde{q}}(t) + a_3\tilde{q} + a_4$,为未知时变函数;$u(t)$ 为控制量,$u_d(t)$ 视为外界干扰。

7.4.2　ARBFSM 制导律设计

根据准平行接近原理希望 $\dot{\tilde{q}}(t)$ 在制导过程中趋于零,因此可选取滑模面

$$s(t) = \ddot{\tilde{q}}(t) + \lambda\dot{\tilde{q}}(t) \tag{7.17}$$

式中,$\lambda = \text{const} > 0$。ARBFSM 的原理是将滑模面 s 作为 RBFNN 的输入量,RBFNN 的输出为控制量 $u(t)$。在制导过程中,通过自适应算法不断调整 RBFNN 隐含层神经元与输出层神经元之间的连接权重,产生的控制量使得系统逐渐趋向滑模面并最终停留在滑模面上,完成拦截任务。

设 RBFNN 的径向基向量 $\boldsymbol{h} = [h_1 h_2 \cdots h_m]^{\mathrm{T}}$,其中 h_j 为高斯基函数

$$h_j = \exp\left(-\frac{\| X - \boldsymbol{c}_j \|^2}{\sigma_j^2}\right) = \exp\left(-\frac{\| s - \boldsymbol{c}_j \|^2}{\sigma_j^2}\right) \quad j = 1,2,\cdots,m \tag{7.18}$$

其中,m 为隐含层神经元个数;$\boldsymbol{c}_j = [c_{j1}, c_{j2}, \cdots, c_{jm}]^{\mathrm{T}}$ 为 RBFNN 的第 j 个隐含层单元的中心向量;$\boldsymbol{\sigma} = [\sigma_1, \sigma_2, \cdots, \sigma_m]^{\mathrm{T}}$,$\sigma_j$ 为第 j 个隐含层单元的基宽参数,且大于零,即为高斯型函数的基宽。

设 RBFNN 的权向量为

$$\boldsymbol{w} = [w_1, w_2, \cdots, w_m]^{\mathrm{T}} \tag{7.19}$$

故 RBFNN 的输出为

$$u = \sum_{j=1}^{m} w_j \exp\left(-\frac{\| s - \boldsymbol{c}_j \|^2}{\sigma_j^2}\right) \tag{7.20}$$

由 Lyapunov 理论可知,滑模面可达的条件是 $s\dot{s} < 0$。如果能够选择适当的控制量 $u(t)$,使可达条件成立,那么控制系统将会收敛于设计的滑模面上。由于 RBFNN 用来近似滑模面与输出控制量之间的非线性映射,因此 RBFNN 的连接权值应该根据可达条件

$s\dot{s}<0$ 来不断地调整,故采用自适应算法来寻找最优权值,从而最小化 $s\dot{s}$ 的值,使其不断趋向于零。由上述分析可知,RBFNN 的权值调整指标可写为

$$E = s(t)\dot{s}(t) \tag{7.21}$$

则根据梯度下降法有

$$\dot{w}_j = -\gamma \frac{\partial s(t)\dot{s}(t)}{\partial w_j(t)} = -\gamma \frac{\partial s(t)\dot{s}(t)}{\partial u(t)} \frac{\partial u(t)}{\partial w_j(t)} \tag{7.22}$$

式中,γ 为自适应率参数。由于

$$\frac{\partial s(t)\dot{s}(t)}{\partial u(t)} = s(t)\frac{\partial \dot{s}(t)}{\partial u(t)} = -s(t) \tag{7.23}$$

$$\frac{\partial u(t)}{\partial w_j(t)} = \exp\left(-\frac{\| s - \boldsymbol{c}_j \|^2}{\sigma_j^2}\right) \tag{7.24}$$

故(7.22)式可写为

$$\dot{w}_j = \gamma s(t)\exp\left(-\frac{\| s - \boldsymbol{c}_j \|^2}{\sigma_j^2}\right) = \gamma s(t) h_j(s) \tag{7.25}$$

通过(7.25)式可以使得隐含层神经元与输出层神经元之间的连接权值 w_j 实时调整,以实现 RBFNN 的在线学习,w_j 的初始值可以为 0。

由上述分析,可得出 ARBFSM 制导律的系统方框图如图 7.6 所示。另外,一般应用中,高斯函数中的参数 σ_j 和 $\boldsymbol{c}_j$ 可以固定为常数。

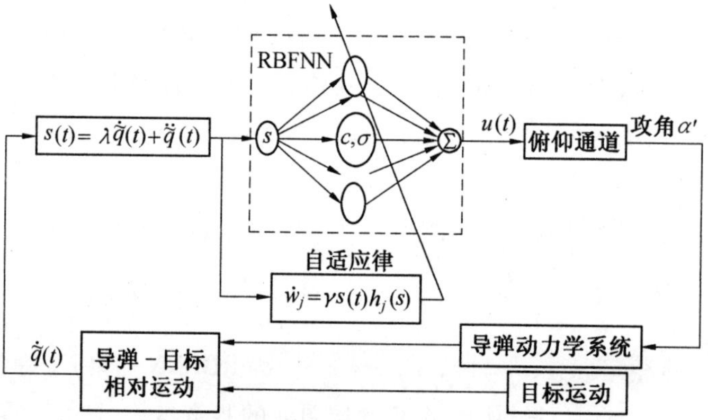

图 7.6 ARBFSM 制导系统方框图

7.4.3 稳定性分析

Lyapunov 稳定性分析方法较广泛地应用于证明非线性系统的收敛中,下面利用 Lyapunov 法来检验提出的 ARBFSM 控制器的稳定性。

若方程(7.16)中时变函数 $f(t)$ 精确已知,则理想的控制律可以写为

$$u_{eq} = \dot{x}_2(t) - f(t) - u_d(t) + \dot{s}(t) + \lambda s(t) \tag{7.26}$$

将方程(7.26)代入方程(7.16),可得

$$\dot{s}(t) + \lambda s(t) = 0 \tag{7.27}$$

由于$\lambda > 0$,故必有$\dot{s}(t)s(t) < 0$,因此滑模面s将收敛于0。由方程(7.17)定义的滑模面可知,系统输出$\dot{q}(t)$也会收敛于0,进而最终完成拦截要求。在分析中,RBFNN用来近似滑模面s与输出控制量$u(t)$的非线性映射,而取代了传统的基于精确模型的计算,因此输出控制量$u(t)$与理想控制量u_{eq}之间可能会存在误差。由(7.16)式与(7.26)式可得

$$\dot{s}(t) = -\lambda s(t) + (u_{eq} - u(t)) \tag{7.28}$$

理论上,RBFNN能够以任何精度逼近任何非线性函数,因此我们可以做出如下假设。

假设存在最优权值向量$\bar{W}$,使得RBFNN输出控制量$u(t)$与理想控制量u_{eq}之间的最大误差为ξ,即

$$\max | \bar{u}(x,\bar{\boldsymbol{W}}) - u_{eq} | \leqslant \xi \tag{7.29}$$

其中,$\bar{u}(x,\bar{\boldsymbol{W}}) = \sum_{k=1}^{m} \bar{w}_k h_k = \bar{\boldsymbol{W}}^{\mathrm{T}} h$,$u_{eq} = \bar{\boldsymbol{W}}^{\mathrm{T}} h + \xi$,$\xi$为一小正数。

设$\tilde{\boldsymbol{W}} = \bar{\boldsymbol{W}} - \hat{\boldsymbol{W}}$为最优权向量与当前估计权向量之间的误差,则方程(7.28)可改写为

$$\dot{s}(t) = -\lambda s(t) + (\tilde{\boldsymbol{W}}^{\mathrm{T}} h + \xi) \tag{7.30}$$

选择Lyapunov函数为

$$V = \frac{1}{2}s^2 + \frac{1}{2\gamma}\tilde{\boldsymbol{W}}^{\mathrm{T}}\tilde{\boldsymbol{W}} \tag{7.31}$$

将上式对时间进行微分得

$$\dot{V} = s\dot{s} + \frac{1}{\gamma}\tilde{\boldsymbol{W}}^{\mathrm{T}}\dot{\tilde{\boldsymbol{W}}} \tag{7.32}$$

将方程(7.25)、(7.30)代入(7.32),可得

$$\dot{V} = s[-\lambda s(t) + b(\tilde{\boldsymbol{W}}^{\mathrm{T}} h + \xi)] - \tilde{\boldsymbol{W}}^{\mathrm{T}} sh = -\lambda s^2 + s\xi \leqslant |s| (-\lambda |s| + \xi) \tag{7.33}$$

如果选择$|s| > \xi/\lambda$,则$\dot{V} < 0$。这意味着Lyapunov函数将逐渐减小,滑模面s将会收敛于$s = 0$的界限层ξ/λ内。从上述分析可知,提出的ARBFSM控制器是稳定的,由滑模面的定义可知$|\dot{q}(t)|$会收敛于一小的界限ξ/λ内。随着RBFNN非线性映射精度的增加,$|\dot{q}(t)|$的稳态值将减小。

7.5　基于自适应RBF神经网络切换增益调节的变结构制导律

针对变结构制导律(7.6)式,采用自适应RBFNN对变结构制导律中的增益系数进行调节,以减小抖动,提高制导精度。基于自适应RBFNN的滑模制导律的导弹拦截系统结构如图7.7所示。

控制策略是设计合适的滑模面,并将滑模面及其倒数作为RBFNN的输入变量,输出即为变结构项的增益ε。RBFNN的连接权值根据梯度下降法自适应地调节,因此RBFNN的初始权值可以为0,而不会影响系统的执行,从而简化了设计。

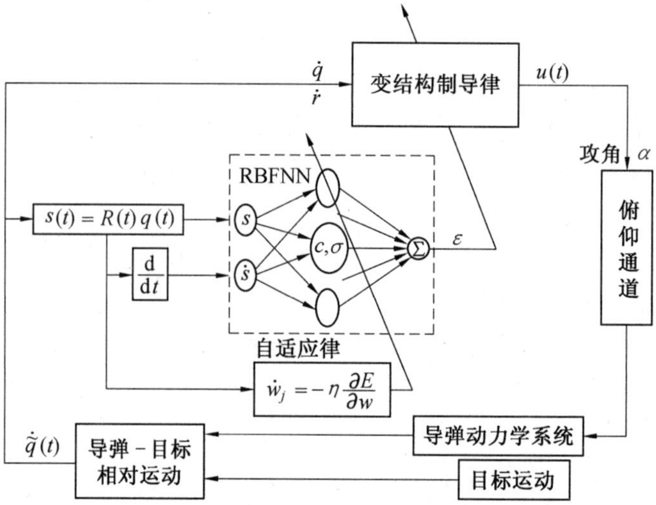

图 7.7　自适应 RBFNN 的滑模制导律方框图

定义误差

$$e = \ddot{q} - \ddot{q}_d \tag{7.34}$$

式中 $\ddot{q}_d$ 为期望的视线角速率。由于我们希望在制导过程中,$\ddot{q}$ 趋向于 0,因此有 $\ddot{q}_d = 0$,$e = \ddot{q}$。

采用 RBFNN 来调节切换项的增益 ε。设 RBFNN 的输入为 $x = [s,\dot{s}]$,输出的绝对值为切换项的增益 ε。取

$$\varepsilon = | w^{\mathrm{T}}h(x) | \tag{7.35}$$

其中,w 为 RBFNN 的权值,$h(x)$ 为高斯函数。

RBFNN 权值调整的指标为

$$E = \frac{1}{2}e^2 = \frac{1}{2}\ddot{q}^2 \tag{7.36}$$

由梯度下降法可得网络权值的学习算法为

$$\Delta w = -\eta\frac{\partial E}{\partial w} = -\eta\ddot{q}\frac{\partial\ddot{q}}{\partial w} = -\eta\ddot{q}\frac{\partial\ddot{q}}{\partial u}\frac{\partial u}{\partial K}\frac{\partial\varepsilon}{\partial w} \approx -\eta\ddot{q}\mathrm{sgn}\left(\frac{\partial\ddot{q}}{\partial u}\right)\frac{\partial u}{\partial\varepsilon}\frac{\partial\varepsilon}{\partial w} \tag{7.37}$$

对于上式讨论如下:

(1) $\frac{\partial\ddot{q}}{\partial u}$ 的值主要取决于正负号,其值的大小可以通过权值来补偿。在制导过程中,视线角速率 $\ddot{q}$ 的值与控制量 u 成正比,故 $\mathrm{sgn}\left(\frac{\partial\ddot{q}}{\partial u}\right) = 1$。

(2) 由(7.6) 式可知,$\frac{\partial u}{\partial\varepsilon} = \mathrm{sgn}(\ddot{q})$。

(3) 由(7.35)式可知，$\frac{\partial \varepsilon}{\partial w} = h(x)\mathrm{sgn}(w^{\mathrm{T}}h(x))$。

故(7.37)式可重写为

$$\Delta w \approx -\eta \dot{q}\mathrm{sgn}(\dot{q})h(x)\mathrm{sgn}(w^{\mathrm{T}}h(x)) \tag{7.38}$$

网络权值的学习算法为

$$w(t) = w(t-1) + \Delta w(t) + \delta(w(t) - w(t-1)) \tag{7.39}$$

式中　η—— 网络学习速率，$\eta \in (0,1)$；

　　　δ—— 惯性量系数，$\delta \in (0,1)$。

7.6　仿真对比及分析

假设目标分别以$3g$、$-7g$法向加速度机动；导弹初始位置$(x_0, h_0) = (0,0)$ m；导弹初始速度$v_0 = 500\ \mathrm{m \cdot s^{-1}}$；目标初始速度$v_{t0} = 400\ \mathrm{m \cdot s^{-1}}$；目标初始位置$(x_{t0}, h_{t0}) = (7,10)$ km。

7.6.1　CMAC－VSG 制导律

将我们设计的小脑模型(CMAC)与变结构(Variable Structure, VS)复合控制的导引律(CMAC－VSG)与变结构导引律(Variable Structure Guidance, VSG)：$a_{my3} = (k+1)|\dot{R}(t)|\dot{q}(t) + \varepsilon\mathrm{sgn}\dot{q}(t)$ 及比例导引律(Proportional Navigation Guidance, PNG)：$u_{\mathrm{PNG}} = k_1|\dot{R}(t)|\dot{q}(t)$(比例系数 k_1 取为4)相比较，结果如图7.8及图7.9所示。

由图7.8可知，$a_{ty3} = 3g$ 时采用PNG制导律的拦截时间为8.849 s，脱靶量为0.618 08 m；采用VSG制导律的拦截时间为8.762 s，脱靶量为0.095 303 m；采用CMAC－VSG制导律的拦截时间为8.717 s，脱靶量为0.048 058 m，优于VSG和PNG。当 $a_{ty3} = -7g$ 时，采用PNG的脱靶量为69.871 4 m，已不满足拦截要求，而采用VSG、CMAC－VSG的脱靶量分别为0.864 86 m、0.140 95 m，拦截时间分别为11.032 s、10.957 s，CMAC－VSG性能较优。

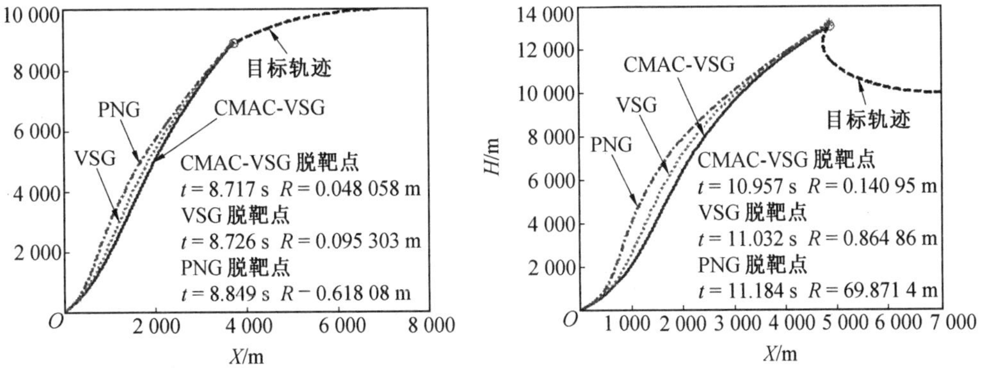

图7.8　$a_{ty3} = 3g$ 及 $a_{ty_3} = -7g$ 时的拦截时间与脱靶量图

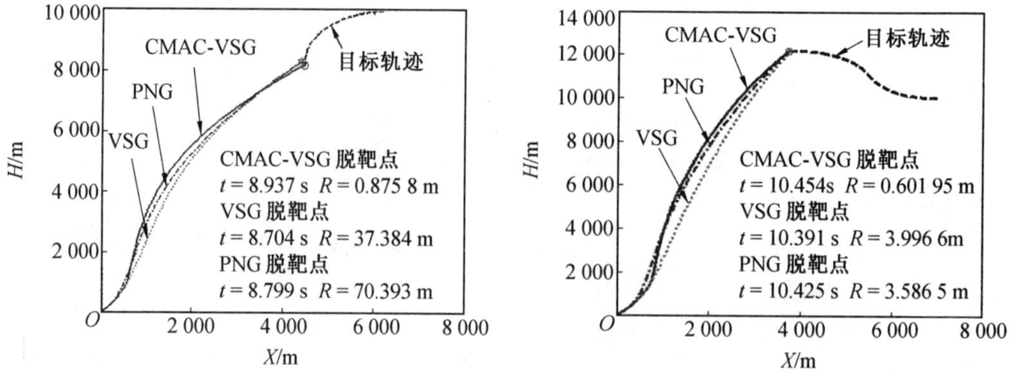

图 7.9 $a_{ty3} = 10g\sin(0.25t)$ 及 $a_{ty3} = 10g\mathrm{sgn}(\sin((t-5)\pi/5))$ 时拦截时间与脱靶量

由图 7.9 可知，当目标做幅值较大的正弦机动时，VSG、PNG 的脱靶量分别为 38.374 m 和 70.393 m，都较大，而 CMAC - VSG 的脱靶量仅为 0.875 8，显示了其对目标机动的鲁棒性；由图 7.9 可知，当目标做开关机动时，CMAC - VSG 的脱靶量与拦截时间也都比其他两种的制导律的小，表明 CMAC - VSG 制导律对目标各种机动都具有较好的适应性。

7.6.2 ARBFSM 制导律

RBFNN 的初始权值为 0，$\lambda = 0.25$，其他条件同上，仿真结果如下。

由图 7.10 可知，$a_{ty3} = 3g$ 时采用 PN 制导律的拦截时间为 8.849 s，脱靶量为 0.618 08 m；采用 ARBFSM 制导律的拦截时间为 8.675 s，脱靶量为 0.088 585 m；当 $a_{ty3} = -7g$ 时，采用 PNG 脱靶量为 69.871 4 m，已不满足拦截要求，而采用 ARBFSM 的脱靶量为 0.338 9 m，显示出该制导律的强鲁棒性。由图 7.11 可知，ARBFSM 制导律所需的加速度较小，因此有利于导弹实现全向攻击。由图 7.12 可知，采用 PNG 制导律时，当目标机动较大时，视线角速率会出现发散现象；而采用 ARBFSM 制导律，视线角速率收敛于 0 附近较小值。由图 7.13 可知，当目标机动一定时，λ 取值越大，稳态时 $\dot{q}$ 越趋向于 0，与式(7.33) 的分析一致。由图 7.14 可知，滑模面 $s(t) = \dot{q}(t) + \lambda\dot{q}(t)$ 不会发生抖振现象，会收敛于 0 附近一较小值内。

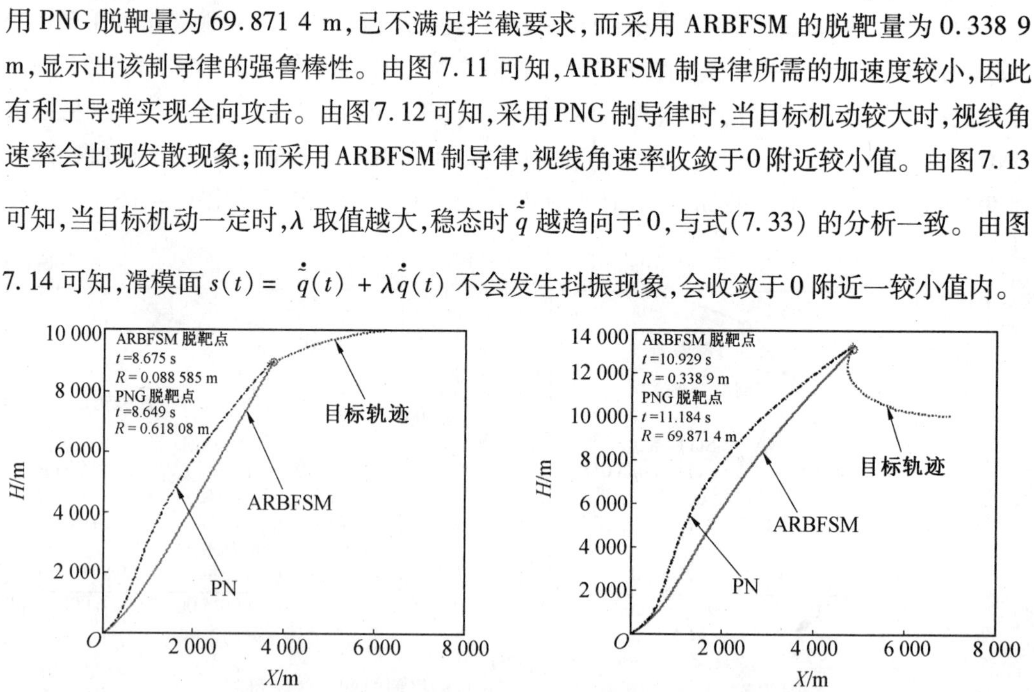

图 7.10 $a_{ty3} = 3g$ 和 $a_{ty3} = -7g$ 时的拦截时间与脱靶量

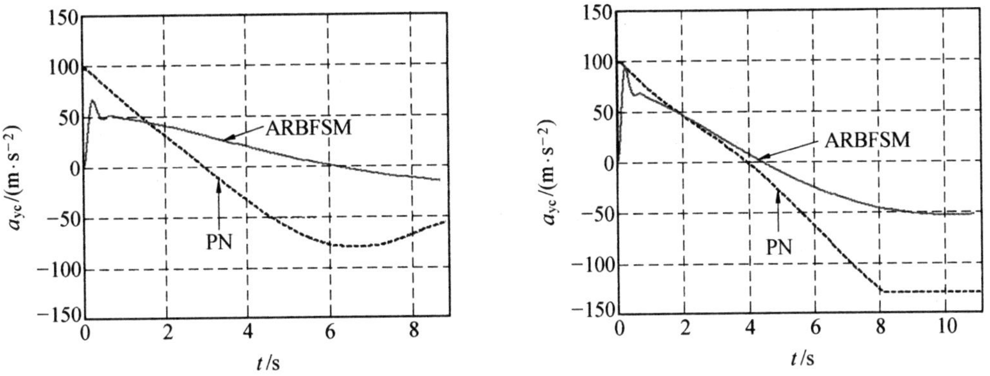

图 7.11　$a_{ty3}=3g$ 和 $a_{ty3}=-7g$ 时的加速度指令变化曲线

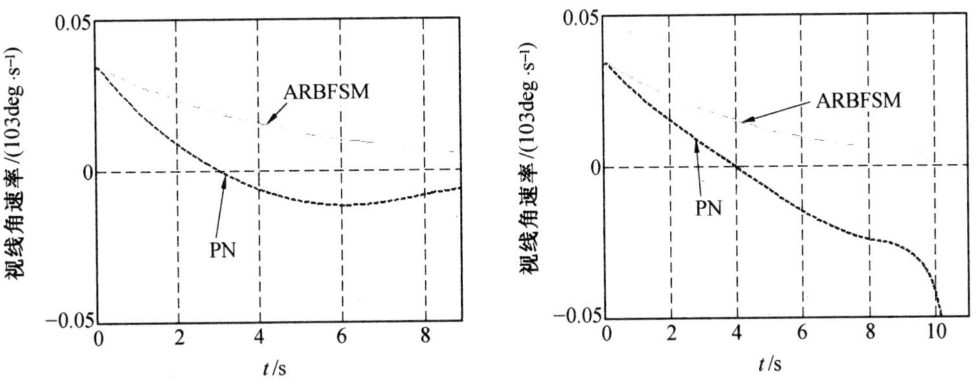

图 7.12　$a_{ty3}=3g$ 和 $a_{ty3}=-7g$ 时视线角速率变化曲线

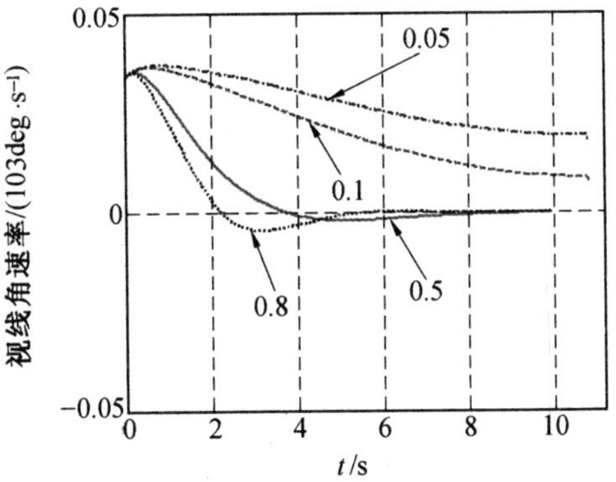

图 7.13　λ 取值不同时视线角速率的变化曲线（$a_{ty_3}=-7g$）

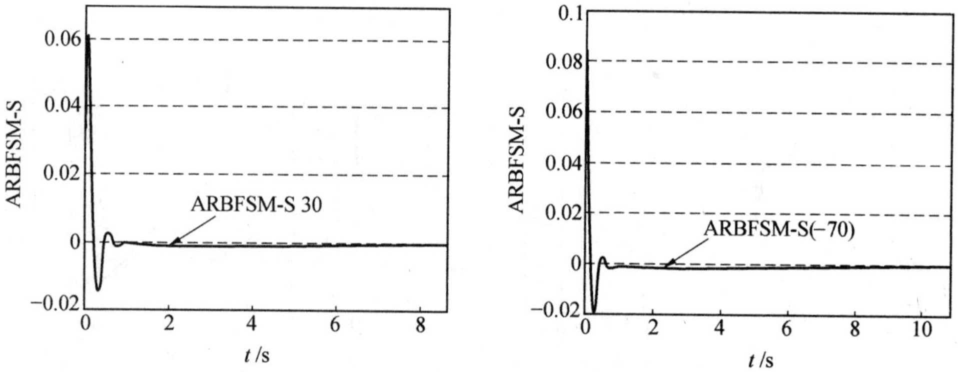

图 7.14 $a_{ty3}=3g$ 和 $a_{ty3}=-7g$ 时滑模面的变化曲线($\lambda=0.25$)

7.6.3 基于自适应 RBFNN 切换增益调节的变结构制导律

自适应 RBFNN 切换增益调节(Adaptive RBFNN Switch Gain Modulation,ARBFSGM)的变结构制导律的仿真初始条件同上述,其仿真结果如图 7.15 ~ 7.17 所示。

由图 7.15 可知,$a_{ty3}=3g$ 时采用 PNG 制导律的拦截时间为 8.849 s,脱靶量为 0.618 08 m;采用 SMG 制导律的拦截时间为 8.685 s,脱靶量为 0.081 23 m;采用 ARBFSGM 制导律的拦截时间为 8.548 s,脱靶量为 0.037 88 m,优于 SMG 和 PNG;当 $a_{ty3}=-7g$ 时,采用 PNG 脱靶量为 69.871 4 m,已不满足拦截要求,而采用 SMG、ARBFSGM 的脱靶量分别为0.874 78 m、0.251 49 m,拦截时间分别为 10.884 s、10.818 s,ARBFSGM 制导性能较优。由图7.16 可知,PNG 在目标机动较小时,视线角速率会逐渐收敛于 0;而目标机动较大时,会出现发散现象,造成大的脱靶;SMG 在视线角速率过零点时会产生抖动现象,在拦截末端抖动非常大,因此影响拦截精度;而 ARBFSGM 的视线角速率都是逐渐收敛于 0,显示出 ARBFSGM 的优越性。由图 7.17 可知,在导弹末制导的初始时刻,变结构项不起作用或作用不大,系统依靠比例导航项逐渐靠近滑模面;拦截末端变结构项的增益值突然变大,使得系统迅速进入滑模面,以减小系统抖动,提高制导精度。

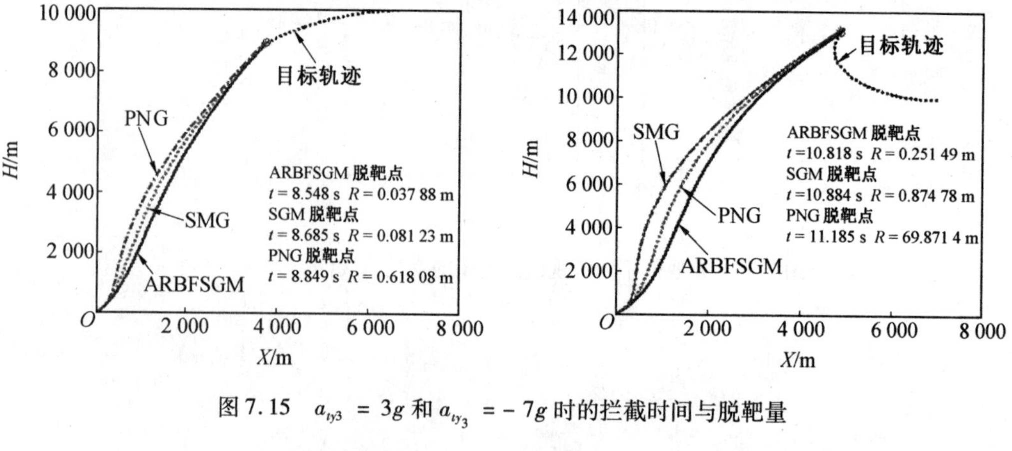

图 7.15 $a_{ty3}=3g$ 和 $a_{ty_3}=-7g$ 时的拦截时间与脱靶量

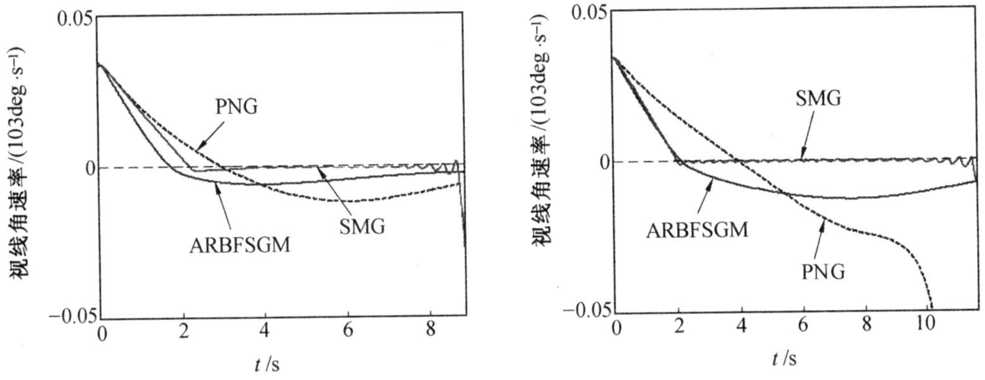

图 7.16　$a_{ty3}=3g$ 和 $a_{ty3}=-7g$ 时的视线角速率变化

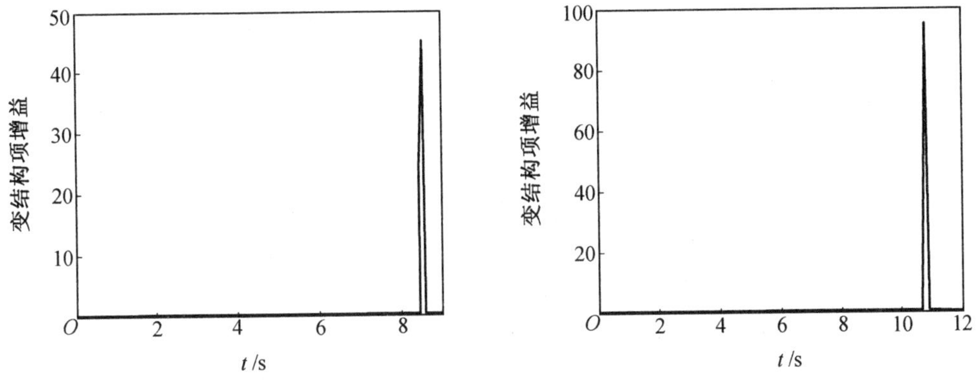

图 7.17　$a_{ty3}=3g$ 和 $a_{ty_3}=-7g$ 时变结构项增益的变化

7.7　本章小结

针对神经网络与变结构控制具有优势互补的特点，将变结构控制与神经网络相结合，设计了三种神经网络滑模制导律。一种是基于 CMAC 与变结构复合控制的制导律，首先通过变结构制导律的输出指令来训练 CMAC，逐步减小变结构制导律的输出并同时增加 CMAC 的指令输出，达到一定精度后，制导指令主要由 CMAC 输出。其中变结构控制器实现反馈控制，CMAC 控制器实现前馈控制，实现被控对象的逆动态模型。另一种是自适应 RBF 神经网络滑模制导律，控制策略是设计特定的滑模面，然后将滑模面作为 RBFNN 的输入变量，输出量即为导弹加速度。采用自适应算法实时在线调整 RBFNN 的连接权值，从而使得系统最终到达滑模面，完成制导。第三种是基于 RBF 神经网络调节的变结构制导律，采用 RBF 调节变结构制导律的增益，以减小变结构制导律的抖动，提高制导精度。仿真结果表明，这三种制导律制导性能较优，能实现有效拦截大机动目标。

附录　7 种智能导引律的性能对比

本书设计的 7 种智能末制导律的拦截性能对比如附表 1 所示。

附表 1　7 种智能导引律导引性能的比较

机动情况 /(m·s^{-2})	导引律	拦截时间	$\mid MD \mid$	$\mid a_n \mid_{max}$	$\sum a_n^2$	$\mid MD \mid + \rho \sum a_n^2$
$a_t = 70$	DFLC	8.866	0.448 0	90.04	3.056 2e + 007	306.608
	AFGLPSRBF	8.782	0.390 7	119.8	4.100 3e + 007	410.421
	AFGLPIFRBF	8.651	0.109 9	28.53	1.821 0e + 007	182.210
	SMG	8.845	0.788 4	98.2	4.975 6e + 007	498.348
	CMAC - VSG	8.714	0.111 4	115.04	8.066 8e + 007	807.291
	ARBFSM	8.378	0.721 0	57.3	4.662 9e + 006	47.350
	ARBFSGM	8.807	0.315 3	117.43	3.367 0e + 007	337.015
	PNG	8.901	47.36	130	7.767 5e + 007	824.11
$a_t = -70$	DFLC	10.943	0.781 7	103.8	4.607 7e + 007	461.552
	AFGLPSRBF	10.965	0.214 6	119.9	7.452 6e + 007	745.475
	AFGLPIFRBF	10.889	0.208 9	89.88	3.177 8e + 007	317.989
	SMG	10.884	0.874 8	117.49	9.026 2e + 007	903.487
	CMAC - VSG	10.957	0.141 0	128.8	1.248 0e + 008	1248.14
	ARBFSM	10.929	0.338 9	94.95	2.056 8e + 007	206.109
	ARBFSGM	10.818	0.251 5	106.5	7.986 1e + 007	798.862
	PNG	11.184	69.87	130	1.142 3e + 008	1212.17
$a_t = 110\sin(0.5t)$	DFLC	9.626	0.958 8	109.5	3.404 2e + 007	341.379
	AFGLPSRBF	9.672	0.496 0	119.5	1.123 2e + 007	112.816
	AFGLPIFRBF	9.624	0.140 5	90	1.629 2e + 007	163.061
	SMG	9.255	0.378 1	120.5	1.796 8e + 007	180.058
	CMAC - VSG	9.913	0.910 5	123.6	1.174 9e + 008	1175.81
	ARBFSM	8.959	0.567 1	85.92	2.415 3e + 007	242.097
	ARBFSGM	8.988	0.556 4	112.5	1.458 6e + 007	146.416
	PNG	9.825	77.74	130	9.321 4e + 007	1 009.28

在附表1中,DFLC为解析描述的自适应模糊制导律,AFGLPSRBF为基于RBF神经网络调整的自适应模糊导引律,AFGLPIFRBF为基于模糊RBF神经网络辨识的自适应模糊导引律,SMG为滑模构制导律,CMAC - VSG为基于CMAC与变结构复合控制的制导律,ARBFSM为自适应RBF神经网络滑模制导律,ARBFSGM为基于自适应RBFNN切换增益结构制导律。

$|MD|$ 表示脱靶量,单位为m;$|a_n|_{\max}$ 表示法向加速度绝对值的最大值,单位为 $\mathrm{m\cdot s^{-2}}$;$\sum a_n^2$ 为法向加速度的平方的积分,表征了导引系统所需要的控制能量,单位为 $\mathrm{m^2\cdot s^{-4}}$;$|MD|+\rho\sum a_n^2$ 表征模糊导引系统的总体性能指标,拦截时间的单位为s。

仿真条件:导弹质量 $m=600$ kg,燃料质量秒流量 $m_c=20$,推力 $T=100\,000$ N,导弹初始位置 $(x_0,h_0)=(0,0)$ m,导弹速度初始前置角 $\sigma_0=45°$,目标速度初始前置角 $\sigma_{t0}=180°$(目标来袭时),目标初始位置 $(x_{t0},h_{t0})=(7,10)$ km,目标分别以 $70\ \mathrm{m\cdot s^{-2}}$、$-70\ \mathrm{m\cdot s^{-2}}$ 常值法向加速度和幅值为 $110\ \mathrm{m\cdot s^{-2}}$,频率为 $0.5\ \mathrm{rad\cdot s^{-1}}$ 的正弦法向加速度机动,自动驾驶仪为二阶模型 $\omega_n=25\ \mathrm{rad\cdot s^{-1}}$,$\xi=0.9$。

从附表可以看出,对目标机动的三种情况而言,AFGLPSRBF的脱靶量和拦截时间优于DFLC的,但其所需要的法向加速度较之DFLC有所增加;AFGLPIFRBF无论脱靶量、拦截时间还是所需最大法向过载都较小,显示出其较强的鲁棒性;SMG在对付机动大小不变的目标时,所需要的拦截时间最小,虽然脱靶量较大,但一般情况下能够满足拦截要求,缺点是拦截过程中需要较多的控制能量;CMAC - VSG在对付机动大小不变的目标时,脱靶量最小,能够满足精确打击的要求,拦截时间适中,缺点是拦截过程中所需的控制能量最大;ARBFSM在三种目标机动情况下,拦截时间短,脱靶量适中,最大的优点是所需的控制能量小,在 $a_t=-70\ \mathrm{m\cdot s^{-2}}$ 情况下,所需的控制能量仅为4.662 9e+006,而且所需的最大法向过载也很小,因此有利于导弹的全向反击。ARBFSGM在三种目标机动情况下,拦截时间短,脱靶量较小,控制能量小于滑模制导律,但最大法向加速度较大。

参考文献

[1] 孟秀云. 导弹制导与控制系统原理[M]. 北京:北京理工大学出版社,2003.

[2] 方群,陈武群,袁建平. 一种抗干扰修正比例导引律的研究[J]. 宇航学报,2000, 21(3):76-81.

[3] 贝茨. 攻击机动目标的最优制导规律[M]. 汤善同,陈德源,译. 北京:宇航出版社, 1989.

[4] 杨树谦. 精确制导技术发展现状与展望[J]. 航天控制,2004,22(4):17-20.

[5] 杨树谦. 国外精确制导技术发展述评[J]. 飞航导弹, 2001(6):66-69.

[6] 袁丽英. 拦截机动目标非线性制导律设计[D]. 哈尔滨:哈尔滨工业大学,2009.

[7] ADLER F P. Missile guidance by three-dimensional proportional navigation[J]. Journal of Applied Physics, 1956, 27(5): 500-507.

[8] BECAN M R. Fuzzy Precidictice pursuit guidance for homing missiles[C]. International Journal of Information Technology, 1(4): 160-164.

[9] QUELMAN M. A Qualitative study of proportional navigation[J]. IEEE Trans. Aerospace and Electronic Systems. 1971, 7(4):637-643.

[10] HU Z D, CAI H. Adaptive proportional guidance law against ground stationary target [C]. ISSCAA 2008:1-5.

[11] LI C Y, JING W X. Geometric approach to capture analysis of PN guidance law[J]. Aerospace Science and Technology, 12(2008):177-183.

[12] GUELMANM. The Closed-form solution of true proportional navigation[J]. IEEE Trans. on Aerospace and Electronic Systems, 1976, 12(4): 472-482.

[13] YUANP J, CHEN J S. Solutions of true proportional navigation for maneuvering and nonmaneuvering targets[J]. Journal of Guidance, Control and Dynamics, 1992, 15(1): 268-271.

[14] YUANP J. Exact closed-form solution of generalized proportional navigation[J]. Journal of Guidance, Control and Dynamics, 1993, 16(5): 963-965.

[15] RODDY D J, IRWING W, WILSON H. Approaches to roll-loop design for BTT CLOS guidance[J]. IEEE Proc. Part D, Control Theory and Application, 1985, 132(6): 268-276.

[16] TYAN F, SHEN J F. A Simple adaptive GIPN missile guidance laws[C]. Proceedings of American Control Conference, Minneapoils, Minnesota, USA, 2006: 345-350.

[17] OH J H, HA I J. Capturability of the 3-dmensional pure PNG law[J]. IEEE Transactions on Aerospace and Electronic Systems, 1999, 35(2): 491-503.

[18] ZHAOH C, ZHANG R C, YU H Y. Extended proportional navigation guidance law for anti-warship missile based on lyapunov stability[C]. Proceedings of the 7th World Congress on intelligent control and Automation, 2008:8250-8254.

[19] SONGT L. CLOS+IRTH composite guidance[J]. IEEE Trans. on Aerospace and Electronic System, 1997, 33(4): 1339-1344.

[20] HEXNER G, SHIMA T. Stochastic optimal control guidance law with bounded acceleration [J]. IEEE Transactions on Aerospace and Electric Systems,2007, 43(1):71-78.

[21] HEXNER G,SHIMA T,WEISS H. LQG guidance law with bounded acceleration command[J]. IEEE Transactions on Aerospace and Electric Systems,2008, 44(1):77-86.

[22] LIANGH W, MA B L. A Nonliner adaptive guidance law for missile interceptions [C]. Proceedings of the 27th Chinese Control Conference, July 16-18, 2008:342-344.

[23] CHWAD K, CHOI J Y. Observer-based adaptive guidance law considering target uncertainties and control loop dynamics[J]. IEEE Trans. on Control System Technology, 2006, 14(1): 112-123.

[24] SHUEH M H,HUANG C I, FU L C. A differential game based guidance law for the interceptor missiles[C]. The 33rd Annual Conference of the IEEE Industrial Electronics Society. Taipei, Taiwan, 2007:665-670.

[25] OSHMAN Y,ARAD D. Differential-game-based guidance law using target orientation observations[J]. IEEE transactions on aerospace and electronic systems, 2006, 42(1): 316-326.

[26] MISHRAS K, SARMA I G,SWANG K N. Performance evaluation of two fuzzy-logic-based homing guidance schemes[J]. Journal of Guidance, Control and Dynamics. 1993, 17(6): 1389-1391.

[27] SHIEHC S. Nonlinear rule-based controller for missile terminal guidanc[J]. IEEE Proceedings of Control Theory and Applications, Jan. 2003, 150(1): 45- 48.

[28] LIN C M, MON Y J. Fuzzy-logic-based guidance law design for missile systems[A]. Proceedings of the 1999 IEEE International Conference on Control Applications, Kohala Coast-Island of Hawaii , USA, 1999: 22-27.

[29] LIN C L,LIN Y P, CHEN K M. On the design of fuzzified trajectory shaping guidance Law J]. ISA Transactions 48, 2009:148-155.

[30] RAJASEKHAR V, SREENATHA A G. Fuzzy logic implementation of proportional navigation guidance [J]. Acta Astronautica, 2000, 46(1): 17-24.

[31] LINC L, HUANG H Z, et al. Development of an integrated fuzzy-logic-based missile guidance law against high speed target [J]. IEEE Trans. on Fuzzy Systems, 2004, 12(2): 157-169.

[32] INNOCENTI M , POLLINI L, TURRA D. A fuzzy approach to the guidance of unmanned air vehicles tracking moving targets [J]. IEEE Trans. On Control, Systems Technology, 2008, 16(6): 1125-1137.

[33] GENG Z J, MACULLOUTH C L. Missile control using fuzzy CMAC neural networks [J]. Journal of Guidance, Control and Dynamic, 1997, 20(3): 557-565.

[34] LIN C M. Missile guidance law design using adaptive cerebellar model articulation controller [J]. IEEE Trans. on Neural Networks, 2005, 16(5): 636-644.

[35] GU W J, ZHAO H C , ZHANG R C. A three-dimensional proportional guidance law based on RBF neural network[C]. Proceedings of the 7th World Congress on Intelligent Control and Automation, 2008:6978-6982.

[36] 张强, 雷虎民, 程培源. 基于 RBF 神经网络的一种最优中制导律[J]. 战术导弹控制技术,

2005(1):18-20.

[37] BABUK R, SARMAH I G,SWAMY K N. Switched bias proportional navigation for homing guidance against highly maneuvering targets[J]. Journal of Guidance, Control and Dynamics. 1994, 17(6): 1357-1363.

[38] BRIERLEY S D, LONGCHAMN R. Application of sliding mode control to air-air interception problem[J]. IEEE Transactions on Aerospace and Electronic Systems, 1990, 26 (2): 306-325.

[39] ZHOUD, MU C D, et al. Study of optimal sliding-mode guidance law [J]. Chinese Journal of Aeronautics, 1999, 12(4):236-241.

[40] DAS A, MUKHOPADHYAY S, PARA A. Sliding mode controller along with feedback linearization for a nonlinear missile model [C]. Systems and Control in Aerospace and ISSCAA 2006, 2006: 952-956.

[41] 周荻. 寻的导弹新型导引规律[M]. 北京:国防工业出版社,2002.

[42] 钱杏芳,林瑞雄,赵亚南. 导弹飞行力学[M]. 北京:北京理工大学出版社,2006.

[43] 刘兴堂. 导弹制导控制系统分析、设计与仿真[M]. 哈尔滨:哈尔滨工业大学出版社,2006.

[44] 刘兴堂. 精确制导、控制与仿真技术[M]. 北京:国防工业出版社, 2006.

[45] 李君龙,陈杰,胡恒章. 目标机动时的一种三维非线性制导律[J]. 宇航学报,1998,19(2): 37-42.

[46] ZHANG L. Fuzzy controllers based on optimal fuzzy reasoning for missile terminal guidance [C]. 45th AIAA Aerospace Sciences Meeting 2007, Reno, NV, United States, Jan 8-11, 2007: 5573-5580.

[47] LI C Y, JING W X. Fuzzy PID controller for 2D differentialg geometric guidance and control problem[J]. Control Theory & Applications, May 2007, 1(3): 564-571.

[48] JIN Y Q, WANG SX, GU W J. Three-dimensional guidance law design for missile based on robust adaptive control[C]. Intelligent Control and Automation, 2006: 6383-6387.

[49] LINC F, CLOUTIER J R, EVERS J H. Missile autopilot design using a generalized hamiltonian formulation [C]. Proc. of the First IEEE Conference on Aerospace Control Systems, May 25-27 1993: 715-723.

[50] LIN C L, LIN Y P, WANG T L. A fuzzy guidance law for vertical launch interceptors [J]. Control Engineering Practice, 2009: 1-10.

[51] LIN C L, CHEN Y Y. Design of fuzzy logic guidance law against high-speed target [J]. Journal of Guidance, Control, and Dynamics, 2000, 23(1):17-25.

[52] PEDRYCZ W. Fuzzy clustering with a knowledge-based guidance [C]. Pattern Recognition Letters 25 2004: 469-480.

[53] CREASER P A,STACEY B A,WHITE B. A. Evolutionary generation of fuzzy guidance laws [J]. UKACC Intentional Conference on Control' 98, 1- 4 September,1998, 455: 883-888.

[54] LI H X, TONG S C. A hybrid adaptive fuzzy control for a class of nonlinear MIMO systems [J]. IEEE Trans. on Fuzzy Systems, 2003, 11(1): 24-34.

[55] KUO C Y,CHIOU Y C. Geometric analysis of missile guidance command[J]. IEEE Proceedings Control Theory and Applications, Mar. 2000, 147(2):205-211

[56] 李士勇. 模糊控制·神经控制和智能控制论[M]. 哈尔滨:哈尔滨工业大学出版社, 2006.

[57] 蒋宏,宋龙,任章. 非全观测状态下的机动目标跟踪[J]. 系统工程与电子技术, 2007, 29(2): 197-200.

[58] HSU L. Smooth sliding control of uncertain systems based on a predication error [J]. International Journal of Robust and Nonlinear Control, 1997, 7(4): 353-372.

[59] 王立新. 自适应模糊系统与控制:设计与稳定性分析[M]. 北京:国防工业出版社, 1995.

[60] 刘金琨. 先进 PID 控制及其 Matlab 仿真[M]. 北京:电子工业出版社,2004.

[61] 刘金琨. 智能控制[M].北京:电子工业出版社,2005.

[62] 高为炳. 变结构控制理论基础[M].北京:中国科学技术出版社, 1990.

[63] HUNG J Y,GAO W B,HUNFG J C. Variable structure control: a survey [J]. IEEE Transactions on Industrial Electronics,1993, 40 (1):2-22.

[64] GAO W B,HUNG J C. Variable structure control of nonlinear systems [J]. A New Approach. IEEE Transactions on Aerospace and Electronic Systems, 1993, 40(1): 45-55.

[65] UTKIN V I. Variable structure systems with sliding modes[J]. IEEE Transactions on Automatic Control, 1977, 22(2):212-222.

[66] DECARLO R A,ZAK S H, MATTHEWS G P. Variable structure control of nonlinear multivariable systems: a tutorial [C]. Proceedings of the IEEE, 1988, 76(3):212-232.

[67] WU T Z, JUANG Y T. Design of variable structure control for fuzzy nonlinear systems [J]. Expert Systems with Applications,2008, 35(3):1496-1503.

[68] 陈新海,李言俊,周军. 自适应控制及应用[M]. 西安: 西北工业大学出版社,2000.

[69] BABU K R, SARNMAN J G,SWAMY K N. Two variable-structure homing guidance schemes with and without target maneuver estimation[C]. AIAA Guidance, Navigation and Control Conference, Scottsdale, AZ, 1994:216-224.

[70] BABU K R, SARMA J G, SWAMY K N. Two robust homing missile guidance laws based on sliding mode control theory [C]. Proceedings of NAECON, Dayton, OH, Vol. 1, 1994:540-547.

[71] KIM M,GRIDER K V. Terminal guidance for impact attitude angle constrained flight trajectories [J]. IEEE Transactions on Aerospace and Electronic Systems , 1973, 9(6) :852-859.

[72] LEE Y I,RYOO C K,KIM E. Optimal guidance with terminal Impact angle and control constrain [J]. AIAA Guidance, Navigation, and Control Conference and Exhibit, Austin, Texa,2003:1-7.

[73] BYUNG S K, JANG G L. Homing guidance with terminal angular constraint against nonmaneuvering and maneuvering target [C]. AIAA Guidance, Navigation, and Control Conference, New Orleans, LA, 1997:189-199.

[74] MOON J K, KIM K, KIM Y. Design of missile guidance law via variable structure control [J]. Journal of Guidance, Control and Dynamics, 2001, 24(4):659-664.

[75] GE L Z, SHEN Y, GAO Y F. Head pursuit variable structure guidance law for three-dimensional space interception [J]. Chinese Journal of Aeronautics, 2008 (21): 247-251.

[76] SUN W M, ZHENG Z Q. 3D variable structure guidance law based on adaptive model-following control with impact angular constraints [J]. Proceedings of the 26th Chinese Control Conference, 2007: 61-66.

[77] LIN C C, CHEN F C. Improving conventional longitudinal missile autopilot using cerebellar model

articulation controller neural networks[J]. Journal of Guidance, Control and Dynamics, 2003, 26(5): 711-718.

[78] 张友安,崔祜涛,等. 基于CMAC神经网络的BTT导弹模型跟踪控制[J]. 飞行力学,1999, 17(1): 42-47.

[79] CHWA D K, CHOI J Y, ANAVATTI S G. Observer-based adaptive guidance law considering target uncertainties and control loop dynamics [J]. IEEE Transactions on Control Systems Technology, 2006, 14(1):112-123.

[80] JOHNSON E N, CALISE A J, CURRY M D. Adaptive guidance and control for autonomous hypersonic vehicles[J]. Journal of Guidance, Control and Dynamics, 2006,3(29):725-737.

[81] VAHRAMS Y, NAIRA H K. Adaptive disturbance rejection controller for visual tracking of a maneuvering target[J]. Journal of Guidance, Control and Dynamics, 2007,4(30):1090-1106.

[82] LU S W, BASAR T. Robust non-linear system identification using neural-network models [J]. IEEE Trans. on Neural Networks,1998, 9 (3):407-429.

[83] CHEN F C, KHALIL H K. Adaptive control of non-linear systems using neural networks [J]. International Journal of Control,1991,55(6):1299-1317.

[84] WANG Z, LI P, GUO S. Adaptive inverse control for nonlinear systems based on RBF neural networks [C]. Proceedings of the 5th World Congress on Intelligent Control and Automation, 2004: 485-487.

[85] ABEDIM, BOLANDI H, et al. An adaptive RBF neural guidance law for a surface to air missile considering target maneuver and control loop uncertainties [C]. IEEE International Symposium on Industrial Electronics, 2007:257-262.

[86] 刘金琨. 滑模变结构控制MATLAB仿真[M]. 北京:清华大学出版社,2005.

[87] 张友安,胡云安. 导弹控制和制导的非线性设计方法[M]. 北京: 国防工业出版社,2003.

[88] SU W C, DRAKUNOV S V, OZGUNER U, et al. Sliding mode with chattering reduction in sampled data systems [C]. Proceedings of the 32nd IEEE Conf on Decision and Control, San Antonio, USA: IEEE Press, 1993, 12: 2452-2457.

[89] KACHROO P, TOMIZUKAM M. Chattering reduction and error convergence in the sliding-mode control of a class of nonlinear systems [J]. IEEE Trans on Automatic Control, 1996, 41(7): 1063-1068.

[90] PARK K B, LEE J J. Sliding mode controller with fltered signal for robot manipulators using virtual plant/controller [J]. Mechatronics, 1997, 7(3): 277-286.

[91] YANADA H, OHNISHI H. Frequency-shaped sliding mode control of an electro-hydraulic servomotor [J]. Journal of Systems and Control and Dynamics, 1999, 213(1): 44-448.

[92] KRUPP D,SHTESEL Y B. Chattering-free sliding mode control with unmodeled dynamics[C]. Proceedings of American Control Conf. Sandiego: IEEE Press, 1999, 6: 530-534.

[93] XU J X, PAN Y J, LEE T H. A gain scheduled sliding mode control scheme using fltering techniques with applications to multilink robotic manipulators [J]. Journal of Dynamic Systems, Measurement and Control, 2000, 122(4): 641-649.

[94] KAWAMURA A, ITOH H, SAKAMOTO K. Chattering reduction of disturbance observer based

sliding mode control [J]. IEEE Trans on Industry Applications, 1994, 30(2): 456-461.

[95] KIM Y S, HAN Y S, YOU W S. Disturbance observer with binary control theory[C]. Proc. of the 27th Annual IEEE Power Electronics Specialists Conf. Baveno, Italy: IEEE Press, 1996, 6: 1229-1234.

[96] HSU L. Smooth sliding mode control of uncertain systems based on a prediction error [J]. International Journal of Robust and Nonlinear Control, 1997, 7(4): 353-372.

[97] EUN Y S, KIM J H, et al. Discrete-time variable structure controller with a decoupled disturbance compensator and its application to a CNC servo mechanism[J]. IEEE Trans on Control Systems Technology, 1999, 7(4): 414-422.

[98] NG K C, LI Y, D J, et al. Genetic algorithms applied to fuzzy sliding mode controller design [C]. Proc of the First Int Conf on Genetic Algorithms in Engineering Systems: Innovations and Applications, Galesia, UK: Institution of Electrical Engineers, 1995, 220-225.

[99] LIN F J, CHOU W D. Adaptive sliding-mode controller based on Real-time genetic algorithm for induction motor servo drive [J]. Electric Power Systems Research, 2003, 64(2): 93-108.

[100] 张昌凡, 王耀南, 何静, 等. 遗传算法和神经网络融合的滑模控制系统及其在印刷机中的应用[J]. 控制理论与应用, 2003, 20(2):217-222.

[101] HWANGC L. Sliding mode control using time-varying switching gain and boundary layer for electro hydraulic position and differential pressure control [J]. IEEE Proc. Control Theory and Applications, 1996, 143(4): 325-332.

[102] WONGL J, LEUNG H F, TAMP K S. A chattering elimination algorithm for sliding mode control of uncertain non-linear systems [J]. Mechatronics, 1998, 8(7): 765-775.

[103] 林岩, 毛剑琴, 操云甫. 鲁棒低增益变结构模型参考自适应控制[J]. 自动化学报, 2001, 27(5): 665-670.

[104] LINF J, WAI R J. Sliding-mode-controlled slider-crank mechanism with fuzzy neural network [J]. IEEE Trans on Industrial Electronics, 2001, 48(1): 60-70.

[105] CHOU C H,CHENG C C. Design of adaptive variable structure controllers for perturbed time-varying state delay systems [J]. Journal of the Franklin Institute,2001,338:35-46.

[106] YANG D Y, YAMANE Y M, ZHANG X J, et al. A new method for suppressing high-frequency chattering in sliding mode control system[C]. Proc. of the 36th SICE Annual Conf. Tokyo, Japan: IEEE Press, 1997, 7: 1285-1288.

[107] MORIKAH, WADA K. SAWANOVIC A, et al. Neural network based chattering free sliding mode control[C]. Proc. of the 34th SICE Annual Conf. Tokyo, Japan: IEEE Press, 1995, 7: 1303-1308.

[108] ERTURULM, KAYNK O. Neuro sliding mode control of robotic manipulators [J]. Mechatronics, 2000, 10(1-2): 239-263.

[109] HUANG S J, HUANG K S,CHIOU K C. Development and application of a novel radial basis function sliding mode controller [J]. Mechatronics, 2003, 13(4): 313-329.

[110] DAF P. Decentralized sliding mode adaptive controller design based on fuzzy neural networks for interconnected uncertain nonlinear systems [J]. IEEE Trans on Neural Networks, 2000, 11(6):

1471-1480.

[111] HA Q P, NGUYEN Q H, RYE D C. Fuzzy sliding-mode controllers with applications [J]. IEEE Trans on Industrial Electronics, 2001, 48(1): 38-46.

[112] ZHUANG K Y, SU H Y, CHU J. Globally stable robust tracking of uncertain systems via fuzzy integral sliding mode control[C]. WCICA2000, Hefei, China: Press of University of Science and Technology of China, 2000, 6: 1827-1831.

[113] RYU S H, PARK J H. Auto-tuning of sliding mode control parameters using fuzzy logic[C]. Proc. of American Control Conference Arlington, USA: IEEE Press, 2001, 6: 618-623.

[114] 张天平，冯纯伯. 基于模糊逻辑的连续滑模控制[J]. 控制与决策,1995, 10(6):503-507.

[115] HASHLMONO H, KONNO Y. Sliding surface design in frequency domain[C]. IEEE Workshop on Variable Structure and Lyapunov Control of Uncertain Dynamical Systems. Shefield, U. K: IEEE Press, 1992, 2: 120-125.

[116] ESWARDSC. A practical method for the design of sliding mode controllers using linear matrix inequalities [J]. Automatic, 2004, 40 (10): 1761-1769.

[117] KAYNAK O, ERBATUR K, ERTUGRUL M. The fusion of computationally intelligent methodologies and sliding-mode control—a review [J]. IEEE Transactions on Industrial Electronics, 2001, 48(1): 4-17.

[118] EFE M O, KAYNAK O, YU X H. Variable structure systems theory in computational intelligence [C]. The 27th Annual Conference of the IEEE Industrial Electronics Society. 2001. 1563-1576.

[119] ERTUGRUAL M, KAYNAK O. Neuro sliding mode control of robotic manipulators [J]. Mechatronics, 2000, 10 (1-2): 239-263.

[120] FANG Y, CHOW T W S, LI X D. Use of a recurrent neural network in discrete sliding-mode control [J]. IEE Proceedings : Control Theory and Applications, 1999, 146 (1) : 84-90.

[121] FANG Y, CHOW T W. Synthesis of the sliding-mode neural network controller for unknown nonlinear discrete time systems [J]. International Journal of System Science, 2000, 31 (3): 401-408.

[122] YILDIZY, SABANOVIC A. Neuro sliding mode control of timing belt servo-system[C]. proceedings of the 8th IEEE international workshop on advanced motion control. Piscataway, NJUSA: IEEE, 2004. 159-163.

[123] EFEM O. Discrete time neuro sliding mode control with a task-specific output error [J]. Neural Computing and Applications, 2004, 13 (3): 211-220.

[124] 孙宜标，郭庆鼎，孙一丹. 基于神经元补偿的直线伺服系统全程滑模控制[J]. 沈阳工业大学学报, 2002, 24 (6) : 473-476.

[125] AHMED R S, RATTAN K S, KHALIFA I H. Real-time tracking control of a DC motor using a neural network [C]. Proceedings of the IEEE 1995 Aerospace and Electronics Conference. Location, OH, May, 1995, 2: 593-600.

[126] HUSSAIN M A, HO P Y. Adaptive sliding mode control with neural network based hybrid models [J]. Process Control, 2004, 14(2):157-176.

[127] 牛玉刚，赵建丛，杨成梧. 一类非线性系统的自适应神经跟踪控制[J]. 系统工程与电子技术，

2000, 22 (12) : 57-59.

[128] 余家祥，潘红华，王相生. 基于回归神经网络的滑模跟踪器设计[J]. 系统工程与电子技术，2003, 25 (1) : 74-76.

[129] HWANGC L. Neural-network-based variable structure control of electro hydraulic servo systems subject to huge uncertainties without persistent excitation [J]. IEEE Transactions on Mechatronics, 1999, 4 (1): 50-59.

[130] KARAKASOGLU A, SUNDARESHAN M K. A recurrent neural network based adaptive variable structure model following control of robotic manipulators [J]. Automatic, 1995, 31 (10): 1495-1507.

[131] 张昌凡,王耀南,李孟秋. 模糊神经滑模控制在交流伺服系统中的应用[J]. 电机与控制学报，1999, 3 (4) : 249-251.

[132] 张昌凡，王耀南. 神经网络滑模鲁棒控制器及其应用[J]. 信息与控制，2001, 30 (3): 209-212.

[133] 陈谋，姜长生. 基于神经网络的一类非线性系统自适应滑模控制[J]. 应用科学学报，2004, 22 (1) : 76-80.

[134] 牛玉刚，杨成梧，陈雪如. 基于神经网络的不确定机器人自适应滑模控制[J]. 控制与决策，2001, 16 (1) : 79-82.

[135] MUNOZ D, SBARBARO D. An adaptive sliding-mode controller for discrete nonlinear systems [J]. IEEE Transactions on Industrial Electronics, 2000, 47 (3): 574-581.

[136] LI X Q, YURKOVICH S. Neural network based discrete adaptive sliding mode control for idle speed regulation in IC engines [J]. Journal of Dynamic Systems, Measurement, and Control, 2000,122 (2): 269-275.

[137] HUANG S J, HUANG K S, CHIOU K C. Development and application of a novel radial basis function sliding mode controller [J]. Mechatronics, 2003, 13 (4): 313-329.

[138] XU H B, SUN F C, SUN Z Q, et al. The adaptive sliding mode control based on a fuzzy neural net work for manipulators[C]. Proceedings of the IEEE International Conference on Systems, Man and Cybernetics. New York, NY, USA: IEEE, 1996. 1942-1946.

[139] MUNOZ D, SBARBARO D. An adaptive sliding-mode controller for discrete nonlinear systems [J]. IEEE Trans. on Industrial Electronics, 2000, 47(3): 574-581

[140] 傅春，谢剑英. 基于动态逆模糊神经网络的准滑模控制[J]. 应用科学学报，2002, 20 (4): 429-431.

[141] CHEN C T, PENG S T. A nonlinear control scheme for imprecisely known processes using the sliding mode and neural fuzzy technique [J]. Process Control, 2004,14 (5):501-515.

[142] WAI R J. Total sliding-mode controller for PM synchronous servo motor drive using recurrent fuzzy neural net work [J]. IEEE Transactions on Industrial Electronics, 2001, 48 (5) :926-944.

[143] LIN F J, LIN C H, HUANG P K. Recurrent fuzzy neural network controller design using sliding mode control for linear synchronous motor drive [J]. IEE Proceedings: Control Theory and Applications, 2004, 151 (4): 407-416.

[144] PARMA G G, MENEZES R D, BRAGA A P. Sliding mode algorithm for training multilayer artificial neural networks[J]. Electronics Letters, 1998, 34 (1): 97-98.

[145] SIRA-RAMIREZ H, COLINA-MORIES E, ECHEVERR F R. Sliding mode based on adaptive learning in dynamical filter weights neurons [J]. International Journal of Control, 2000, 73 (8): 678-685.

[146] EFE M O, KAYNAK O, WILAMOWSKIB M. Stable training of computationally intelligent systems by using variable structure systems technique [J]. IEEE Transactions on Industrial Electronics, 2000, 47 (2): 487-496.

[147] YTOPALOV A V, KAYNAK O. On-line learning in adaptiveNeuro control schemes with a sliding mode algorithm [J]. IEEE Transactions on System, Man, and Cybernetics - Part B: Cybernetic, 2001, 31 (3): 445-450.

[148] TOPALOV A V, KAYNAK O. Neural network modeling and control of cement mills using a variable structure systems theory based on line learning mechanism [J]. Process Control, 2004, 14 (5): 581-589.

[149] 孙宜标,郭庆鼎. 交流永磁直线伺服系统的神经网络:滑模双自由度控制[J]. 电气传动, 2002, 32 (1): 19-23.

[150] ZHANG C F, WANG Y N, HE J, et al. GA-NN-integrated sliding mode control system and its application in the printing press [J]. Control Theory and Applications, 2003, 20 (2): 217-222.

[151] 李莹,邹经湘,张新政,等.时滞离散非线性系统基于 NN 预测的准滑模控制[J]. 哈尔滨工业大学学报, 2000, 32 (6):111-114.

[152] 李士勇,章钱. 拦截大机动目标自适应模糊制导律[J]. 哈尔滨工业大学学报, 2009, 41 (11): 21-24.

[153] 李士勇,袁丽英. 拦截机动目标的自适应末模糊制导律设计[J]. 电机与控制学报, 2009, 41 (11):21-24.

[154] 章钱,李士勇. 一种新型自适应 RBF 神经网络滑模制导律[J]. 智能系统学报, 2009, 4(4): 339-344.

[155] 李士勇,章钱. 基于 RBF 网络增益自适应调节的滑模制导律[J]. 测试技术学报, 2009, 23(6): 471-476.

[156] 李士勇,章钱. 一种新型滑模变结构导引律的研究[J]. 计算机测量与控制, 2009,17 (8): 1541-1543.

[157] 李士勇,章钱. 变结构控制在导弹制导中的应用研究[J]. 飞航导弹, 2009 (7): 47-51.

[158] 李士勇,李巍. 智能控制[M]. 哈尔滨:哈尔滨工业大学出版社,2011.

[159] 李士勇. 非线性科学及其应用[M]. 哈尔滨:哈尔滨工业大学出版社,2011.

[160] 缪凯. RBF 神经网络的研究与应用[D]. 青岛:青岛大学,2007.

[161] 陈庆旭. RBF 网的改进及其应用[D]. 大连:大连理工大学,2007.

[162] 王旭东,邵惠鹤. RBF 神经网络理论及其在控制中的应用[J]. 信息与控制,1997,26(4): 272-284.

[163] 王广宇. 导弹变结构制导律研究[D]. 西安:西北工业大学,2003.

[164] 王贞艳. 神经网络滑模变结构控制研究综述[J]. 信息与控制,2005,34(2):451-456.

[165] 刘建梅,张天桥. 变结构控制在导弹制导与控制中的应用综述[J]. 弹箭与制导学报,1999,(4): 32-38.

[166] 刘金琨,孙富春. 滑模变结构控制理论及其算法研究与进展[J]. 控制理论与应用,2007,24(3):407-418.

[167] 赵红超. 反弹导弹的自适应全局滑模变结构控制[J]. 控制工程,2005,12(4):320-322.

[168] 段培永, 邵惠鹤. CMAC(小脑模型) 神经计算与神经控制[J]. 信息与控制,1993,28(3):197-207.

[169] 苏刚,陈增强,袁著祉. 小脑模型关节控制器(CMAC) 理论与应用[J]. 仪器仪表学报,2003,24(4) 增刊:269-273.